全国高等职业教育技能型紧缺人才培养培训推荐教材

建筑电气控制系统安装

(建筑设备工程技术专业)

本教材编审委员会组织编写

孙景芝　主　编
杨玉红　副主编
张毅敏　主　审

中国建筑工业出版社

图书在版编目（CIP）数据

建筑电气控制系统安装/孙景芝主编. —北京：中国建筑工业出版社，2005
（全国高等职业教育技能型紧缺人才培养培训推荐教材. 建筑设备工程技术专业）
ISBN 7-112-07615-3

Ⅰ. 建… Ⅱ. 孙… Ⅲ. 建筑-电气控制系统-安装-高等学校：技术学校-教材 Ⅳ.TU85

中国版本图书馆 CIP 数据核字（2005）第 146097 号

全国高等职业教育技能型紧缺人才培养培训推荐教材
建筑电气控制系统安装
（建筑设备工程技术专业）
本教材编审委员会组织编写

孙景芝　主　编
杨玉红　副主编
张毅敏　主　审

*

中国建筑工业出版社出版（北京西郊百万庄）
新华书店总店科技发行所发行
北京密云红光制版公司制版
北京云浩印刷有限责任公司印刷

*

开本：787×1092 毫米　1/16　印张：18　字数：436 千字
2006 年 3 月第一版　2006 年 3 月第一次印刷
印数：1—2500 册　定价：25.00 元
ISBN 7-112-07615-3
(13569)

版权所有　翻印必究
如有印装质量问题，可寄本社退换
（邮政编码　100037）

本社网址：http://www.cabp.com.cn
网上书店：http://www.china-building.com.cn

本书是根据教育部建设部"高等职业教育建设行业技能型紧缺人才培养方案"编写的。全书共分七个单元，内容是：常用控制元件；建筑电气控制系统的典型环节；生活给水排水系统的电气控制与安装；常用建筑设备的典型线路控制与维护；冷热源系统的电气控制与安装；电梯的电气控制与调试；建筑电气控制设备的设计及安装。

本书作者有从教多年的老教师，也有从事建筑电气控制系统的工程设计与施工的工程技术人员，可以说是校企合作的产物。

本书结合高职教学培养应用性人才的特点，采用项目教学法。在阐述的过程中密切联系工程实际即结合实际工程项目，针对工程项目的实际设计、安装施工及运行维护中所需要的知识点展开分析，具有实用性，是指导学生工程实践的必修内容。另外，为使读者学习过程中的理论与实际的密切结合，书中给出了相关题型与训练项目。

本书除可作为大专院校学生教材外，也可供建筑电气控制系统工程技术人员参考。

* * *

责任编辑：王美玲
责任设计：郑秋菊
责任校对：王雪竹　刘　梅

本教材编审委员会名单

主　任：张其光

副主任：陈　付　刘春泽　沈元勤

委　员：(按拼音排序)

陈宏振　丁维华　贺俊杰　黄　河　蒋志良　李国斌

李　越　刘复欣　刘　玲　裴　涛　邱海霞　苏德全

孙景芝　王根虎　王　丽　吴伯英　邢玉林　杨　超

余　宁　张毅敏　郑发泰

序

改革开放以来，我国建筑业蓬勃发展，已成为国民经济的支柱产业。随着城市化进程的加快、建筑领域的科技进步、市场竞争的日趋激烈，急需大批建筑技术人才。人才紧缺已成为制约建筑业全面协调可持续发展的严重障碍。

面对我国建筑业发展的新形势，为深入贯彻落实《中共中央、国务院关于进一步加强人才工作的决定》精神，2004年10月，教育部、建设部联合印发了《关于实施职业院校建设行业技能型紧缺人才培养培训工程的通知》，确定在建筑施工、建筑装饰、建筑设备和建筑智能化等四个专业领域实施技能型紧缺人才培养培训工程，全国有71所高等职业技术学院、94所中等职业学校、702个主要合作企业被列为示范性培养培训基地，通过构建校企合作培养培训人才的机制，优化教学与实训过程，探索新的办学模式。这项培养培训工程的实施，充分体现了教育部、建设部大力推进职业教育改革和发展的办学理念，有利于职业院校从建设行业人才市场的实际需要出发，以素质为基础，以能力为本位，以就业为导向，加快培养建设行业一线迫切需要的高技能人才。

为配合技能型紧缺人才培养培训工程的实施，满足教学急需，中国建筑工业出版社在跟踪"高等职业教育建设行业技能型紧缺人才培养培训指导方案"编审过程中，广泛征求有关专家对配套教材建设的意见，组织了一大批具有丰富实践经验和教学经验的专家和骨干教师，编写了高等职业教育技能型紧缺人才培养培训"建筑工程技术"、"建筑装饰工程技术"、"建筑设备工程技术"、"楼宇智能化工程技术"4个专业的系列教材。我们希望这4个专业的系列教材对有关院校实施技能型紧缺人才的培养培训具有一定的指导作用。同时，也希望各院校在实施技能型紧缺人才培养培训工作中，有何意见及建议及时反馈给我们。

建设部人事教育司
2005年5月30日

前 言

随着建筑业智能技术的发展，对建筑电气设备控制提出了越来越高的要求，为满足生产机械的要求，采用了许多新的控制元件，如电子器件、晶闸管器件以及传统的继电器、接触器等，通过编程器、计算机及网络的应用进行系统的集成，为智能建筑提供了控制保证，但继电—接触控制仍是控制系统中最基本、应用最广泛的控制方法。

本书编写的指导原则是：

1. 紧紧围绕高等职业教育技能型紧缺人才的培养目标，以其所要求的专业能力并结合建筑电气专业岗位的基本要求为主线，安排本书的内容。

2. 注意与系列其他教材之间的关系，不重复其他教材的内容。

3. 编写的内容结合消防工程项目，强化了实训内容，突出针对性和实用性，同时考虑先进性和通用性，既可作为教科书，也可为从业者提供重要的参考依据。

本书单元 1、5 由杨玉红编写；单元 2、7 由孙景芝编写；单元 3 由许晓宁编写；单元 4 由高影编写；单元 6 由任丽华编写；全书由孙景芝主编，并负责统稿及完成文前、文后的内容，杨玉红为副主编。张毅敏对本书进行了认真的审阅，在此表示感谢。

本书参考了大量的书刊资料，并引用了部分资料，除在参考文献中列出外，在此谨向这些书刊资料作者表示衷心的谢意！

由于建筑电气控制系统不断发展，我们的专业水平有限，书中必有不当之处，恳请广大读者批评指正。

目 录

单元1 常用低压电气与实训 ………………………………………………………………… 1
    课题1 概述 ……………………………………………………………………………… 1
    课题2 接触器 …………………………………………………………………………… 3
    课题3 继电器 …………………………………………………………………………… 11
    课题4 熔断器 …………………………………………………………………………… 24
    课题5 几种常见开关 …………………………………………………………………… 28
    单元小结 …………………………………………………………………………………… 40
    习题与能力训练 …………………………………………………………………………… 40

单元2 电气控制的基本环节 ………………………………………………………………… 43
    课题1 电气控制图形的绘制规则 ……………………………………………………… 43
    课题2 三相鼠笼式异步电动机的控制线路 …………………………………………… 55
    课题3 绕线式异步电动机的控制 ……………………………………………………… 79
    单元小结 …………………………………………………………………………………… 83
    习题与能力训练 …………………………………………………………………………… 85

单元3 生活给水排水系统的电气控制与安装 ……………………………………………… 92
    课题1 概述 ……………………………………………………………………………… 92
    课题2 水位自动控制的生活给水水泵 ………………………………………………… 93
    课题3 压力自动控制的生活水泵 ……………………………………………………… 109
    课题4 变频调速恒压供水的生活水泵 ………………………………………………… 111
    课题5 排水泵的控制 …………………………………………………………………… 114
    单元小结 …………………………………………………………………………………… 116
    习题与能力训练 …………………………………………………………………………… 116

单元4 常用建筑设备的典型线路控制与维护 ……………………………………………… 119
    课题1 控制器与电磁抱闸 ……………………………………………………………… 119
    课题2 散装水泥与混凝土搅拌机的控制 ……………………………………………… 123
    课题3 起重设备的电气控制 …………………………………………………………… 126
    课题4 建筑设备的运行与维护 ………………………………………………………… 140
    单元小结 …………………………………………………………………………………… 141
    习题与能力训练 …………………………………………………………………………… 142

单元5 冷热源系统的电气控制与安装 ……………………………………………………… 145
    课题1 锅炉房动力设备电气控制与安装 ……………………………………………… 145
    课题2 空调与制冷系统的电气控制及安装调试 ……………………………………… 164
    单元小结 …………………………………………………………………………………… 194
    习题与能力训练 …………………………………………………………………………… 194

单元6 电梯的电气控制与调试 ……………………………………………………………… 198
    课题1 概述 ……………………………………………………………………………… 198

课题2　电梯电气控制系统中的主要专用器件 ………………………………………… 205
　　课题3　电梯的电力拖动 ………………………………………………………………… 210
　　课题4　交流双速、轿内按钮控制电梯 ………………………………………………… 213
　　课题5　变频调速及其控制 ……………………………………………………………… 224
　　课题6　电梯的运行调试 ………………………………………………………………… 230
　　单元小结 …………………………………………………………………………………… 233
　　习题与能力训练 …………………………………………………………………………… 234
单元7　建筑电气控制设备的设计及安装 …………………………………………………… 239
　　课题1　电气控制设备的设计原则、内容和程序 ……………………………………… 239
　　课题2　控制线路的设计要求、步骤和方法 …………………………………………… 242
　　课题3　主要参数计算及常用元件的选择 ……………………………………………… 255
　　课题4　控制设备的工艺设计 …………………………………………………………… 260
　　课题5　电气控制系统的安装与调试 …………………………………………………… 263
　　单元小结 …………………………………………………………………………………… 276
　　习题与能力训练 …………………………………………………………………………… 276
参考文献 ………………………………………………………………………………………… 280

单元 1　常用低压电气与实训

知 识 点：低压电气元件的构造、原理、技术指标使用方法、电气元件在电气控制系统中的应用。

教学目标：通过低压电气元件的构造，了解技术指标及使用方法，为正确选择和合理使用电气元件打下基础。

课题 1　概　　述

1.1　电气元件的定义

电气元件是一种根据外界的信号和要求手动或自动地接通或断开电路，断续或连续地改变电路参数，以实现电路或非电对象的切换、控制、保护、检测、变换或调节的电气设备。简言之，电气元件是一种能控制电，使电按照人们的要求并安全地为人们工作的工具。

1.2　电气元件的分类

由于系统的要求不同，电气元件功能多样，构造各异，原理也各具特点，品种和规格繁多，应用面广，从不同的角度分类也不同。分类情况如图1-1所示。

1.2.1　电气元件的分类

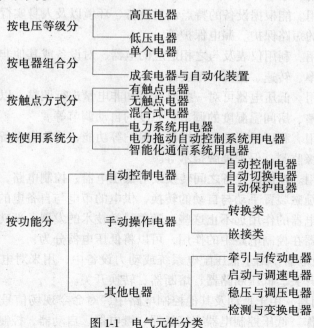

图 1-1　电气元件分类

电力拖动控制系统一般分成两大部分，一部分是主电路，由电动机和接通、断开控制电动机的接触器主触点等电器元件组成，一般主电路的电流较大；另一部分是控制电路，由接触器绕圈、继电器等电器元件组成，它的任务是根据给定的指令，依照自动控制系统的规律和具体的工艺要求，对主电路系统进行控制，控制电路的电流较小。由此可见，主电路和控制电路对电器元件的要求不同，电力拖动自动控制系统常用的电气元件分为：

(1) 低压配电电器

主要用于系统的供电。如刀开关、隔离开关、转换开关、自动开关等。其主要特点是分断能力强、限流效果好，且具有较好的（热）稳定性能。

(2) 主令电器

属于发布控制指令的电器。如按钮开关、凸轮控制器、主令控制器。具有使用寿命长，抗冲击和操作频率高等优点。

(3) 控制电器

在线路中起控制作用。如接触器、控制器、继电器等。这类电器具有操作频率高，使用寿命长的特点。

(4) 保护电器

主要对低压线路进行安全保护。如电压（电流）继电器、热继电器、安全继电器、熔断器等。要求这类电器反应灵敏，可靠性高。

1.2.2 低压控制电器的作用和分类

低压控制电器属于低压电器的一种。所谓低压电器是指在低压供电网络中，能够依据操作信号或外界现场信号的要求，自动或手动改变电器的状况、参数，用以实现对电路或被控对象的控制、保护、测量、指示、调节和转换等的电气器械。低压电器的作用有：

(1) 控制作用。如电梯轿厢的上下移动，快、慢速自动切换与自动平层。

(2) 保护作用。能根据设备的特点，对设备、环境以及人身实行自动保护，如电机的过热保护、电网的短路保护、漏电保护等。

(3) 测量作用。利用仪表及与之相适应的电器，对设备或其他非电参数进行测量，如电流、电压、功率、转速、温度、湿度等。

(4) 调节作用。低压电器可对一些电气量和非电量进行调整，以满足用户的要求，如柴油机油门的调整、房间温湿度的调节、照度的自动调节等。

(5) 指示作用。利用低压电器的控制，保护等功能，检测出设备运行状况与电气电路工作情况，如绝缘监测、保护掉牌指示等。

(6) 转换作用。在用电设备之间转换或对低压电器、控制电路，分时投入运行，以实现功能切换，如励磁装置手动与自动的转换，供电的市电与自备电的切换等。

当然，低压电器的作用远不止这些，随着科学技术的发展，新功能、新设备会不断出现。按照低压电器在控制电路中的作用，可以将低压电器分为：

1) 低压配电电器，用于低压配电系统或动力设备中，用来对电能进行输送、分配和保护。主要有刀开关、低压断路器、熔断器、转换开关。

2) 低压控制器，用于拖动及其他控制电路中，对命令现场信号进行分析判断并驱动电器设备进行工作。低压控制电器有接触器、继电器、启动器、控制器、主令电器、电磁铁等。

常用低压电器分类如图1-2所示。

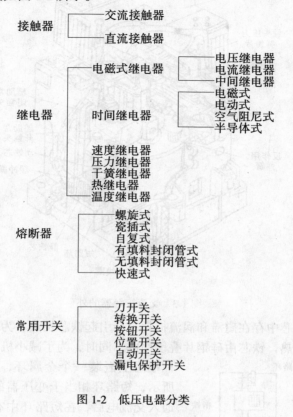

图1-2 低压电器分类

课题2 接 触 器

接触器是一种用于频繁地接通或断开交直流主电路,大容量控制电路等大电流电路的自动切换电器,在功能上接触器除能自动切换外,还具有手动开关所缺乏的远距离操作功能和失压(或欠压)保护功能,但没有低压断路器所具有的过载和短路保护功能。接触器具有操作频率高、使用寿命长、工作可靠、性能稳定、成本低廉、维修简便等优点,主要用于控制电动机、电热设备、电焊机、电容器组等,是电力拖动自动控制线路中应用广泛的控制电器之一。

接触器按其触头通过电流的种类可分为交流接触器和直流接触器。

2.1 交流接触器

2.1.1 交流接触器的构造

交流接触器由电磁机构、触头系统和灭弧装置三部分组成,见图1-3。

(1) 电磁机构

电磁机构的作用是将电磁能转换成机械能,操纵触点的闭合或断开,交流接触器一般采用衔铁绕轴转动的拍合式电磁机构和衔铁作直线运动的电磁机构。由于交流接触器的线

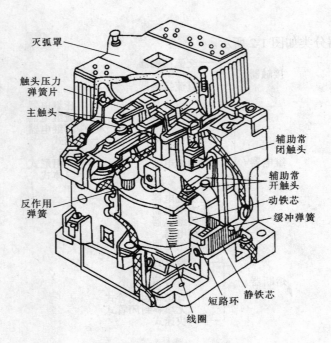

图 1-3 交流接触器的外形

圈通交流电,在铁芯中存在磁滞和涡流损耗,会引起铁芯发热。为了减少涡流损耗、磁滞损耗,以免铁芯发热,铁芯由硅钢片叠铆而成。同时,为了减小机械振动和噪声,在铁芯柱端面上嵌装一个金属环,称为短路环,如图 1-4 所示,短路环相当于变压器的副绕组,当激磁线圈通入交流电后,在短路环中有感应电流存在,短路环把铁芯中的磁通分为两部分,磁通 ϕ_1 由线圈电流 I_1 产生,而 ϕ_2 则由 I_1 及短路环中的感应电流 I_2 共同产生。电流 I_1 和 I_2 相位不同,故 ϕ_1 和 ϕ_2 的相位也不同,即在 ϕ_1 过零时 ϕ_2 不为零,使得合成吸力无过零点,铁芯总可以吸住衔铁,使其振动减小。

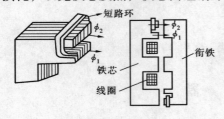

图 1-4 交流接触器铁芯的短路环

(2) 触头系统

触头用于切断或接通电器回路的部分,它是接触器的执行元件。由于需要对电流进行切断和接通,其导电性能和使用寿命将是考虑的主要因素。在回路接通时,触头处应接触紧密,导电性能良好;回路切断时则应可靠切断电路,保证有足够的绝缘间隙。触头有主触头和辅助触头之分,还有使触头复位用的弹簧。主触头用以通断主回路(大电流电路),常为三对,四对或五对常开触头;而辅助触头则用来通断控制回路(小电流回路),起电气连锁或控制作用,所以又称为连锁触头。

触头的结构形式分为桥式触头和线接触指形触头,如图 1-5 所示。桥式触头有点接触和面接触,如图 1-5(a)所示,它们都是两个触

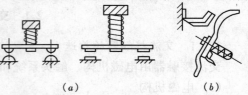

图 1-5 触头的结构形式
(a) 点接触桥式触头;(b) 线接触指型触头

头串于一条线路中，电路的开断与闭合是由两个触头共同完成的。点接触桥式触头适用于电流不大且触头压力小的地方，如接触器的辅助触头；面接触桥式触头适用于大电流的地方，如接触器的主触头。线接触指型触头如图1-5（b）所示，它的接触区域为一直线，触头开闭时产生滚动接触。这种触头适用于接电次数多、电流大的地方，如接触器的主触头。

选用接触器时，要注意触头的通断容量和通断频率，如应用不当，会缩短其使用寿命或不能开断电路，严重时会使触头熔化；反之则触头得不到充分利用。

(3) 灭弧装置

当交流接触器分断带有电流负荷的电路时，如果触头开断的电源电压超过（12~20）V，被开断的电流超过（0.25~1）A时，在触头开断的瞬间，就会产生一团温度在6000~20000卡导电的弧状气体，能发出强光，这就是电弧。电弧的产生，为电路中电磁能的释放提供了通路，从一定程度上可以减小电路开断时的冲击电压。但是，电弧的产生，一方面使电路仍然保持导通状态，使得该断开的电路未能断开；另一方面，电弧产生的高温将烧损开断电路的触头，损坏导线的绝缘，甚至电弧飞出，危及人身安全，或造成开关电器的爆炸和火灾。总之，触头断开时产生的电弧弊多利少，为此触头系统上必须采取一定的灭弧措施。交流接触器的灭弧方法有四种，如图1-6所示。用电动力使电弧移动拉长，如电动力灭弧双断口灭弧，或将长弧分成若干短弧，如栅片灭弧，纵缝灭弧等。容量在10A以上的接触器有灭弧装置，小容量的接触器采用双断口桥型触头以利于灭弧。对于大容量的接触器常采用栅片和纵缝灭弧。

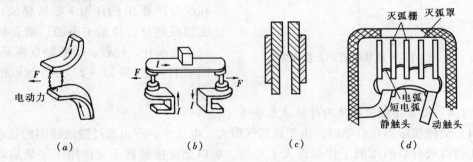

图1-6 交流接触器的各种灭弧方法示意
(a) 电动力灭弧；(b) 双断口灭弧；(c) 纵缝灭弧装置；(d) 栅片灭弧原理

2.1.2 交流接触器的分类

交流接触器的种类很多，其分类方法也不尽相同，按照一般的分类方法，大致有以下几种：

(1) 按主触头极数可分为单极、双极、三极、四极和五极接触器。单极接触器主要用于单相负荷，如照明负荷、点焊机等，在电动机能耗制动中也可采用；双极接触器主要用于绕线式异步电动机的转子回路中，启动时用于短接启动绕组；三极接触器用于三相负荷，例如在电动机的控制及其他场合，使用最广泛；四极接触器主要用于三相四线制的照明线路，也可用来控制双回路电动机负载；五极交流接触器，用来组成自耦补偿启动器或控制双笼型电动机，以变换绕组接法。

(2) 按主触头的静态位置可分为三种：动合接触器，动断接触器和混合型接触器。主触头为动合触头的接触器用于控制电动机及电阻性负载,用途较广;主触头为动断触头的接触器用于备用电源的配电回路和电动机的能耗制动;而主触头一部分为动合,另一部分为动断的接触器用于发电机励磁回路灭磁和备用电源。

(3)按灭弧介质可分为空气式接触器和真空式接触器。依靠空气绝缘的接触器,用于一般负载;而采用真空绝缘的接触器常用在煤矿、石油、化工企业及电压在660V和1140V等特殊的场合。

(4)按有无触头可分为有触头接触器和无触头接触器。常见的接触器多为有触头接触器,而无触头接触器属于电子技术应用的产物,一般采用可控硅作为回路的通断元件。由于可控硅导通时所需的触发电压很小,而且回路通断时无火花产生,因而可用于高操作频率的设备和易燃、易爆、无噪声的场合。

2.1.3 交流接触器的工作原理

交流接触器的工作原理如图1-7所示。当交流接触器电磁系统中的线圈6、7间通入交流电流以后,铁芯8被磁化,产生大于反力弹簧10弹力的电磁力,将衔铁9吸合,一方面,带动了动合主触点1、2、3闭合,接通主电路;另一方面,动断辅助触点(在4和5处)首先断开,接着,动合辅助触点(也在4和5处)闭合。当线圈断电或外加电压太低时,在反力弹簧10的作用下衔铁释放,动合主触点断开,切断主电路;动合辅助触点首先断开,接着,动断触点恢复闭合,图中11~17和21~27为各触点的接线柱。

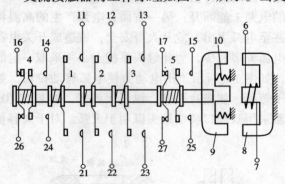

图1-7 交流接触器的工作原理

2.1.4 交流接触器在使用时的注意事项

(1)交流接触器在启动时,由于铁芯气隙大,电抗小,所以通过激磁线圈的启动电流往往比衔铁吸合后的线圈工作电流大十几倍,所以交流接触器不宜使用于频繁启动的场合。

(2)交流接触器激磁线圈的工作电压,应为其额定电压的85%~105%,这样才能保证接触器可靠吸合。如电压过高,交流接触器磁路趋于饱和,线圈电流将显著增大,有烧毁线圈的危险;反之,衔铁将不动作,相当于启动状态,线圈也可能过热烧毁。

(3)使用时还应注意,绝不能把交流接触器的交流线圈误接到直流电源上,否则由于交流接触器激磁绕组线圈的直流电阻很小,将流过较大的直流电流,致使交流接触器的激磁线圈烧毁。

2.2 直 流 接 触 器

直流接触器主要用以控制直流的用电设备。

2.2.1 直流接触器的分类

按不同的分类方法,直流接触器有不同的分类。

(1) 按主触头的极数可分为单极直流接触器和双极直流接触器。单极直流接触器用于一般的直流回路中；双极直流接触器用于分断后电路完全隔断的电路以及控制电机正反转的电路中。

(2) 按主触头的位置可分为动合直流接触器和动断直流接触器两类。动合直流接触器多用于直流电动机和电阻负载回路；动断直接接触器常用于放电电阻负载回路中。

(3) 按使用场合可分为一般工业用直流接触器、牵引用直流接触器和高电感电路直流接触器。一般工业用直流接触器常用于冶金、机床等电气设备中，主要用来控制各类直流电动机；牵引用直流电动机常用于电力机车、蓄电池运输车辆等电气设备中；高电感电路用直流接触器主要用于直流电磁铁，电磁操作机构的控制电路中。

(4) 按有无灭弧室可分为有灭弧室直流接触器和无灭弧室直流接触器。有灭弧室直流接触器主要用于额定电压较高的直流电路中；无灭弧室的直流接触器则用于低压直流电路。

(5) 按吹弧方式可分为串联磁吹灭弧直流接触器和永磁吹弧直流接触器。串联磁吹直流接触器用于一般用途；而永磁吹弧直流接触器则用于对小电流也要求可靠熄弧的直流电路中。

2.2.2 直流接触器的构造

直流接触器和交流接触器一样，也是由电磁机构、触头系统和灭弧装置等部分组成。图 1-8 为直流接触器的结构原理。

(1) 电磁结构

因为线圈中通的是直流电，铁芯中不会产生涡流，所以铁芯可用整块铸铁或铸钢制成，也不需要安装短路环。铁芯中无磁滞和涡流损耗，因而铁芯不发热。线圈的匝数较多，电阻大，线圈本身发热，因此吸引线圈做成长而薄的圆筒状，且不设线圈骨架，使线圈与铁芯直接接触，以便散热。

(2) 触头系统

同交流接触器类似，直流接触器有主触点和辅助触点。主触点一般做成单极或双极，由于主触点接通或断开的电流较大，故采用滚动接触的指形触点；辅助触点的通断电流较小，常采用点接触的双断点桥式触点。

(3) 灭弧装置

直流接触器一般采用磁吹式灭弧装置。磁吹灭弧装置的灭弧原理是靠磁吹力的作用，使电弧在空气中迅速拉长并同时进行冷却去游离，从而使电弧熄灭。因此电流愈大，灭弧能力也愈强。当电流方向改变时，磁场的方向也同时改变，而电磁力的方向不变，电弧仍向上移动，灭弧作用相同。

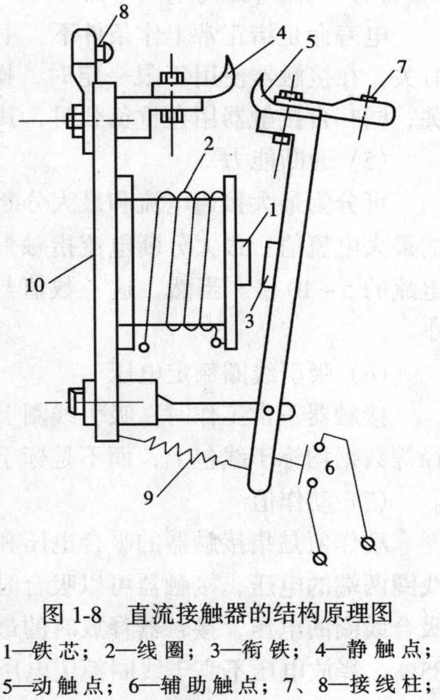

图 1-8 直流接触器的结构原理图
1—铁芯；2—线圈；3—衔铁；4—静触点；5—动触点；6—辅助触点；7、8—接线柱；9—反作用弹簧；10—底板

直流接触器通的是直流电，没有冲击启动电流，不会产生铁芯猛烈撞击的现象，因此

它的寿命长适宜于频繁启动的场合。

2.3 接触器的主要技术指标及常用接触器

2.3.1 接触器的主要技术参数

(1) 额定电压

在规定的条件下，能保证接触器正常工作时电压值，是主触头的额定电压，使用时必须使它与被控制的负载回路的额定电压相同，在我国交流接触器的额定电压为220V、660V，在特殊场合使用的高达1140V，直流有24V、48V、110V、220V和440V。

(2) 额定电流

指主触头的额定工作电流。主触头的额定工作电流就是当接触器装在敞开的控制屏上，在间断—长期工作制下，而温度升高不超过额定温升时，流过触头的允许电流值。间断—长期工作制是指接触器连续通电时间不大于8h的工作制，工作8h后，必须连续操作开闭触头（空载）3次以上（这一工作制通常是在交接班时进行），以便清除氧化膜。常用的电流等级为（10~800）A。

(3) 操作频率

指每小时允许操作的次数，它是接触器的主要技术指标之一，与产品寿命、额定工作电流等有关，通常为（300~1200）次/小时。

(4) 机械寿命与电气寿命

电寿命是指正常工作条件下，不需修理和更换零件的操作次数。机械寿命与操作频率有关，在接触器使用年限一定时，操作频率越高，机械寿命越高。电寿命与使用负载有关，同一台接触器用在重负载时，其寿命就低，用在轻负载时，电寿命就高。

(5) 通断能力

可分为最大接通电流和最大分断电流。最大接通电流指触头闭合时不会造成触头熔焊的最大电流值；最大分断电流指触头断开时能可靠灭弧的最大电流。一般通断能力是额定电流的5~10倍。当然，这一数值与开断电路的电压等级有关，电压越高，通断能力越小。

(6) 吸引线圈额定电压

接触器正常工作时，吸引线圈上所加的电压值。一般该电压数值以及线圈的匝数，线径等数据均标于线包上，而不是标于接触器外壳铭牌上。

(7) 动作值

动作值是指接触器的吸合电压和释放电压。吸合电压是接触器吸合前，缓慢增加吸合线圈两端的电压，接触器可以吸合时的最小电压；释放电压是指接触器吸合后，缓慢降低吸合线圈的电压，接触器释放时的最大电压。一般规定，吸合电压不低于线圈额定电压的85%，释放电压不高于线圈额定电压的70%。

2.3.2 接触器的型号及图形、文字符号

常用的交流接触器有CJ0、CJ10、CJ20、CJ12、CJ1-B等，主要技术数据见表1-1所列。

型号意义：

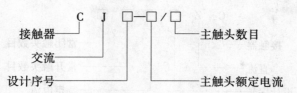

常用的直流接触器有 CZ0、CZ1、CZ2、CZ3、CZ5-11 等系列产品。CZ5-11 为连锁接触器，常用于控制电路中。CZ0 系列直流接触器的基本技术参数见表 1-2 所列。

CJ0、CJ20 系列交流接触器的技术数据　　　　　　　　表 1-1

型号	主触头			辅助触头			线圈		最大功率 (W)		额定操作频率 (次/小时)
	对数	额定电流(A)	额定电压(V)	对数	额定电流(A)	额定电压(V)	电压(V)	功率(W)	220V	380V	
CJ0-10	3	10	380	均为两常开两常闭	5	380	14		2.5	4	≤600
CJ0-20	3	20					33		5.5	10	
CJ0-40	3	40					33		11	20	
CJ0-75	3	75					36 110 127 220 380	55	22	40	
CJ20-10	3	10						11	2.2	4	
CJ20-20	3	20						22	5.5	10	
CJ20-40	3	40						32	11	20	
CJ20-60	3	60						70	17	30	

CZ0 系列直流接触器基本技术参数　　　　　　　　表 1-2

型号	额定电压(V)	额定电流(A)	额定操作频率(次/小时)	主触头板数		最大分断电流(A)	辅助触头形式及数目		吸引线圈电压(V)	吸引线圈消耗功率(W)
				常开	常闭		常开	常闭		
CZ0-40/20	440	40	1200	2	0	160	2	2	24	22
CZ0-40/02		40	600	0	2	100	2	2		24
CZ0-100/10		100	1200	1	0	400	2	2	48	24
CZ0-100/01		100	600	0	1	250	2	1	110	24
CZ0-100/20		100	1200	2	0	400	2	2	220	30
CZ0-150/10		150	1200	1	0	600	2	2		30
CZ0-150/01		150	600	0	1	375	2	1		25
CZ0-150/20		150	1200	2	0	600	2	2		40
CZ0-250/10		250	600	1	0	1000	其中一对为固定常开			31
CZ0-250/20		250	600			1000				40
CZ0-400/10		400	600	1	0	1600				28
CZ0-400/20		400	600	2	0	1600				43
CZ0-600/10		600	600	1	0	2400				50

型号意义：

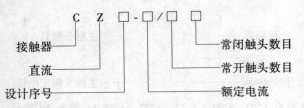

交流接触器的图形和文字符号如图1-9所示。

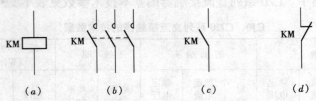

图1-9 交流接触器的图形与文字符号
(a) 线圈;(b) 主触点;(c) 动合辅助触点;(d) 动断辅助触点

2.4 接触器的选择及应用

接触器使用广泛,只有根据不同的使用条件正确选用,才能保证其系统可靠运行,使接触器的技术参数满足控制线路的要求。

2.4.1 接触器的类型选择

根据接触器所控制的负载性质和工作任务(轻任务、一般任务或重任务)来选择相应使用类别的直流接触器或交流接触器。常用接触器的使用类别和典型用途如表1-3所示。生产中广泛使用中小容量的笼型电动机,而且其中大部分电动机负载是一般任务,它相当于AC3使用类别。对于控制机床电动机的接触器,其负载情况比较复杂,既有AC3类的,也有AC4类的,还有AC3类和AC4类混合的负载,这些都属于重任务的范畴。如果负载明显地属于重任务类,则应选用AC4类的接触器。如果负载为一般任务与重任务混合的情况,则应根据实际情况选用AC3或AC4类接触器,若确定选用AC3类接触器,它的容量应降低一级使用。

常用接触器的使用类别和典型用途　　　　　　　　　　表1-3

电流种类	使用类别代号	典 型 用 途
AC(交流)	AC1 AC2 AC3 AC4	无感或微感负载,电阻炉,绕线式电动机的启动或中断,笼型电动机的启动和运转中分断,笼型电动机的起动反接制动,反向和点动。
DC(直流)	DC1 DC2 DC3	无感和微感负载,电阻炉并励电动机的启动,反接制动,反向和点动串励电动机的启动,反接制动,反向和点动。

2.4.2 额定电压的选择

接触器的额定电压应大于或等于所控制线路的电压。

2.4.3 额定电流的选择

接触器的额定电流应大于或等于所控制线路的额定电流。对于电动机负载可按下列经验公式计算：

$$I_c = P_n / KV_n$$

式中　I_c——接触器主触头电流（A）；

P_n——电动机额定功率（kW）；

V_n——电动机额定电压（V）；

K——经验系数，一般取 1~1.4。

接触器的额定电流应大于 I_c，也可查手册，根据技术数据确定。接触器如使用在频繁启动、制动和正反转的场合，则额定电流应降低一个等级使用。

当接触器的使用类别与所控制负载的工作任务不相对应时，如使用 AC3 类的接触器，控制 AC3 与 AC4 混合类负载时，需降低电流等级使用。用接触器控制电容器或白炽灯时，由于接通时的冲击电流可达额定电流的几十倍，所以从"接通"方面来考虑宜选用 AC4 类的接触器，若选用 AC3 类的接触器，则应降低为 70%~80% 额定容量来使用。

2.4.4　接触器吸引线圈电压的选择

如果控制线路比较简单，所用接触器数量较少，则交流接触器线圈的额定电压一般直接选用 380V 或 220V。如果控制线路比较复杂，使用的电器又比较多，为了安全起见，线圈的额定电压可选稍低一些。例如，交流接触器线圈电压，可选择 127V、360V 等，这时需要附加一个控制变压器。

直流接触器线圈的额定电压应视控制回路的情况而定。同一系列，同一容量等级的接触器，其线圈的额定电压有几种，可以选线圈的额定电压与直流控制电路的电压一致。

课题 3　继　电　器

继电器是一种当输入量变化到某一定值时，其触头（或电路）即接通或分断交直流小容量控制回路的自动控制电器。在电气控制领域或产品中，凡是需要逻辑控制的场合，从家用电器到工农业应用，甚至国民经济各个部门几乎都需要使用继电器，可谓无所不见。因此，继电器的需求千差万别，为了满足各种要求，人们研制生产了各种用途，不同型号和大小的继电器。

3.1　继电器的分类

（1）按使用范围可分为控制继电器、保护继电器和通信继电器。

（2）按工作原理可分为电磁式继电器、感应式继电器、热继电器、机械式继电器、电动式继电器和电子式继电器等。

（3）按反应的参数（动作信号）可分为电流继电器、电压继电器、时间继电器、速度继电器、压力继电器等。

（4）按动作时间可分为瞬时继电器（动作时间小于 0.05s）和延时继电器（动作时间大于 0.15s）。

（5）按触头状况可分为有触点继电器和无触点继电器。

（6）按线圈通入电流的种类可分为直流操作继电器、交流操作继电器。

3.2 电磁式继电器

电磁式继电器是以电磁力为驱动力的继电器,是电气设备中用的最多的一种继电器。如电流继电器、电压继电器、中间继电器都属于电磁式继电器。图1-10是电磁式继电器的典型结构,它由铁芯、衔铁、线圈、反力弹簧和触点等部分组成。在这种磁系统中,铁芯7和铁轭为一整体,减少了非工作气隙;极靴8为一圆环,套在铁芯端部;衔铁6制成板状,绕棱角(或绕轴)转动;线圈不通电时,衔铁靠反力弹簧2作用而打开;衔铁上垫有非磁性垫片5。装设不同的线圈后可分别制成电流继电器、电压继电器、中间继电器。

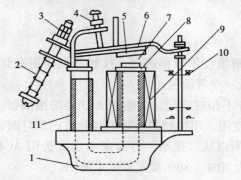

图1-10 电磁式继电器的典型结构
1—底座;2—反力弹簧;3、4—调整螺钉;5—非磁性垫片;6—衔铁;7—铁芯;8—极靴;9—电磁线圈;10—触点系统;11—绝缘材料

虽然继电器与接触器都是用来自动接通和断开电路,但也有不同之处。首先是继电器一般用于控制电路中控制小电流电路,触点额定电流不大于5A,所以不加灭弧装置;而接触器一般用于主电路中,控制大电流电路,主触点额定电流不小于5A,需加灭弧装置。其次,接触器一般只能对电压的变化做出反应,而各种继电器可以在相应的各种电量或非电量作用下动作。

3.2.1 电流继电器

用以反应线路中电流变化状态的称为电流继电器。在使用时线圈应串在线路中,为不影响线路中的正常工作,电流线圈阻抗应小,导线较粗、匝数少,能通过大电流,这是电流继电器的本质特征。随着使用场合和用途的不同,电流继电器分(欠)零电流继电器和过电流继电器。其区别在于它们对电流的数量反应不同,欠电流继电器的吸引电流为线圈额定电流的30%~65%,释放电流为额定电流的10%~20%。因此,在电路正常工作时,衔铁是吸合的,只有当电流降低至某一整定值时,继电器释放,输出信号去控制接触器失电,从而控制设备脱离电流,起到保护作用。这种继电器常用于直流电动机和电磁吸盘的失磁保护。而过电流继电器在电路正常工作时衔铁不吸合,当电流超过某一整定值时衔铁才吸合上(动作)。于是它的动断触点断开,从而切断接触器线圈电源,使接触器的动合触点断开被测电路,设备脱离电流,起到保护作用。同时过电流继电器的动合触点闭合进行自锁或接通指示灯,指示发生过电流。过电流继电器整定值的整定范围为1.1~3.5倍额定电流。有的过电流继电器,发生过电流但不能自动复位,需手动复位,这样可避免重复过电流的事故发生。

根据欠(零)电流继电器和过电流继电器的动作条件可知,欠(零)电流继电器属于长期工作的电器,故应考虑其振动的噪声,应在铁芯中装有短路环,而过电流继电器属于短时工作的电器,不需装短路环。

3.2.2 电压继电器

用以反应线路中电压变化的继电器称为电压继电器,在应用时电压线圈并联在电路中,为使之减小分流,电压线圈导线细,匝数多,电阻大,根据应用场所不同,电压继电器有欠（失）压及过压继电器之分。其区别在于：欠（失）压继电器在正常电压时动作，而当电压过低或消失时，触头复位；过电压继电器是在正常电压下不动作，只有当其线圈两端电压超过其整定值后，其触头才动作，以实现过电压保护。同电流继电器道理相同，欠（失）压继电器装有短路环，而过电压继电器则不需要短路环。

欠电压继电器是在电压为 40%～70% 额定电压时才动作，对电路实行欠压保护；零电压继电器是当电压降为 5%～25% 额定电压时动作，进行零压保护；过电压继电器是在电压为 105%～120% 额定电压以上动作。具体动作电压的调整根据需要决定。

3.2.3 中间继电器

中间继电器的原理与接触器相同，只是触点系统中无主、辅触点之分，在结构上是一个电压继电器，它的触点数多，触点容量大（额定电流 5～10A），是用来转换控制信号的中间元件。其输入是线圈的通电或断电信号，输出为触点的动作信号。其主要用途是当其他继电器的触点数或触点容量不够时，可借助中间继电器来扩大它们的触点数或触点容量。

常用的中间继电器有 JZ7 和 JZ8 系列两种。JZ7 系列中间继电器的结构如图 1-11 所示。

中间继电器由电磁机构（线圈、衔铁、铁芯）和触头系统（触头和复位弹簧）构成，其线圈为电压线圈，当线圈通电后，铁芯被磁化为电磁铁，产生电磁吸力，当吸力大于反力弹簧的弹力时，将衔铁吸引，带动其触头动作；当线圈失电后，在弹簧作用下触头复位，可见也应考虑其振动和噪声，所以铁芯中装有短路环。中间继电器的型号意义如下：

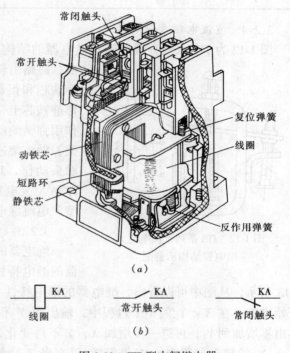

图 1-11 JZ7 型中间继电器
（a）外形；（b）符号

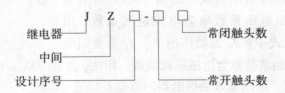

中间继电器的选择，主要是根据被控制电路的电压等级，同时还应考虑触点的数量种类及容量，以满足控制线路的要求。JZ7 系列中间继电器的技术数据如表 1-4 所列。

JZ7系列中间继电器技术数据 表1-4

型号	触头额定电压（V）		触头额定电流（A）	触头数量		额定操作频率（次/h）	吸引线圈电压（V）		吸引线圈消耗功率（W）	
	直流	交流		常开	常闭		50Hz	60Hz	启动	吸持
JZ7-44	440	500	5	4	4	1200	12, 24, 36, 48, 110, 127, 220, 380, 420, 440, 500	12, 36, 110, 127, 220, 380, 440	75	12
JZ7-62	440	500	5	6	2	1200			75	12
JZ7-80	440	500	5	8	0	1200			75	12

3.2.4 直流电磁式继电器

图1-12为JT3系列直流电磁式继电器的结构示意图，主要由电磁机构和触头系统构成，磁路由软铜制成的V形静铁芯和板状衔铁组成，静铁芯和铝制的基底浇铸成一体，板状衔铁装在V形静铁芯上，能绕支点转动，在不通电情况下，借反作用弹簧的反弹力使衔铁打开，触头采用标准化触头架，触头架连接在衔铁支件上，当衔铁动作时，带动触头动作，JT3系列继电器配以电压线圈，便成了JT3A型欠电压继电器，配以电流线圈，便成了JT3L型欠电流继电器。

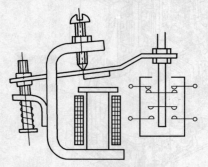

图1-12 JT3系列直流电磁式继电器结构示意图

3.2.5 电磁继电器的特性

继电器的主要特性是输入-输出特性，称为继电器的继电特性，电磁式继电器的继电特性曲线如图1-13所示，从图中可以看出，继电器的继电特性为跳跃式的回环特性。当输入量X从零开始增加，在$X<X_i$的整个过程中，输出量Y不变，为$Y=0$；当X到达X_i值时，Y突然由零增加到Y_1，再进一步增加X，Y不再变化，仍保持Y_1，而当输入量X减小时，在$X<X_0$的整个过程中，Y_1仍保持，只有当X降低到$X<X_i$时，Y_1突然下降到零，X再减小，Y仍为零。图中X_0称为继电器的动作值（吸合值），X_i称为继电器的复归值（释放值），它们均为继电器的动作参数，可根据使用要求进行整定。

X_i与X_0的比值称为返回系数，用K表示，即$K=X_i/X_0$，电流继电器的返回系数称为电流返回系数，用K_V表示：$K_V=I_1/I_0$ 式中：I_0为动作电流，I_1为复归电流，电压继电器的返回系数称为电压返回系数，用K_V表示：$K_V=V_i/V_0$ 式中：V_0为动作电压，V_i为复归电压，返回系数是继电器的重要参数之一。

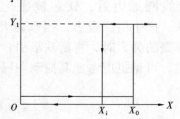

图1-13 继电特性曲线

3.2.6 电磁式继电器的主要参数

（1）额定参数

额定参数有额定电压（电流）、吸合电压（电流）和释放电压（电流）。

1) 额定电压（电流）指继电器线圈电压（电流）的额定值，用 V_e（I_e）表示。
2) 吸合电压（电流）指使继电器衔铁开始运动时线圈的电压（电流）值。
3) 释放电压（电流）指衔铁开始返回动作时，线圈的电压（电流）值。

(2) 灵敏度

使继电器动作的最小功率称为继电器的灵敏度。因此，当比较继电器的灵敏度时，应以动作功率为准。

(3) 返回系数

如前所述，返回系数为复归电压（电流）与动作电压（电流）之比。不同用途的继电器，要求有不同的返回系数。如控制用继电器，其返回系数一般要求在 0.4 以下，以避免电源电压短时间的降低，而自行释放，对保护用继电器，则要求较高的返回系数（0.6 以上）使之能反映较小输入量的波动范围。

(4) 接触电阻

指从继电器引出端测得的一组闭合触点间的电阻值。

(5) 整定值

根据控制系统的要求，预先使继电器达到某一个吸合值或释放值，吸合值（电压或电流）或释放值（电压或电流）就叫整定值。

(6) 触点的开闭能力

继电器触点的开闭能力与负载特性、电流种类和触点的结构有关。

(7) 吸合时间和释放时间

吸合时间是从线圈接受电信号到衔铁完全吸合所需的时间；释放时间是线圈失电到衔铁完全释放所需的时间。它们的大小影响继电器的操作频率。一般继电器的吸合时间和释放时间为（0.05~0.15）s，快速继电器可达（0.005~0.05）s。

(8) 寿命

指继电器在规定的环境条件和触点负载下，按产品技术要求能够正常动作的最少次数。

3.2.7 电磁式继电器的整定

继电器的吸动值和释放值可以根据保护要求在一定范围内调整，现以图 1-12 所示的 JT3 系列直流电磁式继电器为例予以说明。

(1) 调紧弹簧的松紧程度

弹簧收紧，反作用力增大，则吸引电流（电压）和释放电流（电压）就越大，反之就越小。

(2) 改变非磁性垫片的厚度

非磁性垫片越厚，衔铁吸合后磁路的气隙和磁阻就越大，释放电流（电压）就越大，反之就越小，而吸引值不变。

(3) 改变初始气隙的大小

在反作用弹簧力和非磁性垫片厚度一定时，初始气隙越大，吸引电流（电压）就越大，反之就越小，而释放值不变。

3.2.8 电磁式继电器型号编制方法如下：

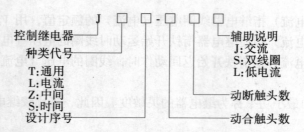

电磁继电器的符号如图 1-14 所示,电流继电器的文字符号为 KI,电压继电器的文字符号为 KV,中间继电器的文字符号为 KA。

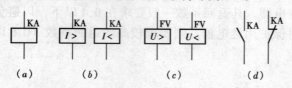

图 1-14 电磁式继电器符号
(a) 中间继电器; (b) 电流继电器;
(c) 电压继电器; (d) 继电器触头

常用的电磁式继电器有:JL14、JL18、JT18、JZ15、3TH80、3TH82 及 JZC2 等系列。其中 JL14 系列为交直流电流继电器,JL18 系列为交直流过电流继电器,JT18 系列为直流通用继电器,JZ15 为交直流中间继电器,3TH80、3TH82 为接触式继电器,与 JC2 系列类似。

3.2.9 电磁式控制继电器的选用

控制继电器主要按其被控制或被保护对象的工作特性来选择使用。电磁式继电器选用时,除线圈电压或线圈电流应满足要求外,还应按被控制对象的电压、电流和负载性质及要求来选择。如果控制电流超过继电器的额定电流,在需要提高分断能力时(一定范围内)可用触头串联方法,但触头有效数量将减少。

电流继电器的特性有瞬时动作特性,反时限动作特性等,可按不同要求选取。

3.3 时间继电器

时间继电器在电路中起着控制动作时间的作用。当它的感测系统接受输入信号以后,需经过一定的时间,它的执行系统才会动作并输出信号,进而操纵控制电路,所以说时间继电器具有延时的功能。它被广泛用来控制生产过程中按时间原则制定的工艺程序,如鼠笼式异步电动机的几种降压启动均可由时间继电器发出自动转换信号,应用场合很多。

3.3.1 时间继电器的类型

时间继电器的延时方法及其类型很多,概括起来,可分为电气式和机械式两大类。电气延时式有电磁阻尼式、电动机式、电子式(又分阻容式和数字式)等时间继电器。机械延时式有气体阻尼式、油阻尼式。水银式、钟表式和热双金属片式等时间继电器。其中常用的有电磁阻尼式、空气阻尼式、电动机式和电子式等时间继电器。按延时方式分,时间继电器又可分为通电延时型、断电延时型和带瞬动触点的通电延时型等。

3.3.2 常用时间继电器

(1) 直流电磁式时间继电器

电磁式时间继电器一般在直流电气控制电路中应用较广,只能直流断电延时动作。它的结构是在图 1-10U 形静铁芯 7 的另一柱上装上阻尼铜套 11,即构成时间继电器,其工作原理是:当线圈 9 断电后,通过铁芯 7 的磁通要迅速减少,由于电磁感应,在阻尼铜套 11

内产生感应电流。根据电磁感应定律，感应电流产生的磁场总是阻碍原磁场的减弱，使铁芯继续吸持衔铁一小段时间，达到延时的目的。电磁式时间继电器的特点是：结构简单、运行可靠、寿命长，但延时时间短。

直流电磁式时间继电器延时调整：

1）改变非磁性垫片的厚度，即改变剩磁大小，得到不同延时。垫片薄，剩磁大，延时长；垫片厚，剩磁小，延时短。

2）改变弹簧的松紧：释放弹簧松，反力减小，延时长；释放弹簧紧，反力作用强，延时短。

直流电磁式时间继电器技术数据如表1-5所列。

直流电磁式时间继电器 JT3 系列的技术数据　　　　表1-5

型　号	吸引线圈电压(V)	触点组合及数量（常开、常闭）	延　时(s)
JT3-□□/1	12、24、48	11、02、20、03	0.3～0.9
JT3-□□/3	110、220、440	12、21、04、40、22、13、31、30	0.8～3.0
JT3-□□/5			2.5～5.0

注：表中型号 JT3-□□ 后面之 1、3、5 表示延时类型（1s、3s、5s）。

(2) 空气阻尼式时间继电器

空气阻尼式时间继电器是利用空气阻尼作用获得延时的，线圈电压为交流，因交流继电器不能象直流继电器那样依靠断电后磁阻尼延时，因而采用空气阻尼式延时。它分为通电延时和断电延时两种类型。图 1-15（a）为通电延时型时间继电器，当线圈通电后，铁芯 2 将衔铁 3 吸合，同时推板 5 使微动开关 16 立即动作。活塞杆 6 在塔形弹簧 8 的作用

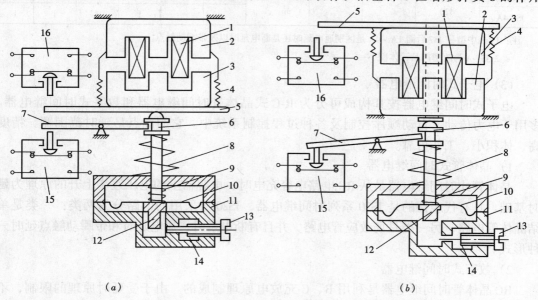

图 1-15　JS7-A 系列时间继电器动作原理图
(a) 通电延时型；(b) 断电延时型
1—线圈；2—铁芯；3—衔铁；4—复位弹簧；5—推板；6—活塞杆；7—杠杆；8—塔形弹簧；9—弱弹簧；10—橡皮膜；11—空气室壁；12—活塞；13—调节螺杆；14—进气孔；15、16—微动开关

下，带动活塞12及橡皮膜10向上移动，由于橡皮膜下方气室空气稀薄，形成负压，因此活塞杆6不能迅速上移。当空气由进气孔14进入时，活塞杆才逐渐上移。移到最上端时，杠杆7才使微动开关15动作。延时时间即为自由磁铁吸引线圈通电时刻起到微动开关15动作为止这段时间。通过调节螺杆13来改变气孔的大小，就可以调节延时时间。当线圈1断电时，衔铁3在复位弹簧4的作用下，将活塞12推向最下端。因活塞被往下推时，橡皮膜下方气室内的空气，都通过橡皮膜10，弱弹簧9和活塞12肩部所形成的单向阀，经上气室缝隙顺利排掉，因此延时与不延时的微动开关15与16都能迅速复位。

将电磁机构翻转180度安装后，可得到图1-15（b）所示的断电延时型时间继电器。它的工作原理与通电延时型相似，微动开关15是在吸引线圈断电后延时工作的。

空气阻尼式时间继电器的优点是结构简单，寿命长，价格低，还附有不延时的触点，所以应用较为广泛。缺点是准确度低，延时误差大（±10%~±20%），在要求延时精度高的场合不宜使用。

空气阻尼式（JS7-A系列）时间继电器的技术数据如表1-6所列。

JS7-A 系列空气阻尼式时间继电器技术数据 表1-6

型号	吸引线圈电压（V）	触点额定电压（V）	触点额定电流（A）	延时范围（s）	延时触点				瞬动触点	
					通电延时		断电延时		常开	常闭
					常开	常闭	常开	常闭		
JS7-1A	24，36	380	5	均有0.4~60和0.4~180两种产品	1	1				
JS7-2A	110，127						1	1		
JS7-3A	220，380				1	1			1	1
JS7-4A	420						1	1	1	1

注：1. 表中型号 JS7 后面 1A~4A 是区别通电延时还是断电延时以及带瞬动触点。
2. JST-A 为改型产品，体积小。

(3) 电子式时间继电器

电子式时间继电器按其构成可分为 R-C 式晶体管时间继电器和数字式时间继电器。多用于电力传动、自动顺序控制及各种过程控制系统中。它的优点是延时范围宽、精度高、体积小、工作可靠。

1) 晶体管式时间继电器

晶体管式时间继电器是从 RC 电路电容充电时，电容器上的电压逐步上升的原理为延时基础。具有代表性的是 JS20 系列时间继电器，JS20 所采用的电路分为两类：一类是单结晶体管电路，另一类是场效应管电路，并且有断电延时，通电延时和带瞬动触点延时三种形式。

2) 数字式时间继电器

RC 晶体管时间继电器是利用 R、C 充放电原理制成的。由于受延时原理的限制，不容易做成长延时，且延时精度易受电压、温度的影响，精度较低，延时过程也不能显示，因而影响了它的使用。随着半导体技术，特别是集成电路技术的进一步发展，采用新延时原理的时间继电器-数字式时间继电器便产生了，各种性能指标也大大的提高了，最先进数字式时间继电器内部装有微处理器。

(4) 时间继电器的型号及符号
1) 型号
型号意义如下所示：

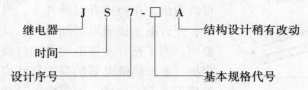

2) 符号
图 1-16 为时间继电器各种类型触头线圈的图形符号，文字符号为 KT。

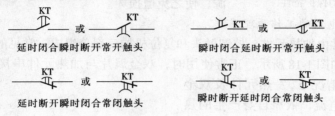

图 1-16 时间继电器符号

3.3.3 时间继电器的选择
时间继电器形式多样，各具特点，选择时应从以下几方面考虑。
(1) 根据控制线路的要求选择延时方式，即通电延时型或断电延时型；
(2) 根据延时准确度要求和延时长、短要求来选择；
(3) 根据使用场合、工作环境选择合适的时间继电器。

3.4 热 继 电 器

热继电器是一种保护用继电器。电动机在运行中，随负载的不同，常遇到过载情况，而电机本身有一定的过载能力，若过载不大，电机绕组不超过允许的温升，这种过载是允许的。但是过载时间过长，绕组温升超过了允许值，将会加剧绕组绝缘的老化，降低电动机的使用寿命，严重时会使电动机绕组烧毁。为了充分发挥电动机的过载能力，保证电动机的正常启动及运转，在电动机发生较长时间过载时能自动切断电路，防止电动机过热而烧毁，为此采用了这种能随过载程度而改变动作时间的热保护装置即热继电器。

3.4.1 热继电器的分类
热继电器按相数来分，有单相、两相和三相共三种类型，每种类型按发热元件的额定电流分又有不同的规格和型号。三相式热继电器常用做三相交流电动机的过载保护电器，按职能来分，三相式热继电器又有不带断相保护和带断相保护两种类型；按发热元件又分为双金属片式、热敏电阻式和易熔合金式。

3.4.2 热继电器的保护特性
热继电器的保护特性即电流-时间特性，也称安秒特性。为了适应电动机的过载特性而又起到过载保护作用，要求热继电器具有如同电动机过载特性那样的反时限特性。电动机的过载特性和热继电器的保护特性如图 1-17 所示。

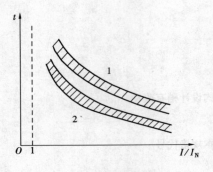

图 1-17 电动机的过载特性和
热继电器的保护特性

因各种误差的影响,电动机的过载特性和热继电器的保护特性都能不是一条曲线,而是一条带子,误差越大,带子越宽,误差越小,带子越窄。由图 1-17 可以看出,在允许升温条件下,当电动机过载电流小时,允许电动机通电时间长些,反之,允许通电时间要短。为了充分发挥电动机的过载能力又能实现可靠保护,要求热继电器的保护特性应在电动机过载特性的邻近下方,这样,如果发生过载,热继电器就会在电动机未达到其允许过载极限时间之前动作,切断电源,使之免遭损坏。

3.4.3 热继电器的工作原理

热继电器通常由加热元件、控制触头和复位机构三部分组成。常见的为双金属片式热继电器,其结构如图 1-18 所示,正常使用时,双金属片与加热元件串接接入被保护电路中。在额定工作情况下,发热元件及双金属片中通过额定电流,依靠自身产生的热量,使双金属片略有弯曲。发生过载时,流过发热元件与双金属片的电流增加,发热量增加,双金属片受热,进一步弯曲,甚至带动触头动作。触头动作后,通过控制电路切断主回路,双金属片逐渐冷却伸直,热继电器触头自动复位。手动复位式热继电器需按下复位按钮才能复位。

若三相中有一相断线而出现过载电流,则因为断线那一相的双金属片不弯曲而使热继电器不能及时动作,有时甚至不动作,故不能起到保护作用。这时就需要使用带断相保护的热继电器,其结构原理如图 1-18 所示,其中剖面 3 为双金属片,虚线表示动作位置。图 1-18(a)为断电时的位置。当电流为额定值时,三个热元件正常发热,其端部均向左弯曲推动上、下导板同时左移,但达不到动作位置,继电器不会动作,如图 1-18(b)所示。当电流过载达到整定值时,双金属片弯曲较大,把导板和杠杆推到动作位置,继电器动作,使动断触点立即打开。如图 1-18(c)所示。

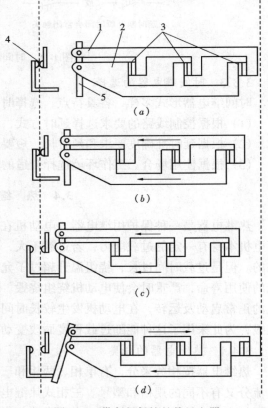

图 1-18 带断相保护的热继电器
(a)通电前;(b)三相正常通电;(c)三相均匀过载;
(d)L1 相断线
1—上导板;2—下导板;3—双金属片;
4—动断触点;5—杠杆

当一相(设 L1 相)断路时 L1 相(右侧)的双金属片逐渐冷却降温,其端部向右移动,推动上导板向右移动;而另外两相双金属片温度上升,使端部向左移动,推动下导板继续向左移动，产生差动作用，使杠杆扭转，继电器动作，起到断相保护作用。如图1-18（d）所示。

根据热继电器是否带断相保护，热继电器接入电路的接法也不尽相同。常用接法如图1-19（a）、（b）、（c）所示。

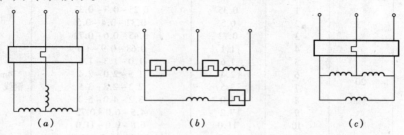

图1-19 热继电器接入法

3.4.4 热继电器的型号及符号

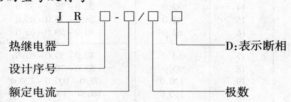

热继电器的符号如图1-20所示。

例如：JR16－20/3表示热继电器，设计序号是16，额定电流是20A，3极，热元件有12个等级（从0.35～22A），不带断相保护。

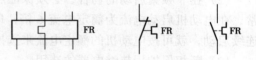

图1-20 热继电器的符号

3.4.5 热继电器的主要技术数据

热继电器的主要技术参数为：额定电压、额定电流、相数、热元件的编号，整定电流及刻度电流调节范围等。

热继电器的额定电流是指可能装入的热元件的最大整定（额定）电流值。每种额定电流的热继电器可装入几种不同整定电流的热元件。为了便于用户选择，某些型号中的不同整定电流的热元件是用不同的编号表示的。

热继电器的整定电流是指热元件能够长期通过而不致引起热继电器动作的电流值。手动调节整定电流的范围，称为刻度电流调节范围，可用来使热继电器具有更好的过载保护。

常用的热继电器的型号有JR0、JR10、JR15、JR16等，JR0、JR16系列热继电器技术数据如表1-7所列。

3.4.6 热继电器的选择

热继电器的选择是否合理，直接影响着对电动机进行过载保护的可靠性。通常选用时应按电动机形式、工作环境、启动情况及负荷情况等几方面综合加以考虑。

（1）原则上热继电器的额定电流应按电动机的额定电流选择。对于过载能力较差的电动机，其配用的热继电器（主要是发热元件）的额定电流可适当小些。一般选取热继电器额定电流（实际上是发热元件的额定电流）为电动机额定电流的60%～80%。

JR16 系列热继电器的技术数据　　　　表 1-7

型　号	热继电器额定电流（A）	发热元件规格			连接导线规格
		编号	额定电流（A）	刻度电流调整范围（A）	
JR16-20/3 JR16-20/3D	20	1	0.35	0.25～0.3～0.35	4mm² 单股塑料铜线
		2	0.5	0.32～0.4～0.5	
		3	0.72	0.45～0.6～0.72	
		4	1.1	0.68～0.9～1.1	
		5	1.6	1.0～1.3～1.6	
		6	2.4	1.5～2.0～2.4	
		7	3.5	2.2～2.8～3.5	
		8	5.0	3.2～4.0～5.0	
		9	7.2	4.5～6.0～0.72	
		10	11.0	6.8～9.0～11.0	
		11	16.0	10.0～13.0～16.0	
		12	22.0	14.0～18.0～22.0	
JR16-60/3 JR16-60/3D	60	13	22.0	14.0～18.0～22.0	16mm² 多股铜心橡皮软线
		14	32.0	20.0～26.0～32.0	
		15	45.0	28.0～36.0～45.0	
		16	63.0	40.0～50.0～63.0	
JR16-150/3 JR16-150/3D	150	17	63.0	40.0～50.0～63.0	35mm² 多股铜心橡皮软线
		18	85.0	53.0～70.0～85.0	
		19	120.0	75.0～100.0～120.0	
		20	160.0	100.0～130.0～160.0	

(2) 在非频繁启动的场合，必须保证热继电器在电动机的启动过程中不致误动作。通常，在电动机启动电流为额定电流 6 倍，以及启动时间不超过 6s 的情况下，只要是很少连续启动，就可按电动机的额定电流来选择热继电器。

(3) 断相保护用热继电器的选用

对星形接法的电动机，一般采用两相结构的热继电器。对于三角形接法的电动机，若热继电器的热元件接于电动机的每相绕组中，则选用三相结构的热继电器，若发热元件接于三角形接线电动机的电源进线中，则应选择带断相保护装置的三相结构热继电器。

(4) 对比较重要的，容量大的电动机，可考虑选用半导体温度继电器进行保护。

3.4.7　热继电器使用时的注意事项

(1) 在安装时热继电器应按产品说明书规定方式安装。当同其他电器安装在同一装置上时，为了防止其动作特性受其他电器发热的影响，热继电器应安装在其他电器的下方。

(2) 对于热继电器的出线端的连接导线应为铜线，JR16 应按表 1-7 规定选用。若用铝线，导线截面应放大 1.8 倍。另外，为了保证保护特性稳定，出线端螺钉应拧紧。

(3) 热继电器的发热元件不同的编号都有一定的电流整定范围，选用时应使发热元件的电流与电动机的电流相适应，然后根据实际情况作适当调整。

(4) 要保持热继电器清洁，定期清除污垢、尘埃。双金属片有锈斑时应用棉布蘸上汽油轻轻揩试，不得用砂纸打磨。

(5) 为了保护已调整好的配合状况，热继电器和电动机的周围介质温度应保持相同，以防止热继电器的动作延迟或提前。

(6) 热继电器必须每年通电校验一次，以保证可靠保护。

3.5 速度继电器

速度继电器常用于三相异步电动机按速度原则控制的反接制动线路中,亦称反接制动继电器。JYI型速度继电器的结构原理如图1-21所示。速度继电器的轴与电动机的轴相连接。永久磁铁的转子固定在轴上,装有鼠笼式绕组的定子与轴同心,能独立偏摆,与永久磁铁间有一气隙。当轴转动时,永久磁铁一起转动,鼠笼式绕组切割磁通产生感应电动势和电流,和鼠笼式感应电动机原理一样,此电流与永久磁铁磁场作用产生转矩,使定子随轴的转动方向偏摆,通过定子柄拨动触点,使继电器触点接通或断开。当轴的转速下降到接近零速(约100r/min)时,定子柄在动触点弹簧力作用下恢复到原位。

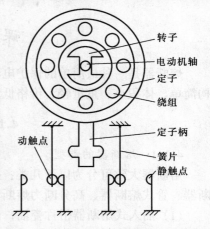

图1-21 JYI速度继电器的结构原理图

常用的速度继电器有JYI型和JFZ0型。JYI型能在3000r/min以下可靠工作;JFZ0-1型适用于(300~1000)r/min,JFZ0-2型适用于(1000~3600)r/min;JFZ0型有两对动合、动断触点。一般速度继电器转轴在120r/min左右,即能动作,在100r/min以下触点复位。

JYI型和JFZ0型速度继电器的主要技术参数如表1-8所示。

表1-8 JYI型和JFZ0型速度继电器的主要技术参数

型号	触点容量		触点数量		额定工作转速	允许操作频率
	额定电压(V)	额定电流(A)	正转时动作	反转时动作	(r/min)	(次/h)
JYI	380	2	1组转换触点	1组转换触点	100~3600	<30
JFZ0					300~3600	

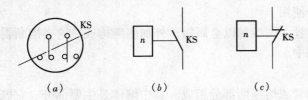

图1-22 速度继电器的图形及文字符号
(a)转子;(b)动合触点;(c)动断触点

速度继电器的图形符号及文字符号如图1-22。速度继电器的选择主要根据电动机的额定转速进行选择。

3.6 继电器的应用与主要作用

继电器是具有隔离功能的自动开关元件,广泛应用于遥控、遥测、通讯、自动控制、机电一体化及电力电子设备中,是最重要的控制元件之一。作为控制元件,概括起来,继电器有如下作用。

(1)扩大控制范围。例如,多触点继电器控制信号达到某一定值时,可以按触点组不同形式,同时换接,开断,接通多路电路。

(2)放大。例如。灵敏型继电器,中间继电器,用一个很微小的控制量,可以控制很大功率的电路。

(3)综合信号。例如,当多个控制信号按规定的形式输入多绕组继电器时,经过比较综合，达到预定的控制效果。

(4) 自动、遥控、监测。例如，自动装置上的继电器与其它继电器一起可以组成程序控制线路，从而实现自动化运行。

课题4 熔 断 器

熔断器是一种最简单的保护电器，它可以实现对配电线路的过载和短路保护。由于结构简单、体积小、重量轻、价格低廉、维护简单，在强弱电系统中都有较为广泛的应用。

4.1 熔断器的原理及特性

4.1.1 熔断器的类型

熔断器大致可分为以下几类：插入式熔断器、螺旋式熔断器、封闭式熔断器、快速熔断器、管式熔断器、高分断力熔断器和限流线。

(1) 插入式熔断器俗称瓷插，由装有熔丝的瓷盖和用来连接导线的瓷座组成，适用于电压为380V及以下电压等级的线路末端，作为配电支线或电气设备的短路保护用。

(2) 螺旋式熔断器由瓷帽、瓷座和熔体组成，瓷帽沿螺纹拧入瓷座中。熔体内填石英砂，故分断电流较大，可用于电压等级500V及其以下，电流等级200A以下的电路中，作为短路保护用。

(3) 封闭式熔断器分有填料熔断器和无填料熔断器两种。有填料熔断器一般用方形瓷管，内装石英砂及熔体，分断能力强，用于电压等级500V以下，电流等级1kA以下的电路中，而无填料密闭式熔断器将熔体装入密闭式圆筒中，分断能力稍小，用于500V以下600A以下电路中。

(4) 快速式熔断器多用作硅半导体器件的过载保护，分断能力大，分断速度快。而自复式熔断器则是用低熔点金属制成，短路时依靠自身产生的热量使金属汽化，从而大大增加导通时的电阻，阻塞了导通电路。限流线与自复式熔断器相类似，也可反复使用，但不能完全切断电路，故需与自动开关配合使用。

(5) 管式熔断器为装有熔体的玻璃管，两端封以金属帽，外加底座构成，这类熔断器体积较小，常用于电子线路及二次回路中。

4.1.2 熔断器的结构及工作原理

熔断器主要由熔体和安装熔体的熔管或熔座两部分组成。其中熔体是主要部分，它既是感受元件又是执行元件。熔体可做成丝状、片状、带状或笼状，其材料有两类：一类为低熔点材料，如铅、锌、锡及铅锡合金等；另一类为高熔点材料，如银、铜、铝等。熔断器接入电路时，熔体是串接在被保护电路中的。熔管是熔体的保护外壳，可做成封闭式或半封闭式，其材料一般为陶瓷、绝缘钢纸或玻璃纤维。

熔断器熔体中的电流为熔体的额定电流时，熔体长期不熔断；当电路发生严重过载时，熔体在较短时间内熔断；当电路发生短路时，熔体能在瞬间熔断。熔体的这个特性称为反时限保护特性。即电流为额定值时长期不熔断，过载电流或短路电流越大，熔断时间就越短。电流与熔断时间的关系曲线称为安秒特性。如图1-23所示。由于熔断器对过载反应不灵敏，所以不宜用于过载保护，主要用于短路保护。图1-23中的电流I_r为最小熔化电流。当通过熔体的电流等于或大于 I_r 时，熔体熔断；当通过的电流小于 I_r 时，熔体不能熔断。根据对熔断器的要求，熔体在额定电流 I_N 时，绝对不应熔断，即 $I_r > I_N$。

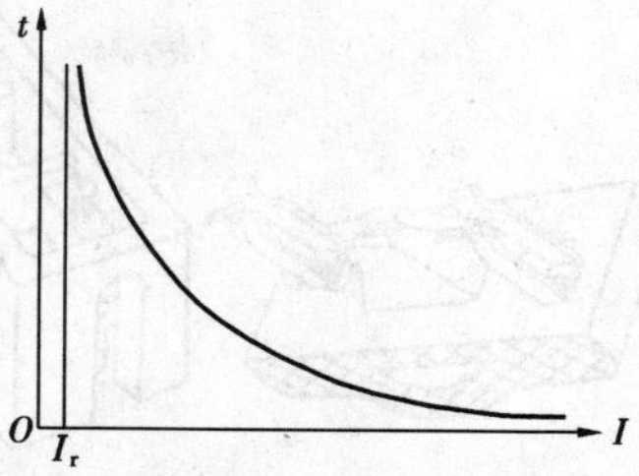

图 1-23 熔断器的安秒特性

4.1.3 熔断器的技术参数

（1）额定电压 熔断器的额定电压指熔断器长期工作时和分断后能够承受的电压，它取决于线路的额定电压，其值一般等于或大于电气设备的额定电压。

（2）额定电流 熔断器的额定电流指熔断器长期工作时，各部件温升不超过规定值时所能承受的电流。熔断器的额定电流等级比较少，而熔体的额定电流等级比较多，即在一个额定电流等级的熔断管内可以分装不同额定电流等级的熔体。

（3）极限分断能力 指熔断器在规定的额定电压和功率因数（或时间常数）的条件下，能分断的最大短路电流值。在电路中出现的最大电流值一般指短路电流值。所以极限分断能力也反映了熔断器分断短路电流的能力。

（4）安秒特性 安秒特性也称保护特性，它表征了流过熔体的电流大小与熔断时间关系，熔断器安秒特性数值关系见表 1-9 所列。

熔断器安秒特性数值关系　　　　　　　　　　　　　　表 1-9

熔断电流	$(1.25 \sim 1.30)I_N$	$1.6I_N$	$2I_N$	$2.5I_N$	$3I_N$	$4I_N$
熔断时间	∞	1h	40s	8s	4.5s	2.5s

4.2 常见熔断器

4.2.1 常用的插入式熔断器有 RC1A 系列。其外形结构如图 1-24 所示，文字符号为 FU。RC1A 系列熔断器结构简单，使用广泛，广泛应用于照明和小容量电动机保护，其主要技术数据见表 1-10。

RL1 系列熔断器技术数据　　　　　　　　　　　　　　表 1-10

类别	型号	额定电压（V）	额定电流（A）	熔体额定电流等级（A）
插入式熔断器	RC1A	380	5	2, 4, 5
			10	2, 4, 6, 10
			15	6, 10, 15
			30	15, 20, 25, 30
			60	30, 40, 50, 60
			100	50, 80, 100
			200	100, 120, 150, 200
螺旋式熔断器	RL1	500	15	2, 4, 5, 6, 10, 15
			60	20, 25, 30, 35, 40, 50, 60
			100	60, 80, 100
			200	100, 125, 150, 200
	RL2	500	25	2, 4, 6, 10, 15, 20, 25
			60	25, 35, 50, 60
			100	80, 100

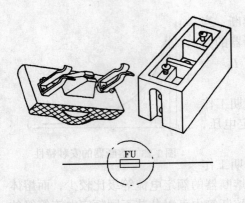

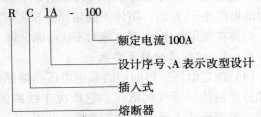

型号意义如图：
RC1A-100
额定电流100A
设计序号、A表示改型设计
插入式
熔断器

图1-24 插入式熔断器结构图

4.2.2 常见的螺旋熔断器有RL1和RL2系列。RL1系列熔断器外形结构如图1-25所示，其基本技术数据见表1-10所示。

RL1系列螺旋式熔断器断流能力大，体积小，更换熔丝容易，使用安全可靠，并带有熔断显示装置。型号意义如下：

RL1-15
熔断器
螺旋式
设计序号
额定电流15A

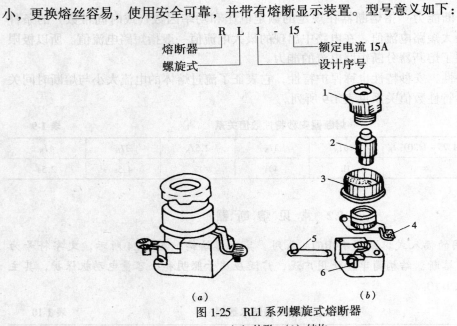

图1-25 RL1系列螺旋式熔断器
（a）外形；（b）结构
1—瓷帽；2—熔断管；3—瓷套；4—上接线端；5—下接线端；6—底座

4.2.3 管式熔断器

管式熔断器分为无填料封闭式和有填料封闭式两种，其外形结构如图1-26所示。

（1）常见的无填料封闭式熔断器为RM10系列。RM10系列熔断器为可拆卸式，具有结构简单、更换方便的特点。

（2）RM10系列熔断器的技术数据见表1-11所列。

RM10系列熔断器的熔断管的触座插拔次数是350A及以下的为500次，350A以上的为300次。

型号意义如下：

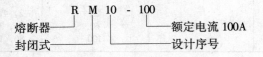

RM10-100
熔断器
封闭式
设计序号
额定电流100A

26

RM10 系列熔断器技术数据　　表 1-11

额定电流（A）		极限分断能力（A）
熔断管	装在熔断管内的熔体	
15	6,10,15	1200
60	15,20,25,35,45,60	
100	60,80,100	3500
200	100,125,160,**200	
350	200,225,*260,**300,*350*	10000
600	350*,430*,500*,600*	
1000	600*,700*,850*,1000*	12000

注：　* 电压为 380、220V 时，熔体需两片并联使用。
　　　** 仅在电压为 380V 时，熔体需两片并联使用。

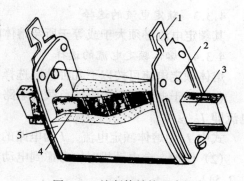

图 1-26　熔断体结构示意图
1—盖板；2—指示器；3—触角；
4—熔体；5—熔管

(3) 常见的有填料封闭管式熔断器为 RT0 系列。该系列具有耐热性强，机械强度高等优点。熔断器内充满石英砂填料，石英砂主要用于冷却电弧，使产生的电弧迅速熄灭。

RT0 系列熔断器的主要技术数据见表 1-12 所列。

RT0 系列熔断器技术数据　　表 1-12

额定电流（A）	熔体额定电流（A）	极限分断能力（kA）		回路参数	
		交流 380V	直流 440V	交流 380V	直流 440V
50	5, 10, 15, 20, 30, 40, 50	50（有效值）	25	$\cos\varphi = 0.1 \sim 0.2$	$T = 1.5 \sim 20$ms
100	30, 40, 50, 60, 80, 100				
200	80*, 100*, 120, 150, 200				
400	150*				
600	200, 250, 300, 350, 400				
1000	350*, 400* 450, 500, 550, 600 700, 800, 900, 1000				

型号意义如下：

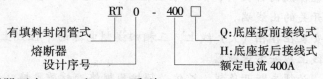

有填料式熔断器还有 RT10 和 RT11 系列

4.3　熔断器的选择

熔断器是一种最简单有效的保护电器。在使用时，串接在所保护的电路中，作为电路及用电设备的短路和严重过载保护，主要用作短路保护。熔断器的选择主要从以下几个方面考虑。

4.3.1　类型选择

其类型应根据线路要求，使用场合和安装条件选择；

4.3.2　额定电压的选择

其额定电压应大于或等于线路的工作电压；

4.3.3 额定电流的选择

其额定电流必须大于或等于所装熔体的额定电流；

4.3.4 熔体额定电流的选择

熔体额定电流可按以下几种情况选择

（1）对于电炉照明等阻性负载的短路保护应使熔体的额定电流等于或大于电路的工作电流即 $I_{fv} \geq I$

式中 I_{fv} 为熔体额定电流，I 为电路的工作电流

（2）保护一台电动机时，考虑到电动机启动冲击电流的影响应按下式计算 $I_{fv} \geq (1.5 \sim 2.5)I_N$

式中 I_N 为电动机额定电流

（3）保护多台电动机时，则应按下式计算

$$I_{fv} \geq (1.5 \sim 2.5)I_{Nmax} + \Sigma I_N$$

式中 I_{Nmax} 为容量最大的一台电动机的额定电流，ΣI_N 为其余电动机额定电流的总和。

4.4 熔断器的安装

熔断器安装时要串接在被保护的电路中，在安装过程中要注意以下事项：

（1）安装熔断器除保证足够的电气距离外，还应保证安装位置间有足够的间距，以便于拆卸，更换熔体。

（2）安装前应检查熔断器的型号、额定电压、额定分断能力等参数是否符合规定要求。熔断器内所装熔体额定电流只能小于熔断器的额定电流。

（3）安装时应保证熔体和触刀及触刀和触刀座之间接触紧密可靠，以免由于接触器发热，使熔体温度升高，发生误熔断。

（4）安装熔体时必须保证接触良好，不允许有机械损伤，否则准确性将大大降低。

（5）电流进线接上接线端子，电气设备接下接线端子。

（6）当熔断器兼作隔离开关时，应安装在控制开关电源的进线端，当仅作短路保护时，应安装在控制开关的出线端。

（7）熔断器应安装在各相（火）线上，三相四线制电源的中性线上不得安装熔断器，而单相两线制的零线上应安装熔断器。

（8）更换熔丝，必须先断开负载。熔体必须按原规格，材质更换。

（9）在运行中应经常注意熔断器的指示器，以便及时发现熔体熔断，防止缺相运行。

课题 5 几种常见开关

5.1 按 钮 开 关

5.1.1 按钮开关的作用

按钮开关是一种结构简单、应用广泛、短时接通或断开小电流电路的电器。它不直接控制电路的通断，而是在低压控制电路中，用于手动发布控制指令，故称为"主令电器"，

属于手动电器。

5.1.2 按钮开关分类

按钮开关可分为常开、常闭和复合式等各种形式。在结构形式上有揿钮式、紧急式、钥匙式与旋钮式等。为识别其按钮作用，通常将按钮帽涂以不同的颜色，一般红色表示停止，绿色或黑色表示启动。

5.1.3 按钮开关的构造

按钮开关一般由按钮帽，恢复弹簧，桥式动触头和外壳等组成。其外形，结构如图1-27所示。

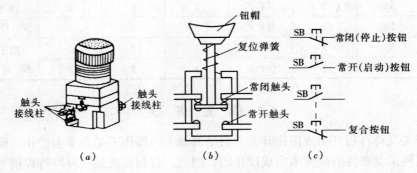

图1-27 按钮的外形、结构及符号
（a）外形；（b）结构；（c）符号

5.1.4 按钮开关的型号及选用

按钮开关的型号意义如下：

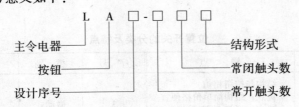

常用的按钮分类及用途见表1-13所示。

常用按钮分类及用途　　　　　　表1-13

代号	类别	用途	代号	类别	用途
B	防爆式	用于有爆炸气体场所	L	连锁式	用于多对触头需要连锁的场所
D	指示灯式	按钮内装有指示灯，用于需要指示的场所	S	防水式	有密封外壳，用于有雨水场所
F	防腐式	用于含有腐蚀性气体场所	X	旋钮式	通过旋转把手操作
H	保护式	有保护外壳，用于安全性要求较高的场所	Y	钥匙式	用钥匙插入操作，可专人操作
J	紧急式	有红色钮头，用于紧急时切除电源	Z	组合式	多个按钮组合在一起
K	开启式	用于嵌装于固定的面板上	Z	自锁式	内有电磁机构，可自保护，用于特殊试管场所

选择时，应根据所需要的数，使用场所及颜色来确定，常用的 LA18、LA19、LA20 系列按钮开关，通用交流电压 500V，直流电压 440V，额定电流 5A，控制功率为交流 300W，直流 70W 的控制回路中。常见的按钮开关如表 1-14 所列。

常见按钮开关技术数据　　　　　　　　　　　　表 1-14

型　号	额定电压（V）	额定电流（A）	结构形式	触头对数 常开	触头对数 常闭	按钮数	用　途
LA2	500	5	元件	1	1	1	作为单独元件用
LA10-2K	500	5	开启式	2	2	2	用于电动机启动、停止控制
LA10-2H	500	5	保护式	2	2	2	
LA10-2A	500	5	开启式	3	3	3	用于电动机倒、顺、停控制
LA10-3H	500	5	保护式	3	3	3	

5.2 位 置 开 关

位置开关又称行程开关或限位开关，只是其触头的操作不是靠手去操作，而是利用机械设备的某些运动部件的碰撞来完成操作的，因此，行程开关是一种将行程信号转换为电信号的开关元件，广泛应用于顺序控制器及运动方向、行程、定位、限位、安全等自控系统中。

5.2.1 位置开关的分类及特点

按结构分类，位置开关大致可分为按钮式、滚轮式、微动式和组合式等，具体特点如表 1-15 所列。

位置开关的分类及特点　　　　　　　　　　　表 1-15

序号	类别	特　点	序号	类别	特　点
1	按钮式	结构与按钮相仿 优点：结构简单价格便宜 缺点：通断速度受操作速度影响	3	微动式	由微动开关组成 优点：体积小，重量轻，动作灵敏 缺点：寿命较短
2	滚轮式	挡块撞击滚轮，常动触点瞬时动作 优点：开断电流大，动作可靠 缺点：体积大，结构复杂，价格高	4	组合式	几个行程开关组装在一起 优点：结构紧凑，接线集中，安装方便 缺点：专用性强

5.2.2 位置开关的工作原理

(1) 按钮式位置开关

按钮式位置开关有 LX1 和 JLXK1 等系列，其结构如图 1-28 所示，这种位置开关的动作过程同按钮一样，所以动作简单维修容易，但不宜用于移动速度低于 0.4m/min 的场合，否则会因分断过于缓慢而烧损行程开关的触头。

(2) 滚轮式位置开关

有 LX2、LX19 等系列，它的结构示意图如图 1-29 所示。

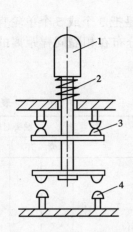
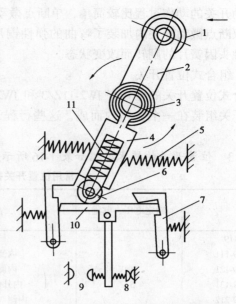

图 1-28 按钮式行程开
关结构示意图
1—推杆;2—弹簧;3—动
断触头;4—动合触头

图 1-29 滚轮式行程开关结构示意图
1—滚轮;2—上转臂;3—盘形弹簧;4—下转臂;
5—弹簧;6—滑轮;7—压板;8—动断触头;9—
动合触头;10—横板;11—压缩弹簧

滚轮式位置开关又分为单滚轮自动复位和双滚轮(羊角式)非自动复位式,由于双滚轮位置开关具有两个稳态位置,有"记忆"作用。

其动作过程为:当撞块向左撞击滚轮 1 时,上下转臂绕支点以逆时针方向转动,滑轮 6 自左至右的滚动中,压迫横板 10,待滚过横板 10 的转轴时,横板在弹簧 11 的作用下突然转动,使触头瞬间切换。5 为复位弹簧,撞块离开后带动触头复位。

(3) 微动开关式位置开关

微动开关式位置开关的型号有 LX5、LXW-11 等系列,其结构如图 1-30 所示。

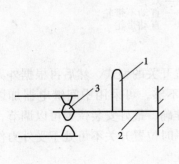
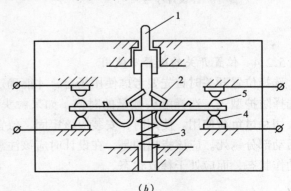

(a) (b)

图 1-30 微动开关结构示意图
(a) LX5 微动开关;
1—推杆;2—片状弹簧;3—触头
(b) LXW-11 微动开关
1—推杆;2—弹簧;3—压缩弹簧;4—动断触头;5—动合触头

微动开关的动作过程比较简单，单断点微动开关与按钮式位置开关相比具有行程短的优点。双断点微动开关内加装了弯曲的弹性铜片2，使得推杆1在很小的范围内移动时，都可使触头因簧片的翻转而改变状态。

（4）组合式位置开关

组合式位置开关的型号有 JW2-11Z/3 和 JW2-11Z/5。它是把3个或5个单轮直动式滚轮位置开关组装在一个壳体内而成，这些行程开关交错地分布在相隔同样距离的平行面内。

5.2.3 位置开关的技术数据如表1-16所示

常用位置开关技术数据　　　　　　　　　　　　　　　表1-16

型　号	额定电压、电流	结　构　特　点	触头对数 常开	触头对数 常闭
LX19		元　件	1	1
LX19-111		内侧单轮、自动复位	1	1
LX19-121	380V	内侧单轮、自动复位	1	1
LX19-131	5A	内外侧单轮、自动复位	1	1
LX19-212		内侧双轮、不能自动复位	1	1
LX19-222		外侧双轮、不能自动复位	1	1
LX19-232		内外侧双轮、不能自动复位	1	1
LX19-001		无滚轮、反径向轮动杆、自动	1	1
JLXK1		复位快速位置开关（瞬动）微动开关		
LXW1-11				
LXW2-11			1	1

型号意义

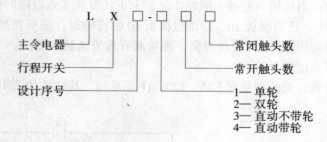

5.2.4 位置开关的选择及使用

选择位置开关时首先要考虑使用场合，才能确定位置开关的型式，然后再根据外界环境选择防护型式。选择触头数量的时候，如果触头数量不够，可采用中间继电器加以扩展，切忌过负荷使用。使用时，安装应该牢固，位置要准确，最好安装位置可以调节，以免活动部分锈死。应该指出的是，在设计时应该注意，平时位置开关不可处于受外力作用的动作状态，而应处于释放状态。

5.3 刀 开 关

刀开关是低压配电中结构最简单、应用最广泛的电器，主要用在低压成套配电装置中，用于不频繁地手动接通和分断交直流电路或作隔离开关用。也可以用于不频繁地接通与分断额定电流以下的负载，如小型电动机等。

刀开关的典型结构如图 1-31 所示，它由手柄、触刀、静插座和底板组成。

刀开关按极数分为单极、双极和三极；按操作方式分为直接手柄操作式、杠杆操作机构式和电动操作机构式；按刀开关转换方向分为单投和双投等。

5.3.1 常用刀开关

刀开关的主要类型有大电流刀开关、负载开关、熔断器式刀开关。常用的产品有：HD14、HD17、HS13 系列刀开关，HK2、HD13BX 系列开启式负荷开关，HRS、HR5 系列熔断器式刀开关。HD 系列刀开关、HS 系列刀形转换开关，主要用于交流 380V、50Hz 电力网中作电源隔离或电流转换之用，是电力网中必不可少的电器元件，常用于各种低压配电柜、配电箱、照明箱中。当电源一进入首先接的是刀开关，再接熔断器、断路器、接触器等其他电器元件，以配足各种配电柜、配电箱的功能要求。当其以下的电器元件或线路中出现故障，切断隔离电源就靠它来实现，以便对设备、电器元件的修理更换。HS 刀形转换开关，主要用于转换电源，即当一路电源不能供电，需要另一路电源供电时就由它来进行转换，当转换开关处于中间位置时，可以起隔离作用。

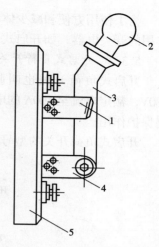

图 1-31 刀开关典型结构
1—静插座；2—手柄；3—触刀；
4—铰链支座；5—绝缘底板

刀开关的型号意义如下：

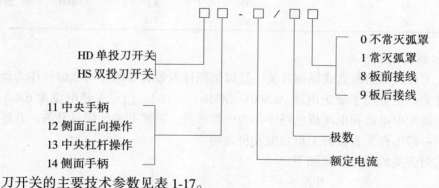

刀开关的主要技术参数见表 1-17。

HD17 系列刀形隔离器的主要技术参数 表 1-17

额定电流 (A)	通断能力 (A)			在 AC380V 和 60% 额定电流时，刀开关的电气寿命（次）	电动稳定性电流峰值 (kA)	IS 热稳定性电流 (kA)
	AC380V $\cos\phi = 0.72 \sim 0.8$	DC				
		220V	440V			
		$T = 0.01 \sim 0.011s$				
200	200	200	200	1000	30	10
400	400	400	400	1000	40	20
600	600	600	600	500	50	25
1000	1000	1000	1000	500	60	30
1500	—	—	—	—	80	40

为了使用方便和减少体积,在刀开关上安装熔丝或熔断器,组成兼有通断电路和保护作用的开关电器,如开启式负荷开关,熔断器式刀开关等。

5.3.2 开启式负荷开关

开启式负荷开关也叫胶盖刀开关,适用于交流50Hz,额定电压单相220V,三相380V,额定电流至100A的电路中作为不频繁地接通和分断有负载电路与小容量线路的短路保护作用。

开启式负荷开关的型号意义:

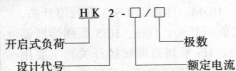

HK2系列开启式负荷开关的主要技术参数　　表 1-18

额定电压(V)	额定电流(A)	极数	熔体极限分断能力(A)	控制最大电动机功率(kW)	机械寿命(次)	电寿命(次)
200	10	2	500	1.1	10000	2000
	15		500	1.5		
	30		1000	3.0		
330	15	3	500	2.2	10000	2000
	30		1000	4.0		
	60		1500	5.5		

5.3.3 熔断器式刀开关

熔断器式刀开关即熔断器式隔离开关,是以熔断体或带有熔断体的载熔件作为动触点的一种隔离开关。主要用于额定电压AC600V(45Hz~62Hz),约定发热电流至630A的具有高短路电流的配电电路和电动机电路中作为电源开关、隔离开关、应急开关,并作为电路保护用,但一般不作为直接开关单台电动机之用。

熔断器式刀开关的型号意义如下:

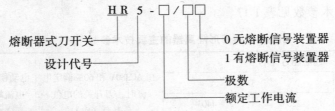

HR5系列的主要技术参数如表1-19所示。

HR5系列熔断器式刀开关的主要技术参数表　　表 1-19

额定工作电压(V)	380		660	
约定发热电流(A)	100	200	400	630
熔体电流值(A)	4~160	80~250	125~400	315~630
熔断体号	00	1	2	3

5.3.4 刀开关的图形符号及文字符号如图1-32所示。

5.4 转换开关

转换开关是由多组相同结构的开关元件叠装而成，用以控制多回路的一种主令电器，可用于控制高压油断路器、空气断路器等操作机构的分合闸，各种配电设备中线路的换接，遥控和电流表、电压表的换向测量等，也可用于控制小容量电动机的启动、换向和调速。由于它换接的线路多，用途广泛，故称为万能转换开关。

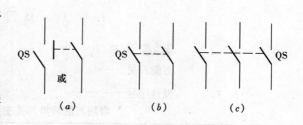

图1-32 刀开关的文字符号及图形符号
(a) 单极；(b) 双极；(c) 三极

万能转换开关由手柄，带号码牌的触头盒等构成，有的还带有信号灯。它具有多个档位，多对触头，可供机床控制电路中进行换接之用，在操作不太频繁时，可用于小容量电机的启动，改变转向，也可用于测量仪表等。其外形如图1-33所示。

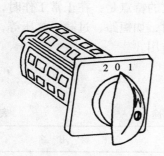

图1-33 万能转换开关外形图

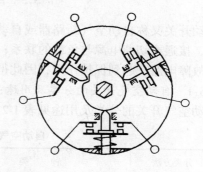

图1-34 万能转换开关结构示意图

万能转换开关的结构示意图如图1-34所示，图中间带缺口的圆为可转动部分，每对触头在缺口对着时导通，实际中的万能转换开关不止图中一层，而是由多层相同的部分组成，触头不一定正好3对，凹轮也不一定只有一个凹口。

万能转换开关的图形文字符号如图1-35(a)所示，其触头接线表可从设计手册中查到，如图1-35(b)所示。图1-35(b)显示了开关的挡位、触头数目和接通状态，表中用"X"表示触点接通，否则为断开，由接线表才可画出图1-35(a)。具体画法是：用虚线表示操作手柄的位置，用有无"."表示触点的闭合和打开状态，比如，在触点图形符号下方的虚线位置上面"."，则表示当操作手柄处于该位置时，该触点是处于闭合状态；若在虚线位置上未画"."时，则表示该触点是处于打开状态。

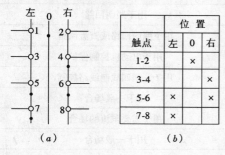

图1-35 万能转换开关符号表示
(a) 图形及文字符号；(b) 触头接线表

万能转换开关的型号意义如下：

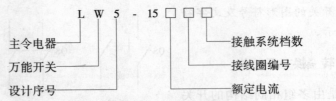

常用万能转换开关主要技术参数　　　　　　　　　　　表 1-20

型号	电压(V)	电流(A)	接通		分断		特　点
			电压(V)	电流(A)	电压(V)	电流(A)	
LW5	AC500	15	110	30	110	30	双断点触头,档数 1~8,面板为方形或圆形,可用于各种配电设备的远距离控制,5.5kW 的切换、仪表切换等
			220	20	220	20	
			380	15	380	15	
			500	10	500	10	
LW6	AC380	5	380	5	380	5	2~12 个档位,1~10 层,每层 32 对触头

5.5 自 动 开 关

自动开关又称自动空气断路器或自动空气开关。它的特点是：在正常工作时，可以人工操作，接通或切断电源与负载的联系；当出现故障时，如短路、过载、欠压等，又能自动切断故障电路，起到保护作用，因此得到了广泛的应用。

5.5.1 自动空气开关的分类及用途：

自动空气开关的分类及用途见表 1-21 所示。

自动空气开关的分类及用途　　　　　　　　　　　　　表 1-21

序号	分类方法	种　类	主　要　用　途
1	按用途分	保护配电线路自动开关	做电源点开关和各支路开关
		保护电动机自动开关	可装在近电源端,保护电动机
		保护照明线路自动开关	用于生活建筑内电气设备和信号二次线路
		漏电保护自动开关	防止因漏电造成的火灾和人身伤害
2	按结构分	框架式自动开关	开断电流大,保护种类齐全
		塑料外壳自动开关	开断电流相对较小,结构简单
3	按极数分	单极自动开关	用于照明回路
		两极自动开关	用于照明回路或直流回路
		三极自动开关	用于电动机控制保护
		四极自动开关	用于三相四线制线路控制
4	按限流性能分	一般型不限流自动开关	用于一般场合
		快速型限流自动开关	用于需要限流的场合
5	按操作方式分	直接手柄操作自动开关	用于一般场合
		杠杆操作自动开关	用于大电流分断
		电磁铁操作自动开关	用于自动化程度较高的电路控制
		电动机操作自动开关	用于自动化程度较高的电路控制

自动空气开关主要分类方法以结构形式分类,即开启式和装置式两种。开启式又称为框架式或万能式,装置式又称为塑料壳式。装置式自动空气开关装在一个塑料制成的外壳内,多数只有过电流脱扣器,由于体积限制,失压脱扣和分励脱扣只能两者居一。装置式自动空气开关短路开断能力较低,额定工作电压在660V以下,额定电流也多在600A以下。从操作方式上看,装置式自动空气开关的变化小,多为手动,只有少数带传动机构可进行电动操作。其尺寸较小,动热稳定性较低,维修不便;但价格便宜,故宜于用作支路开关。

万能式自动空气开关所有部件装在一个绝缘衬垫的金属框架内,可以具有过电流脱扣器、欠压脱扣器,分励脱扣器、闭锁脱扣器等。与装置式断路器相比,它的短路开断能力较高,额定工作电压可达1140V,额定电流为(200~400)A,甚至超过5000A。操作方式较多,有手动操作,杠杆操作,电动操作,还有储能方式操作等。由于其动热稳定性较好,故宜用于开关柜中,维修比较方便,但价格高,体积大。

5.5.2 自动开关的构造及型号意义

自动开关的外形结构如图1-36所示。开关盖上有操作按钮(红分,绿合),正常工作用手动操作。有灭弧装置。断路器主要由三个基本部分组成:即触头、灭弧系统和各种脱扣器,包括过电流脱扣器、失压(欠电压)脱扣器、热脱扣器、分励脱扣器和自由脱扣器。

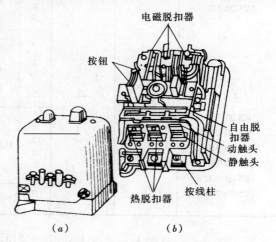

图1-36 DZ5-20型自动空气开关
(a)外形;(b)结构

自动开关的型号意义

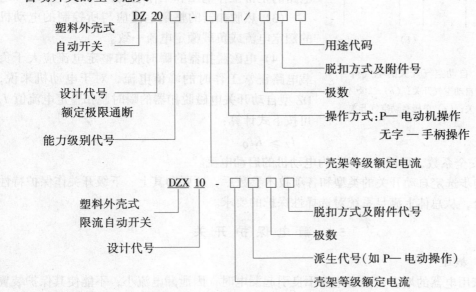

自动空气开关的电气符号如图1-37所示。

37

5.5.3 自动开关的技术数据

DZ5-20型自动空气开关的技术参数见表1-22。

DZ5-20型自动空气开关技术数据 表1-22

型号	额定电压(V)	主触头额定电流(A)	极数	脱扣器型式	热脱扣器额定电流(括号内为整定电流调节范围)(A)	电磁脱扣器瞬时动作整定值(A)
DZ5-20/330 DZ5-20-230	交流380 直流220	20	2 3	复式	0.15（0.10~0.15） 0.20（0.15~0.20） 0.30（0.20~0.30） 0.45（0.30~0.45）	
			3 2	电磁式	0.65（0.45~0.65） 1（0.65~1） 1.5（1~1.5） 2（1.5~2） 3（2~3）	为热脱扣器额定电流的8~12倍（出厂时整定于10倍）
DZ5-20/320 DZ5-20/220 DZ5-20/310 DZ5-20/210 DZ5-20/300 DZ5-20/200			3 2	热脱扣器式	4.5（3~4.5） 6.5（4.5~6.5） 10（6.5~10） 15（10~15） 20（15~20）	
			3 2	无脱扣器式		

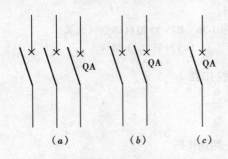

图1-37 自动空气开关的电气符号
（a）三极自动空气开关；（b）二极自动空气开关；（c）单极自动空气开关

5.5.4 自动开关的选择

（1）根据电气装置的要求确定自动开关的类型，如框架式、塑料外壳式、限流式等。

（2）自动开关的额定电压和额定电流应不小于电路的正常工作电压和工作电流。

（3）热脱扣器的整定电流应与所控制的电动机的额定电流或负载额定电流一致。

（4）电磁脱扣器的瞬时脱扣整定电流应大于负载电路正常工作时的峰值电流，对于电动机来说，DZ型自动开关电磁脱扣器的瞬时脱扣整定电流值 I_Z 可按下式计算：

$$I_Z \geqslant KI_Q$$

式中 K 为安全系数，可取1.7；I_Q 为电动机的启动电流。

（5）初步选定自动开关的类型和各项技术参数后，还要和其上、下级开关作保护特性的协调配合，从总体上满足系统对选择性保护的要求。

5.6 漏电保护开关

5.6.1 概述

随着家用电器的增多，由于绝缘不良引起漏电时，因泄漏电流小，不能使其保护装置（熔断器、自动开关）动作，这样漏电设备外漏的可导电部分长期带电，增加了触电危险。

漏电保护开关是针对这种情况在近年来发展起来的新型保护电器，有电压型和电流型之分。电压型和电流型漏电保护开关的主要区别在于检测故障信号方式的不同。

漏电保护开关按保护功能分为两类：一类是带过电流保护的，它除具备漏电保护功能外，还兼有过载和短路保护功能。使用这种开关，电路上一般不需要配用熔断器。另一类是不带过流保护的，它在使用时还需要配用相应的过流保护装置（如熔断器）。漏电保护断电器也是一种漏电保护装置，它由放大器零序互感器和控制触点组成。它只具有检测与判断漏电的能力，本身不具备直接开闭主电路的功能，通常与带有分励脱扣器的自动开关配合使用，当断电器动作时输出信号至自动开关，由自动开关分断主电路。

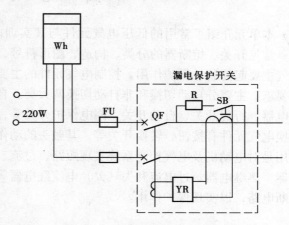

图 1-38 住宅建筑漏电保护开关接线图

漏电保护开关在住宅工程中应用如图 1-38 所示。国产电流动作型漏电保护装置如 DZL18-20 型漏电保护开关，适用于额定电压为 220V，电源中性点接地的单相回路，具有结构简单、体积小动作灵敏、性能稳定可靠等优点，适合民用住宅使用。

5.6.2 漏电保护开关安装

漏电保护开关在使用时，应接在电度表和熔断器后面，安装时应按开关规定的标志接线。接线完毕后应按动试验按钮，检查漏电保护开关是否动作可靠。漏电保护开关投入正常运行后，应定期校验。一般每月需在合闸通电状态下按动试验按钮 SB 一次，检查漏电保护开关是否正常工作，以确保其安全性。

5.6.3 漏电保护开关的技术参数

电流型漏电保护开关见表 1-23 所列。电压型漏电保护开关见表 1-24 所列。

电流型漏电保护开关基本技术参数　　　　　　　　　　　　　表 1-23

高 速 型				一 般 型	
高 灵 敏 型		低 灵 敏 类		低 灵 敏 类	
额定动作电压 (V)	动作时间 (s)	额定动作电压 (V)	动作时间 (s)	额定动作电压 (V)	动作时间 (s)
5 10 30	<0.1	50、100 200、300 500、1000	<0.1	50、100 200、300 500、1000	<0.2

电压型漏电保护开关的基本技术数据　　　　　　　　　　　　表 1-24

高 速 型				一 般 型	
高 灵 敏 型		低 灵 敏 类		低 灵 敏 类	
额定动作电压 (V)	动作时间 (s)	额定动作电压 (V)	动作时间 (s)	额定动作电压 (V)	动作时间 (s)
25	<0.1	50	<0.1	50	<0.2

单 元 小 结

本单元介绍了常用的低压电气元件与其实训内容,其中详细地讲解了接触器、继电器、常见开关、熔断器的分类、构造、图形符号、技术参数、选择、及其主要应用。低压电气主要起控制、保护作用。控制电气元件的主要作用是接通和切断电路,以实现各种控制要求。主要分自动切换和非自动切换两大类。自动切换的有接触器、中间继电器、时间继电器、行程开关、自动开关、漏电保护开关等,其特点是触头的动作是自动的。非自动切换电气元件有按钮、转换开关等,其触头的动作是靠手动实现的。保护电气元件的主要作用是对电动机及电气控制系统实现短路、过流、过载、漏电及失(欠)压等保护。如熔断器、热继电器、过电流和失(欠)电流继电器等。这些电器可根据电路的故障情况自动切断电路,以实现保护作用。

习题与能力训练

【习题部分】
1. 常用的低压电器有哪些?
2. 交流接触器在运行中有时线圈断电后,衔铁仍掉不下来,试分析故障原因,并确定排除故障措施。
3. 两个相同的交流接触器,其线圈能否串联使用?为什么?
4. 在接触器的铭牌上常见到 AC3、AC4 等字样,它们有何意义?
5. 交流接触器频繁启动后,线圈为什么会过热?
6. 已知交流接触器吸引线圈的额定电压为 220V,如果给线圈通以 380V 的交流电行吗?为什么?如果使线圈通以 127V 的交流电又如何?
7. 什么是继电器?常用的继电器有哪些?
8. 什么是时间继电器?它有何用途?
9. 热继电器和过电流继电器有何区别?各有何用途?
10. 两台电动机能否用一只热继电器作过载保护,为什么?
11. 电动机的启动电流很大,当电动机启动时,热继电器会不会动作?为什么?
12. 自动开关的作用是什么?与转换开关比较有何不同?
13. 位置开关与按钮有哪些区别?
14. 漏电保护开关有几种?有何区别?采用漏电保护开关的作用是什么?
15. 熔断器与漏电保护开关的区别是什么?
16. 漏电保护开关是如何安装的?
17. 如何选择熔断器?
18. 熔断器的安装应注意哪些问题?

【能力训练】
【实训项目1】 接触器的识别
1. 实训目的

(1)认识常用的接触器;
(2)熟悉接触器的型号和代表意义。

2．实训内容

(1)根据接触器的实物,写出接触器的结构;
(2)了解接触器的铭牌及线圈的技术数据,如额定电压、电流、工作频率等;
(3)正确写出接触器的型号和代表意义。

【实训项目2】 电磁式继电器的整定

1．实训目的

(1)熟悉电磁式继电器的结构、工作原理、型号规格及使用方法;
(2)熟悉电磁式继电器的调整方法;
(3)掌握交直流电压继电器的吸合电压和释放电压的整定方法。

2．实训内容

(1)首先选择交、直流电压继电器各一个,熟悉型号与技术参数;
(2)按图1-39连接线路。

图中 HL 指示灯用于指示衔铁动作,当衔铁吸合带动继电器自身的动合触点闭合,从而接通指示灯电路,只要指示灯一亮,即可知道衔铁已经动作;

(3)进行吸合电压的整定;
(4)进行释放电压的整定。

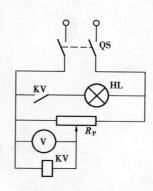

图1-39 电压继电器的整定电路

【实训项目3】 常见开关的使用

1．实训目的

(1)熟悉常见开关的结构,技术数据;
(2)掌握用一块电压表测量三相电源电压的方法;
(3)了解万能转换开关的结构与接线。

2．实训内容

(1)选择实训材料:三相刀开关一个,万能转换开关一个,电压表一块,万用表一块,导线若干。
(2)观察并记录万能转换开关有几个触点,操作手柄有几个位置。

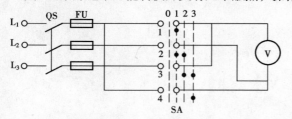

图1-40 常见开关的使用

(3)画出万能转换开关的图形符号和接通表。
(4)按图1-40接线。
(5)接线完毕后,为防止出现短路现象,利用万用表进行认真检查。
(6)检查无误后,合刀开关QS0,当万能转换开关SA的手柄置于"0"位时,所有触点均不通,电压表指示为0;当万能转换开关SA的手柄置于"1"位时,触点"1"、"2"接通,电压表指示为 V_{L1L2};当万能转换开关SA的手柄置于"2"时,触点"2"、"3"接通,电压表指示为 V_{L2L3};当万能转换开关SA的手柄置于"3"、"4"接通,电压表指示为

VL3L4。

【实训项目 4】 低压电器的选择

1. 实训目的

熟悉常用低压电器的选择方法。

2. 根据三相异步电动机的技术数据，选配刀开关熔断器、热继电器、接触器。

由于每种电气元件都有其本身的特点和用途，在本单元中我们可以通过实训手段加深对各个元件原理的理解，为工程实际应用提供有利的帮助。

单元 2 电气控制的基本环节

知 识 点：电气图纸的类型、国家标准及电气原理图的绘制原则；组成电器控制线路的基本规律以及交流电动机启动、运行、制动、调速和生产机械的行程控制线路；电气连锁、保护环节以及电气控制线路的操作方法。

教学目标：通过电气线路的组成的基本规律以及交流电动机启动、运行、制动、调速等典型控制线路的学习，了解电气连锁、保护环节以及电气控制线路的操作方法。为电气控制线路设计和分析打好基础。

随着建筑业智能技术的发展，对建筑电气设备控制提出了越来越高的要求，为满足生产机械的要求，采用了许多新的控制元件，如电子器件、晶闸管器件以及传统的继电器、接触器等，通过编程器、计算机及网络的应用进行系统的集成，为智能建筑提供了控制保证，但继电—接触控制仍是控制系统中最基本、应用最广泛的控制方法。

学习了低压电器之后，就可以利用它们对生产机械进行控制了。在广泛使用的生产机械中，一般都是由电动机拖动的，也就是说，生产机械的各种动作都是通过电动机的各种运动实现的。因此，控制电动机就间接地实现了对生产机械的控制。最常见的是继电接触器控制方式，又称电气控制。它是由各种有触点的接触器、继电器、控制器、行程开关等组成的控制系统。它具有结构简单、维护调整方便、价格低廉等优点。因此，仍是目前应用最广泛、最基本的一种控制方式。实际的控制线路是千差万别的，但它们都遵循一定的原则和规律，只要通过典型控制线路的分析研究，掌握其规律，就能够阅读控制线路和设计控制线路。本章主要介绍继电接触器控制系统的组成原理及典型线路。由于涉及到电气系统图，所以首先介绍电气图的类型、画法及国家标准。

课题 1 电气控制图形的绘制规则

电气控制系统是由若干电气元件按动作及工艺要求连接而成的。为了表述建筑设备电气控制系统的构造、原理等设计意图，同时也为了便于电气元件的安装、调整、使用和维修，需要将电气控制系统中各电气元件的连接用一定的图形即电气原理图、电气布置图及电气安装接线图表达出来。图中用不同的图形及文字符号表达不同的电气元件及用途。

1.1 电气控制系统图的分类

电气控制系统是由许多电器元件按一定要求连接而成的。为了表达生产机械电气控制系统的结构、原理等设计意图，同时也为了便于电器元件的安装、接线、运行、维护，将电气控制系统中各电器元件的连接用一定的图形表示出来，这种图就是电气控制系统图。

由于电气控制系统图描述的对象复杂，应用领域广泛，表达形式多种多样，因此表示一项电气工程或一种电器装置的电气控制系统图有多种，它们以不同的表达方式反映工程问题的不同侧面，但又有一定的对应关系，有时需要对照起来阅读。按用途和表达方式的不同，电气控制系统图可分为以下几种。

(1) 电气系统图和框图

电气系统图和框图是用符号或带注释的框，概略表示系统的组成、各组成部分相互关系及其主要特征的图样，它比较集中地反映了所描述工程对象的规模。

(2) 电气原理图

电气原理图是为了便于阅读与分析控制线路，根据简单、清晰的原则，采用电器元件展开的形式绘制而成的图样。它包括所有电器元件的导电部件和接线端点，但并不按照电器元件的实际布置位置来绘制，也不反映电器元件的大小。其作用是便于详细了解工作原理，指导系统或设备的安装、调试与维修。电气原理图是电气控制系统图中最重要的种类之一，也是识图的难点和重点。

(3) 电器布置图

电器布置图主要是用来表明电气设备上所有电器元件的实际位置，为生产机械电气控制设备的制造、安装提供必要的资料。通常电器布置图与电器安装接线图组合在一起，既起到电器安装接线图的作用，又能清晰表示出电器的布置情况。

(4) 电气安装接线图

电气安装接线图是为安装电气设备和电器元件进行配线或检修电器故障服务的。它是用规定的图形符号，按各电器元件相对位置绘制的实际接线图，清楚地表示了各电器元件的相对位置和它们之间的电路连接，所以安装接线图不仅要把同一电器的各个部件画在一起，而且各个部件的布置要尽可能符合这个电器的实际情况，但对比例和尺寸没有严格要求。不但要画出控制柜内部之间的电器连接还要画出柜外电器的连接。电器安装接线图中的回路标号是电器设备之间、电器元件之间、导线与导线之间的连接标记，它的文字符号和数字符号应与原理图中的标号一致。

(5) 功能图

功能图的作用是提供绘制电气原理图或其他有关图样的依据，它是表示理论的或理想的电路关系而不涉及实现方法的一种图。

(6) 电器元件明细表

电器元件明细表是把成套装置、设备中各组成元件（包括电动机）的名称、型号、规格、数量列成表格，供准备材料及维修使用。

以上简要介绍了电气系统图的分类，不同的图有不同的应用场合。本书将主要介绍电气原理图、电器布置图和电器安装接线图的绘制规则。

1.2 电气图的特点及符号

(1) 简图

简图是电气图的主要表达方式，与机械图、建筑图等的区别在于：简图不是严格按几何尺寸和绝对位置测绘的，而是用规定的标准符号和文字表示系统或设备的组成部分间的关系。

(2) 元件和连接线

电气图的主要描述对象是电器元件和连接线。连接线可用单线法和多线法表示，两种表示方法在同一张图上可以混用。电器元件在图中可以采用集中表示法、半集中表示法、分开表示法来表示。集中表示法是把一个元件的各组成部分的图形符号绘在一起的方法；分开表示法是将同一元件的各组成部分分开布置，有些可以画在主回路，有些画在控制回路；半集中表示法介于上述两种方法之间，在图中将一个元件的某些部分的图形符号分开绘制，并用虚线表示其相互关系。绘制电气图时一般采用机械制图规定的八种线条中的四条，如表 2-1 所示。

图 线 及 其 应 用　　　　　　　　　　　　　　　　　　　　　　　　表 2-1

序 号	图线名称	一 般 应 用
1	实　线	基本线、简图主要内容用线、可见轮廓线、可见导线
2	虚　线	辅助线、屏蔽线、机械连接线、不可见轮廓线、不可见导线、计划扩展内容用线
3	点划线	分界线、结构围框线、分组围框线
4	双点划线	辅助围框线

（3）图形符号和文字符号

电气系统或电气装置都是由各种元器件组成的，通常是用一种简单的图形符号表示各种元器件。两个以上作用不同的同一类型电器，必须在符号旁标注不同的文字符号以区别其名称、功能、状态、特征及安装位置等等。这样图形符号和文字符号的结合，就能使人们一看就知道它是不同用途的电器。

电气系统图中，电气元件的图形符号和文字符号必须有统一的标准。我国在 1990 年以前采用国家科委 1964 年颁布的《电工系统图图形符号》的国家标准（即 GB312—64）和《电工设备文字符号编制通则》（即 GB315—64）的规定。近年来，各部门都相应引进了许多国外设备，为了适应新的发展需要，便于掌握引进技术，便于国际交流，国家标准局在认真研究了 IEC（International Electrotechnical Commission）标准的基础上，对电气图原有的标准做了大量的修改，颁布了一系列新标准，其中包括《电气图用图形符号》（GB4728—85）及《电气制图》（GB6988—87）和《电气技术中的文字符号制定通则》（GB7159—87）等等。

1987 年 3 月 17 日国家标准局发出了《在全国电气领域全面推行电气制图和图形符号国家标准的通知》，国家规定从 1990 年 1 月 1 日起，所有电气技术文件和图纸一律使用新国家标准，不准再使用旧的国家标准。由于旧国标现在还不可能立即在所有技术资料和以前出版的教科书中消失，因此表 2-2 给出电气图常用图形符号和文字符号的新旧对照表。

电气图中常用的图形符号及文字符号新旧对照表　　　　　　　　　　　表 2-2

名　称	新　符　号		旧　符　号	
	图形符号 （GB4728—85）	文字符号 （GB7159—87）	图形符号 （GB312—64）	文字符号 （GB315—64）
直流电	—— 或 —			
交流电	∼		∼	

续表

名 称	新 符 号		旧 符 号	
	图形符号 (GB4728—85)	文字符号 (GB7159—87)	图形符号 (GB312—64)	文字符号 (GB315—64)
交直流				
导线的连接				
导线的多线连接				
导线不连接				
接地一般符号		E		E
单相自耦变压器		T		B
星形联结的三相自耦变压器		T		Z0B
电流互感器		TA		LH
三相笼型异步电动机		M 3~		JD
三相绕线型异步电动机		M 3~		JD
他励式直流电动机		M		ZD
并励式直流电动机		M		ZD

续表

名称	新符号		旧符号	
	图形符号 (GB4728—85)	文字符号 (GB7159—87)	图形符号 (GB312—64)	文字符号 (GB315—64)
永磁式直流测速发电机		TG		SF
熔断器		FU		RD
插头		XP		CT
插座		XS		CZ
单极刀开关	或	Q		K
三极开关刀开关 组合开关		Q		K
三相断路器		QF		ZK
手动三极开关 一般符号		Q		
动合（常开）触点	或		或	
动断（常闭）触点				
先断后合的转换触点				

续表

名 称	新 符 号		旧 符 号	
	图形符号 (GB4728—85)	文字符号 (GB7159—87)	图形符号 (GB312—64)	文字符号 (GB315—64)
按 钮				
按钮开关动合触点 (启动按钮)		SB		QA
按钮开关动断触点 (停止按钮)		SB		TA
限 位 开 关				
动合触点		SQ		XK
动断触点		SQ		XK
接 触 器				
线圈		KM		C
动合（常开）触点		KM		C
动断（常闭）触点		KM		C
继 电 器				
动合（常开）触点		符合同操作元件		符合同操作元件
动断（常闭）触点				
延时闭合的动合 （常开）触点		KT		SJ
延时断开的动合 （常开）触点				

续表

名 称	新 符 号 图形符号(GB4728—85)	新 符 号 文字符号(GB7159—87)	旧 符 号 图形符号(GB312—64)	旧 符 号 文字符号(GB315—64)
延时闭合的动断（常闭）触点	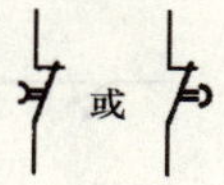	KT	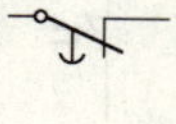	SJ
延时断开的动断（常闭）触点	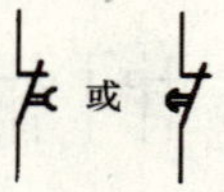			
延时闭合和延时断开的动合（常开）触点				
延时闭合和延时断开的动断（常闭）触点			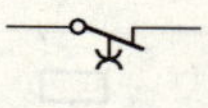	
时间继电器线圈（一般符号）	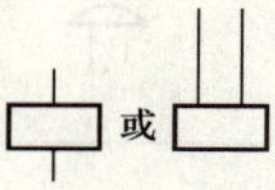	KT	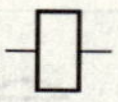	SJ
中间继电器线圈		K	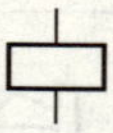	ZJ
缓慢释放（继电延时型）时间继电线圈	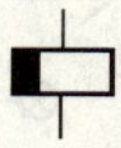	KT		SJ
缓慢吸合（通电延时型）时间继电器线圈	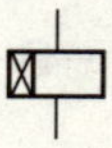	KT	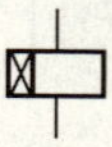	SJ
欠电压继电器线圈	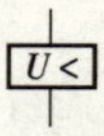 $U<$	KV	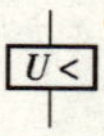 $U<$	QYJ
过电流继电器线圈	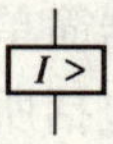 $I>$	KA	 $I>$	GLJ
热继电器热元件		FR		RJ

49

续表

名　称	新　符　号		旧　符　号	
	图形符号 （GB4728—85）	文字符号 （GB7159—87）	图形符号 （GB312—64）	文字符号 （GB315—64）
热继电器的动断触点	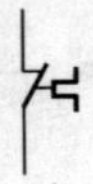	FR		RJ
主令控制器的触点	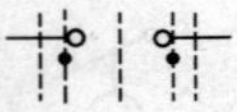	SA	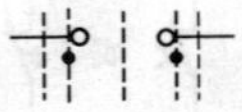	LK
电磁铁	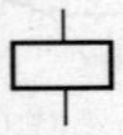	YA	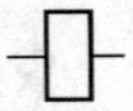	DCT
电磁吸盘		YH	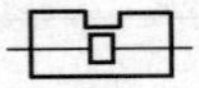	DX
电磁制动器		YB	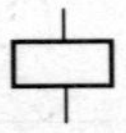	ZC
电铃		HA		DL
扬声器（电喇叭）	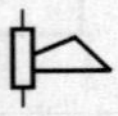	HA	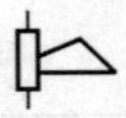	LB
照明灯		EL		ZD
信号灯		HL		XD

1.3　电气控制原理图

电气控制原理图是用来说明电气控制工作状态的电气图形，它是根据生产机械对控制所提出的要求，按照各电气元件的动作原理和顺序，并根据简单清晰的原则，用线条代表导线将各电气符号按一定规律连接起来的电路展开图。它包括所有电气元件的导电部件和接线端子，但并不是按照电气元件实际布置的位置绘制的。由于原理图具有结构简单、层次分明、适于研究、分析线路的工作原理方便等优点，所以得到了广泛的应用。

电气控制电路图一般分为主电路（或称一次接线）和辅助电路（或称二次接线）两部分。主电路是电气控制线路中强电流通过的部分，如图 2-1 所示，是三相异步电动机双向

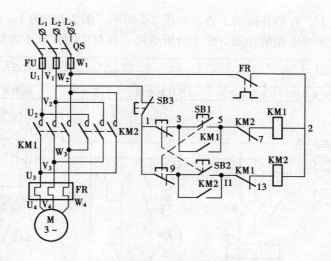

图 2-1 三相异步电动机正反转电路图

旋转的控制接线图。其主电路是由刀开关 QS 经正反转接触器的主触头、热继电器 FR 的发热元件到电动机 M 这部分电路构成。辅助电路是电气控制线路中弱电流通过的部分，它包括控制电路、信号电路及保护电路。

主电路一般用粗实线画出，以区别于辅助电路。辅助电路由继电器和接触器的线圈、继电器的触点、接触器的辅助触点、按钮、信号灯、小型变压器等电气元件组成，一般用细实线画出。

1.3.1 电气控制原理图的绘制规则

（1）各电气元件及部件在图中的位置，应根据便于阅读的原则来安排。同一电器的各个部件可以不画在一起，通常主电路和辅助电路分开来画，并分别用粗实线与细实线来表示，但同一电器的不同部件必须用同一文字符号标注。如图 2-1 中正向接触器的主触头、辅助触头分别画在主电路及控制电路的不同位置，但均用 KM1 同一文字符号标注，以表示它们为同一只接触器。

（2）原理图中各电气元件触头的开闭状态，均以吸引线圈未通电，手柄位于零位，即没有受到任何外力作用或生产机械在原始位置时情况为准。如图 2-1 中，触头呈开断状态的，称为常开触头，触头呈闭合状态的，称常闭触头。

（3）在原理图中，各电气元件均按动作顺序自上而下或自左向右的规律排列，各控制电路按控制顺序先后自上而下水平排列。两根及两根以上导线的电气连接处要画圆点（·）或圆圈（。）以示连接连通。

（4）为了安装与检修方便，电机和电器的接线端均应标记编号。主电路的电气接点一般用一个字母，另附一个或两个数字标注。如图 2-1 中用 U_1、V_1、W_1 表示主电路刀开关与熔断器的电气接点。辅助电路中的电气接点一般用数字标注。具有左边电源极性的电气接点用奇数标注，具有右边电源极性的电气接点用偶数标注。奇偶数的分界点在产生大压降处（例如：线圈、电阻等）。图 2-1 中以接触器线圈为分界，左边接点数标注为 1、3、5、7，右边接点数标注为 2。

1.3.2 图面区域的划分

在实际中为了方便检索电气线路，常常在图纸中划分区域，常用数字进行图区编号，有的图区编号在上方，有的在图的下方，如图 2-2 所示。图 2-2 中的 1～13 为图区编号。

为了说明对应区域电路的功能，便于分析电路，在对应的区域下方标有解释的文字。

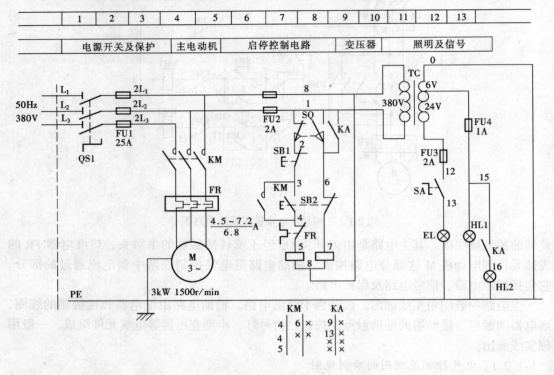

图 2-2 某机床电气原理图

1.3.3 符号位置的索引

用图号、页次和图区编号的组合索引法构成符号位置的索引，索引代号的组成如下：

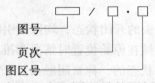

当某一元件相关的各符号元素出现在不同图号的图纸上，而当每个图号仅有一页图纸时，索引代号应简化成：

当某一元件相关的各符号元素出现在同一图号的图纸上，而该图号有几张图纸时，可省略图号，将索引代号简化成：

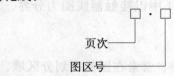

当某一元件相关的各符号元素出现在只有一张图纸的不同图区时，索引代号只用图区号表示：

　　　　　　　　　　　　　　　　□——图区号

如图 2-2 图区号 9 中 KA8 的"8"即为最简单的索引代号，它指出了继电路 KA 的线圈位置在图区 8。

图 2-2 中 KM 线圈及 KA 线圈下方的是接触器 KM 和继电器 KA 相应触头的索引。

KM			KA	
4	6	×	9	×
4	×	×	13	×
5			×	×
			×	×

在原理图中，继电器与接触器的线圈和触头的从属关系应用附图表示。即在原理图相应线圈的下方，给出触头的图形符号，并在其下面注明相应触头的索引代号，对未使用的触头用"×"表明，有时也可采用上述省去触头的表示法。

对继电器，上述表示法中各栏的含义如下：

左栏	右栏
动合触头所在图区号	动断触头所在图区号

对接触器，上述表示法中各栏的含义如下：

左栏	中栏	右栏
主触头所在图区号	辅助动合触头所在图区号	辅助动断触头所在图区号

1.3.4 技术数据的标注

在电气原理图中，电气元件的数据和型号，用小号字体注在电气代号的下面，图 2-3 中就是热继电器动作电流范围和整定值的标注。

在以上的原理图绘图规则中，只是在工程设计中应全面遵守，而在一般学习图形中并不全面展示。

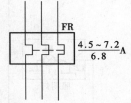

图 2-3　热继电器技术数据标注

1.4　电气布置图

为了电气控制设备的制造、安装和维修等提供必要的资料绘制的图形叫电气布置图。如控制柜（箱）的正面布置图，操作台的平面布置图等。

1.5　电气安装接线图

在电气设备安装、配线时经常采用安装接线图，它是按电气设备各电器的实际安装位置，用各电器规定的图形符号和文字符号绘制的实际接线图。

安装接线图可显示出电气设备中各元件的空间位置和接线情况,可在安装或检修时对照原理图使用。安装接线图分为安装板接线图和电气接线图两种,对于复杂设备应画安装板接线图,如图2-1的安装板接线图为图2-4所示,其绘制原则如下:

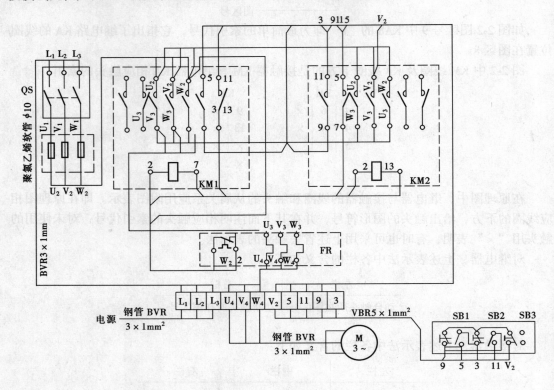

图2-4 三相异步电动机正反转安装板接线图

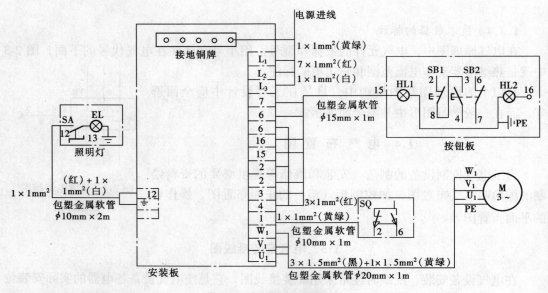

图2-5 某机床电气接线图

(1) 应表示出电气元件的实际安装位置。同一电器的部件应画在一起,各部件相对位置与实际位置应一致,并用虚线框表示,如图2-4所示。

(2) 在图中画出各电气元件的图形符号和它们在控制板上的位置,并绘制出各电气元件及控制板之间的电气连接。控制板内外的电气连接则通过接线端子板接线。

(3) 接线图中电气元件的文字符号及接线端子的编号应与原理图一致,以便于安装和检修时查对,保证接线正确无误。

(4) 为方便识图,简化线路,图中凡导线走向相同且穿同一线管或绑扎在一起的导线束均以一单线画出。

(5) 接线图上应标出导线及穿线管的型号、规格和尺寸。管内穿线满7根时,应另加备用线一根,以便于检修。

对简单线路,仅画出接线图就可以了,例如图2-2的接线图可用图2-5表示。

图中应表明电气设备中的电源进线、行程开关、照明灯、按钮板、电动机与机床安装板接线端之间的连接关系,标注出管线规格,根数及颜色。

课题2 三相鼠笼式异步电动机的控制线路

2.1 直接启动的控制线路

三相鼠笼式异步电动机在建筑工程设备中应用极其广泛,而对其控制主要是采用继电器、接触器等有触点的电气元件。在电机课中已讲过,三相鼠笼式异步电动机在直接启动时,其启动电流大约是电动机额定电流的4~7倍。在电网变压器容量允许下,一定容量的电动机可直接启动;但当电机容量较大时,如仍采用直接启动会引起电动机端电压降低,从而造成启动困难,并影响网内其他设备正常工作。那么在何种情况下可直接启动电动机呢?如满足下列公式时,便可直接启动。

$$\frac{I_Q}{I_{ed}} \leq \frac{3}{4} + \frac{变压器容量(kW)}{4 \times 电动机容量(kW)} \tag{2-1}$$

式中 I_Q——电动机的启动电流(A);

I_{ed}——电动机的额定电流(A)。

下面分别介绍几种常用的直接启动线路。

2.1.1 单向旋转的控制线路

(1) 线路的构思过程

一台需要单向转动的电动机要长期工作,自由停车。分析知应有相应的短路及过载保护环节。根据这一设计要求,采用边分析边设计的方法进行。用刀开关将电源引进,用交流接触器控制电机,并用自锁触头保证电机长期工作,应具有主令电器即启动与停止按钮,用熔断器做短路保护、热继电器做过载保护。可画出图2-6。

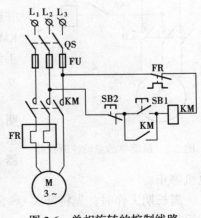

图2-6 单相旋转的控制线路

（2）线路的工作情况分析

启动时，合上刀开关 QS，按下启动按钮 SB1，交流接触器 KM 的线圈通电，其所有触头均动作，主触头闭合后，电动机启动运转。同时其辅助常开触头闭合，形成自锁。因此该触头称为"自锁触头"。此时按按钮的手可抬起，电机仍能继续运转。与启动按钮相并联的自锁触点即组成了电气控制线路中的一个基本控制环节—自锁环节，设置自锁环节的目的就是使受控元件能够连续工作。这里受控元件是电动机，可见，自锁环节是电动机长期工作的保证。需停止时，按下停止按钮 SB2，KM 线圈失电释放，主触头断开，电机脱离电源而停转。

（3）线路的保护

1）短路保护：电路中用熔断器 FU 做短路保护。当出现短路故障时，熔断器熔丝熔断，电动机停止。在安装时注意将熔断器靠近电源，即安装在刀开关下边，以扩大保护范围。

2）过载保护：用热继电器 FR 做电动机的长期过载保护。出现过载时，双金属片受热弯曲而使其常闭触点断开，KM 释放，电机停止。因热电器不属瞬时动作的电器，故在电机启动时不动作。

3）失（欠）压保护：由自动复位按钮和自锁触头共同完成。当失（欠）压时，KM 释放，电机停止，一旦电压恢复正常，电机不会自行启动，防止发生人身及设备事故。

2.1.2 点动控制线路

在建筑设备控制中，常常需要电机处于短时重复工作状态，如机床工作台的快速移动、电梯检修、电动葫芦的控制等，均需按操作者的意图实现灵活控制，即让电机运转多长时间电机就运转多长时间，能够完成这一要求的控制称为"点动控制"。

点动控制恰好与长期控制对立，那么只要设法破坏自锁通路便可实现点动了。然而世界上的事物总是对立又统一的，许多场合都要求电动机既能点动也能长期工作，以下举几种线路加以说明。

（1）只能点动的线路

如图 2-7 所示为最简单的点动控制线路，此线路只用按钮和接触器构成控制线路。

当按下启动按钮 SB 时，接触器 KM 线圈通电，主常开触头闭合，电动机启动运转。当将揿按 SB 的手抬起时，KM 失电释放，电动机停止。此电路用在电动葫芦及铣床工作台的快速移动等控制中。

（2）既能点动也能长期工作的线路

能够构成这种线路的方法较多，这里仅举典型实例说明。用转换开关或手动开关放在自锁通道中，如图 2-8 所示。点控时，将开关 QS 打开，按下启动按钮 SB1，接触器 KM 线圈通电，其主触头闭合，电机运转，手抬起时，

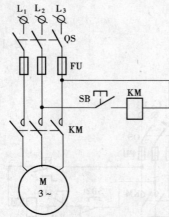

图 2-7 最简单的点动控制线路

电机停止。

需长期工作时，先将开关 QS 合上，再按下 SB1，KM 通电，自锁触头自锁，电机可长期运行。

采用复合式按钮（这里称为点动按钮）构成的线路如图2-9所示。点控时，按点控按钮SB3，KM通电，电机启动，手抬起时，KM失电释放，电机停止。需要长期工作时，按下启动按钮SB1即可，停止时按停止按钮SB2。

以上电路是较基本的点动环节，可根据控制系统的具体要求，应用到实际线路中去。

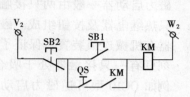

图2-8 用开关实现点动及长期运行控制的线路

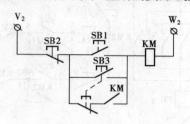

图2-9 采用点动按钮的点控线路

2.1.3 双向旋转控制线路

在建筑工程中所用的电动机需要正反转的设备很多，如电梯、桥式起重机等。由电机原理可知，为了达到电机反向旋转的目的，只要将定子的三根线的任意两根对调即可。

（1）线路的构思

要使电机可逆运转，可用两只接触器的主触头把主电路任意两相对调，再用两只启动按钮控制两只接触器的通电，用一只停止按钮控制接触器失电，同时要考虑两只接触器不能同时通电，以免造成电源相间短路，为此采用接触器的常闭触头加在对应的线路中，称为"互锁触头"，其他构思与单向旋转线路相同，如图2-10所示。

（2）线路的工作情况分析

启动时，合上刀开关QS，将电源引入。以电机正转为例，按下正向按钮SB1，正向接触器KM线圈通电，其主常开触头闭合，使电机正向运转，同时自锁触头闭合形成自锁，按按钮的手可抬起，其常闭即互锁触头断开，切断了反转通路，防止了误按反向启动按钮而造成的电源短路现象。这种利用辅助触点互相制约工作状态的方法形成了一个基本控制环节—互锁环节。

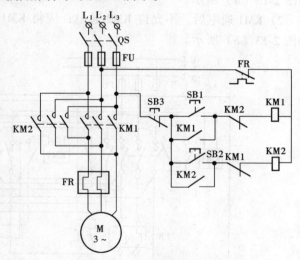

图2-10 双向旋转控制线路

如想反转时，必须先按下停止按钮SB3，使KM1线圈失电释放，电机停止，然后再按下反向启动按钮SB2，电机才可反转。

由此可见，以上电路的工作是：正转→停止→反转→停止→正转的过程，由于正反转的变换必须停止后才可进行，所以非生产时间多，效率低。为了缩短辅助时间，采用复合式按钮控制，可以从正转直接过渡到反转，反转到正转的变换也可以直接进行。并且此电路实现了双互锁，即接触器触头的电气互锁和控制按钮的机械互锁，使线路的可靠性得到了提高，如图2-11所示。线路的工作情况与图2-10相似。

某些建筑设备中电动机的正反转控制可用磁力启动器直接实现。磁力启动器一般由两只接触器、一只热继电器及按钮组成。磁力启动器有机械连锁装置，保证了同一时刻只有一只接触器处于吸合状态。例如QC10型可逆磁力启动器的接线如图2-12所示，其工作原理与图2-10线路相似。

2.1.4 连锁控制（按顺序工作的连锁控制）

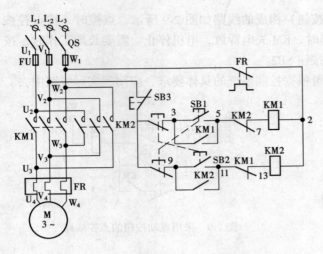

图2-11 采用复合式按钮的正反控制线路

在建筑工程实践中，常常有许多控制设备有多台电动机拖动，有时需要按一定的顺序控制电动机的启动和停止。如锅炉房的鼓风机和引风机控制，为了防止倒烟，要求启动时先引风后鼓风，停止时先鼓风后引风。把这种相互联系又相互制约的关系的线路称为连锁控制。

(1) 实现按顺序的连锁控制

1) KM1通电后，才允许KM2通电：应将KM1的辅助常开触头串在KM2线圈回路，如图2-13（a）所示。

2) KM1通电后，不允许KM2通电：应将KM1的辅助常闭触头串在KM2线圈回路，如图2-13（b）所示。

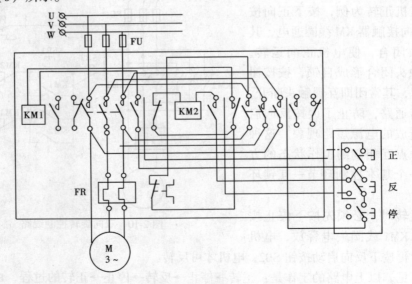

图2-12 QC10型可逆磁力启动器的接线图

3) 启动时，KM1先启，KM2后启；停止时KM2先停，KM1后停，如图2-13（c）所示。

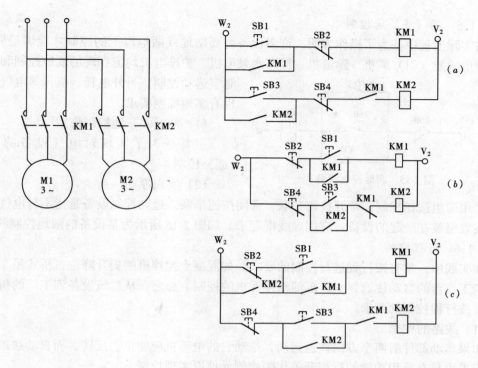

图 2-13 按顺序工作的连锁控制

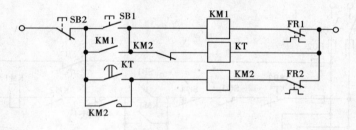

图 2-14 有时间要求的连锁控制

(2) 有时间要求的连锁控制

在工程实际中，常有按一定时间要求的连锁控制，如果系统要求 KM1 通电后，经过 7s 后，KM2 自动通电。显然需采用时间继电器 KT 配合实现，利用时间继电器延时闭合的常开触点来实现这种自动转换，如图 2-14 所示。

综上可知，实现连锁控制的基本方法是采用反映某一运动的连锁触点控制另一运动的相应电器，以达到连锁工作的要求。连锁控制的关键是正确选择连锁触点。

由上总结出如下规律：

1) 对于甲接触器动作后，乙接触器才动作的要求，需将甲接触器的辅助常开触点串在乙接触器线圈电路中；

2) 对于甲接触器动作后，不许乙接触器动作的要求，需将甲接触器的辅助常闭触点串在乙接触器线圈电路中；

3) 对于乙接触器先断电后，甲接触器方可断电的要求，需将乙接触器的辅助常开触点并联在甲回路的停止按钮上。

2.1.5 两（多）地控制

在实际工程中，为了操作方便，许多设备需要两地或两地以上的控制才能满足要求，如锅炉房的鼓（引）风机、除渣机、循环水泵电机、炉排电机均需在现场就地控制和在控制室远动控制，另外电梯、机床等电气设备也有多地控制要求。

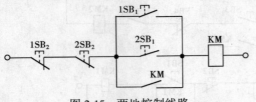

图 2-15 两地控制线路

(1) 两（多）地控制作用

主要是为了实现对电气设备的远动（遥）控制。

(2) 实现原则

采用两组按钮控制，常开按钮并联，常闭按钮串联。远动控制设备是指不与电气设备控制装置组装在一起的设备，应用虚线框起来。如图 2-15 所示为某设备的两地控制线路。

2.1.6 行程控制

在实践中，常有按行程进行控制的要求。如混凝土搅拌机的提升降位，桥式吊车、龙门刨床工作台的自动往返，水厂沉淀池排泥机的控制。总之，从建筑设备到工厂的机械设备均有按行程控制的要求。

(1) 线路的构思

如果运动部件需两个方向往返运动，拖动它的电动机应能正、反转，而自动往返的实现就应采用具有行程功能的行程开关作为检测元件以实现控制。

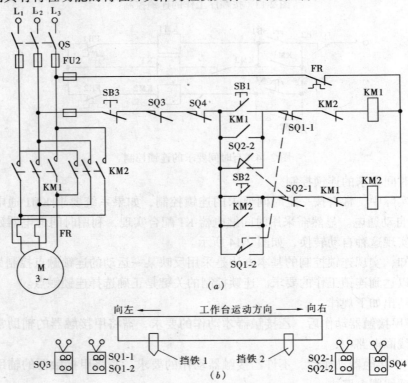

图 2-16 自动循环控制线路
(a) 电路图；(b) 限位开关安装位置示意

电路图见 2-16（a），限位开关安装位置示意如图 2-16（b）所示。行程开关 SQ1 的常闭触头串接在正转控制电路中，把另一个行程开关 SQ2 的常闭触头串接在反转控制电路中。而 SQ3，SQ4 用于两个方向的终点限位保护。

（2）线路工作过程

合上电源开关 QS，按下正向启动按钮 SB1 时，正向接触器 KM1 线圈通电，其触头都动作，主常开触头闭合，使电机正向运转并带动往返行走的运动部件向左移动，当左移到设定位置时，运动部件上安装的撞块（挡铁）碰撞左侧安装的限位开关 SQ1，使它的常闭触点断开，常开触点闭合，KM1 失电释放，反向接触器 KM2 线圈通电，其触头动作，电机反转并带动运动部件向右移动。当移动到限定的位置时，撞块碰撞右侧安装的限位开关 SQ2，其触头动作，使 KM2 失电释放，KM1 又一次重新通电，部件又左移。如此这般自动往返，直到按下停止按钮 SB3 时为止。一旦 SQ1（SQ2）故障时，可通过 SQ3（SQ4）做终端限位保护。

2.2 三相鼠笼式异步电动机的降压启动控制线路

鼠笼式异步电动机采用全电压直接启动时，控制线路简单，维修方便。但是，并不是所有的电动机在任何情况下都可以采用全压启动。这是因为在电源变压器容量不是足够大时，由于异步电动机启动电流较大，致使变压器二次侧电压大幅度下降，这样不但会减小电动机本身启动转矩，拖长启动时间，甚至使电动机无法启动，同时还影响同一供电网络中其他设备的正常工作。

判断一台电动机能否全压启动，可以用（2-1）式确定，在不满足（2-1）式时，必须采用降压启动。

某些与生产机械配套的电动机，虽然采用（2-1）式计算结果可允许全压启动，但是为了限制和减少启动转矩对生产机械的冲击，往往也采用降压启动设备进行降压启动。即启动时降低加在电动机定子绕组上的电压，启动后再将电压恢复到额定值，使之在正常电压下运行。电枢电流和电压成正比例，所以降低电压可以减小启动电流，不致在电路中产生过大的电压降，减少对线路电压的影响。

鼠笼式异步电动机降压启动的方法很多，常用的有电阻降压启动、自耦变压器降压启动、星形—三角形降压启动、延边三角形—三角形降压启动等 4 种。尽管方法不同，但其目的都是为了限制启动电流，减小供电网络因电动机启动所造成的电压降。一般降低电压后的启动电流为电动机额定电流的 2~3 倍。当电动机转速上升到一定值后，再换成额定电压，使电动机达到额定转速和输出额定功率。下面讨论几种常用的降压启动控制线路。

2.2.1 定子串接电阻（电抗）降压启动控制

（1）线路构思

在电动机启动过程中，利用定子侧串接电阻（电抗）来降低电动机的端电压，以达到限制启动电流的目的。当启动结束后，应将所串接的电阻（电抗）短接，使电动机进入全电压稳定运行的状态。串接的电阻（电抗）称为启动电阻（电抗），启动电阻的短接时间可由人工手动控制或由时间继电器自动控制。自动控制的线路如图 2-17 所示。

（2）线路的工作过程分析

启动时，合上刀开关 QS，按下启动按钮 SB1，接触器 KM1 和时间继电器 KT 同时通电吸合，KM1 的主触头闭合，电动机串接启动电阻 R（L）进行降电压启动，经过一定的延时后（延时时间应直至电动机启动结束后），KT 的延时闭合的常开触头闭合，使运转接触器 KM2 通电吸合，其主常开触头闭合，将 R（L）切除，于是电动机在全电压下稳定运行。停止时，按下 SB2 即可。

这种启动方式不受绕组接线形式的限制，所用设备简单，因而适于要求平稳、轻载启动的中小容量的电动机采用。其缺点是：启动时，在电阻上要消耗较多的电能，控制箱体积大。

上述线路中的 KT 线圈在整个启动及运行过程中长期处于通电状态，如果当 KT 完成其任务后就使其失电，这样既可提高 KT 的使用寿命也可节省能源，其改进线路如图 2-18 所示。

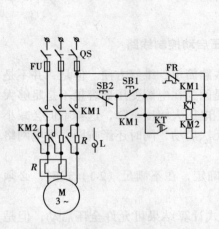

图 2-17 定子串电阻（电抗）
降压启动控制线路

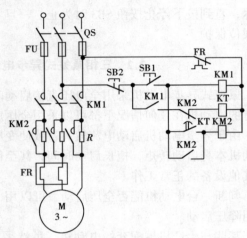

图 2-18 利用时间继电器控制串电阻
降压启动自动控制线路

（3）降压后的数量关系

串电阻或串电抗降压后对启动转矩 M_Q 和启动电流 I_Q 的影响分析如下：

设 K 为降压系数，则

$$K = \frac{U_2}{U_1} \quad (K \leqslant 1) \tag{2-2}$$

$$U_2 = KU_{le}$$

式中 U_2——降压后加在电动机定子绕组的电压（V）；

U_{le}——额定端电压（V）。

由电机原理知道启动转矩 $M_Q \propto U_2$，则

$$\frac{M_Q}{M_{Qe}} = \frac{(KU_{le})^2}{U_{le}^2} = K^2 \tag{2-3}$$

$$M_Q = K^2 M_{Qe}$$

式中 M_Q——降压启动转矩；

M_{Qe}——额定电压下启动转矩。

由于电流与电压成正比,即

$$\frac{I_Q}{I_{Qe}} = \frac{U_2}{U_{1e}} = \frac{KU_{1e}}{U_{1e}} = K \quad (2\text{-}4)$$

$$I_Q = KI_{Qe}$$

例如:当 $K = 0.7$ 时(即 U_2 是额定电压的 70%时):

$$M_Q = 0.49 M_{Qe}$$
$$I_Q = 0.7 I_{Qe}$$

定子绕组各相所串电阻值,可用公式近似计算:

$$R_Q = \frac{220}{I_{ed}} \sqrt{\left[\frac{I_{Qe}}{I_Q}\right]^2 - 1} \quad (2\text{-}5)$$

式中 R_Q——定子绕组各相应串启动电阻阻值(Ω);

I_{Qe}——电动机全压启动时的启动电流(A);

I_Q——电动机减压启动后的启动电流(A);

I_{ed}——电动机的额定电流(A)。

因为考虑到启动电阻仅在启动时应用,为减小体积,可按启动电阻 R_Q 的功率 $P = I_Q^2 R_Q$ 减去 1/2 ~ 1/3 来选择电阻功率。

若是启动电阻仅在电动机的两线上串联,那么此时选用的启动电阻应为上述计算值的 1.5 倍。

2.2.2 定子串自耦变压器(TM)的降压启动控制

(1)线路构思

电动机启动电流的限制,是依靠自耦变压器的降压作用来实现的。电动机启动时,定子绕组得到的电压是自耦变压器的二次电压,即串接自耦变压器。启动结束后,自耦变压器被切除,电动机便在全电压下稳定运行。通常习惯称这种自耦变压器为启动补偿器,线路见图 2-19 所示。

(2)线路的工作情况

合上刀开关 QS,按下启动按钮 SB1,接触器 KM1 和时间继电器 KT 线圈同时通电,电动机串接自耦变压器 TM 降压启动,时间继电器的瞬时常开触头闭合形成自锁,待电动机启动结束后,时间继电器的延时触头均动作,使 KM1 失电释放,TM 被切除,而接触器 KM2 通电吸合,电动机在全电压下稳定运行。需停止时按下 SB2 即可。

也可以采用中间继电器 KA 取代时间继电器构成如图 2-20 所示的降压启动线路。

(3)降压启动的数量关系

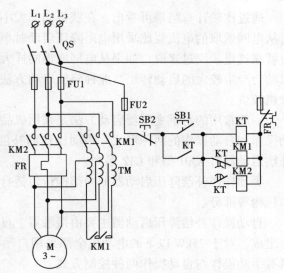

图 2-19 定子串自耦变压器的降压启动线路图

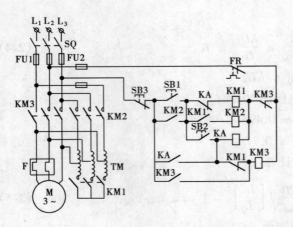

图 2-20 采用中间继电器构成的定子串
自耦变压器降压启动线路

自耦变压器一次侧电压为 U_{1e},电流为 I_{1e},二次侧电压为 U_2,电流为 I_Q,在忽略损耗情况下,自耦变压器输入功率等于输出功率,为

$$U_{1e}I_{1e} = U_2 I_Q$$

$$I_{1e} = \frac{U_2 I_Q}{U_{1e}} = K I_Q \qquad (2\text{-}6)$$

式中 $K = \dfrac{U_2}{U_{1e}} < 1$ 为自耦变压器的变比。

由此可知,启动时电网电流将减小为电机电流的 K 倍。

设 I_Q 为降压后的启动电流,它与全压直接启动的启动电流 I_{Qe} 的关系为

$$\frac{I_Q}{I_{Qe}} = \frac{U_2}{U_{1e}} = K \qquad (2\text{-}7)$$

把式 (2-7) 代入式 (2-6) 得

$$I_{1e} = K^2 I_{Qe} \qquad K = \sqrt{\frac{I_{1e}}{I_{Qe}}}$$

当自耦变压器变比为 K 时,电动机启动转矩将为

$$M_Q = \left(\frac{U_2}{U_{1e}}\right)^2 M_{Qe} = K^2 M_{Qe} \qquad (2\text{-}8)$$

由此可知,启动转矩和启动电流按变比 K 的平方降低。

当变比为
$$K = 0.73 \text{ 时}$$
$$I_{1e} = 0.53 I_{Qe}$$
$$M_Q = 0.53 M_{Qe}$$

通过比较计算结果可看出,在获得同样大小转矩的情况下,采用自耦变压器降压启动时从电网索取的电流要比采用电阻降压启动时小得多。自耦变压器所以称为补偿器,其来由就在这里。反过来说,如果从电网取得同样大小的启动电流时,则采用自耦变压器降压启动会产生较大的启动转矩。此种降压启动方法的缺点是,所用自耦变压器的体积庞大,价格较贵。

一般常用的自耦变压器启动方法是采用成品补偿降压启动器。成品的补偿启动器有手动操作和自动操作的两种形式。手动操作的补偿启动器有 QJ3、QJ5 等型号,自动操作的补偿启动器有 XJ01 型和 CTZ 系列。

手动操作补偿降压启动器的内部构造包括自耦变压器、保护装置、触头系统和手柄操作机构等部分。

自动操作补偿降压启动器主要由接触器、自耦变压器、热继电器、时间继电器和按钮等组成。对于 75kW 以下的电动机全部采用自动控制方式,(80~300) kW 的电动机同时具有手动操作与自动操作两种控制方式。

XJ01 型补偿降压启动器适用于(14~28)kW 电动机的降压启动,其控制线路既采用了

时间继电器,又采用了中间继电器,如图 2-21 所示,启动过程与图 2-19 及图 2-20 大同小异。

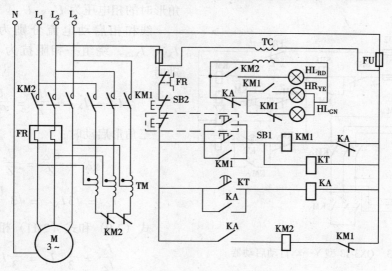

图 2-21 XJ01 型补偿降压启动器线路

2.2.3 采用星形—三角形降压启动控制线路

(1) 线路的构思

星形—三角形降压启动,简称星三角(Y—△)降压启动。这种方法适用于正常运行时定子绕组接成三角形的鼠笼式异步电动机。电动机定子绕组接成三角形时,每相绕组所承受的电压为电源的线电压(380V);而作为星形接线时,每相绕组所承受的电压为电源的相电压(220V)。如果在电动机启动时,定子绕组先星接,待启动结束后再自动改接成三角形,这样就实现了启动时降压的目的。其线路如图 2-22 所示。

(2) 线路的工作情况

启动时,合上刀开关 QS,按下启动按钮 SB1,星接接触器 KM_Y 和时间继电器 KT 的线圈同时通电,KM_Y 的主触头闭合,使电机星接,KM_Y 的辅助常开触头闭合,使启动接触器 KM 线圈通电,于是电动机在 Y 接下降压启动,待启动结束,KT 的触头延时打开,使 KM_Y 失电释放,角接接触器 $KM_△$ 线圈通电,其主触头闭合,将电机接成△形,这时电机在△形接法下全电稳定运行,同时 $KM_△$ 的常闭触头使 KT 和 KM_Y 的线圈均失电。停机时按下停止按钮 SB2 即可。

在工程中常采用 Y—△启动器来完成电动机的 Y—△启动。QX3-13 型自动 Y—△启动器,是由三个接触器、一个时间继电器和一个热继电器所组成的启动器。控制线路如图 2-23 所示。

(3) Y—△降压启动数量关系

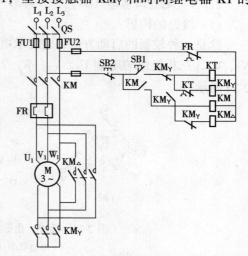

图 2-22 采用时间继电器自动控制的
Y—△降压启动线路

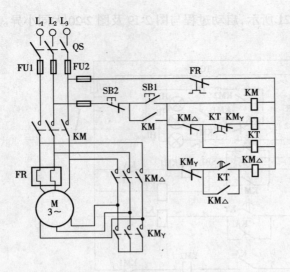

设电网电压 U_e，定子接成星形和三角形时的相电压为 U_Y、$U_\triangle$。

线和相启动电流分别为 I_Y、$I_\triangle$ 及 I_{XY}、$I_{X\triangle}$，绕组一相阻抗为 Z，星形启动时

$$I_Y = I_{XY} = \frac{U_Y}{Z} = \frac{U_e}{\sqrt{3}Z} \qquad (2-9)$$

三角形启动时：

$$I_{X\triangle} = \frac{U_\triangle}{Z} = \frac{U_e}{Z} \qquad (2-10)$$

$$I_\triangle = \sqrt{3}I_{X\triangle} = \sqrt{3}\frac{U_e}{Z} \qquad (2-11)$$

式（2-9）和式（2-11）相比得

$$\frac{I_Y}{I_\triangle} = \frac{1}{3}, I_Y = \frac{1}{3}I_\triangle \qquad (2-12)$$

图 2-23 QX3-13 型 Y—△自动启动器

由此可见，当定子绕组接成星形时，网络内启动电流减小为三角形接法的1/3。此时启动转矩为：

$$M_{QY} = KU_Y^2 = K\left(\frac{U_e}{\sqrt{3}}\right)^2 = K\frac{U_e^2}{3} = \frac{1}{3}M_{Q\triangle} \qquad (2-13)$$

结论：启动转矩也减小为 $1/3M_{Q\triangle}$。

由此可见，Y—△降压启动，其启动电流和启动转矩为全电压直接启动电流和启动转矩的三分之一，并且有线路简单、经济可靠的优点，适用于空载或轻载状态下启动。但它要求电动机具有 6 个出线端子，而且只能用于正常运行时定子绕组接成三角形的鼠笼式异步电动机，这在很大程度上限制了它的使用范围。

2.2.4 延边三角形（△）—三角形（△）降压启动控制

(1) 线路的构思

这是一种较新的启动方法，它要求电动机定子有 9 个出线头，即三相绕组的首端 U_1、V_1、W_1，三相绕组的尾端 U_2、V_2、W_2 及各相绕组的抽头 U_3、V_3、W_3，绕组的结构如图 2-24 所示。

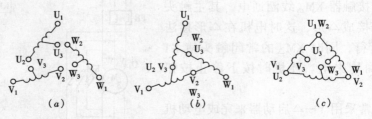

图 2-24 延边三角形接法时电动机绕组的连接方法
(a) 原始状态；(b) 启动时；(c) 正常运转

电动机启动时，定子绕组的三个首端 U_1、V_1、W_1 接电源，而三个尾端分别与次一相

绕组的抽头端相接,如图 2-24（b）的 U_2-V_3、V_2-W_3、W_2-U_3 相接,这样使定子绕组一部分接成星形,另一部分则接成三角形。从图形符号上看,好像是将一个三角形的三个边延长,改称为"延边三角形",以符号"△"表示。

在电机启动结束后,将电动机接成三角形,即定子绕组的首尾相接 U_1-W_2、V_1-U_2、W_1-V_2 相接,而抽头 U_3、V_3、W_3 空着,如图 2-24（c）所示。

那么这种接法的电压是否降低呢？如前所述,一台正常运转为三角形接法的电动机,若启动时接成星形（即 Y—△启动）,电动机每相绕组所承受的电压只是三角形接法时的 $1/\sqrt{3}$。这是因为三角形接法时,各相绕组所承受的是电源的线电压,而星形接法时,各相绕组所承受的是电源的相电压。如果三角形接法时,各相绕组所承受的电压（线电压）为 380V,而星形接法时,各相绕组所承受的电压（相电压）就只有 220V。在 Y—△启动时,正因为各相绕组所承受的电压降低了,才使电流相应下降。同理,延边三角形启动时,之所以能降低启动电流,也是因为三相绕组接成延边三角形时,绕组所承受的相电压有所降低。而降低程度,随电动机绕组的抽头比例的不同而异。如果将△形看成一部分绕组是三角形接法,另一部分绕组是星形接法,则接成星形部分的绕组圈越多,电动机的相电压也就越低。

据实验知,在电动机制动状态下,当抽头比为 1:1 时（即三角形接法时,星形接法部分的绕组的线圈数 $Z_{\phi1}$ 比三角形接法部分绕组的圈数 $Z_{\phi2}$ 为 1:1）,电动机的线电压约为 264V 左右,启动电流及启动转矩降低约一半；当抽头比例为 1:2 时,线电压约为 290V。由此可见,恰当选择不同的比例,便可达到适当降低启动电流,而又不至于损失较大的启动转矩的目的。

显然,如果能使电动机启动时为延边三角形接法,而稳定运行时又自动换为三角形接法,就构成了△—△形降压启动,如图 2-25 所示。

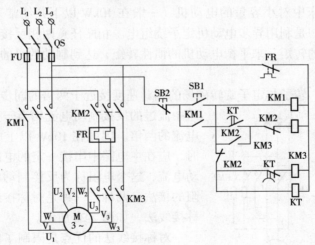

图 2-25 延边三角形降压启动线路

（2）线路的工作情况分析

启动时,合上刀开关 QS,按下启动按钮 SB1,接触器 KM1 和 KM3 及时间继电器 KT 线圈同时通电,KM3 的主触头闭合,使电机 U_2-V_3、V_2-W_3、W_2-U_3 相接,KM1 的主触头闭合，使电机 U_1、V_1、W_1 端与电源相通，电机在三角形接法下降压启动。当启动结束时，时间继电器 KT 的触头延时动作，使 KM3 失电释放，接触器 KM2 线圈通电，电机 U_1-W_2、V_1-U_2、W_1-V_2 接在一起后与电源相接，于是电机在三角形接法下全电压稳定运行。同时 KM2 常闭触点断开，使 KT 线圈失电释放，保证时间继电器 KT 不长期通电。需要电动机停止时按下停止按钮 SB2 即可。

采用延边三角形降压启动，比采用自耦变压器降压启动结构简单，维护方便，可以频繁启动，改善了启动性能。但因为电动机需有 9 个线端，故仍使其应用范围受限。

上述 4 种降压启动，都能自动地转换为全电压运行，这是借助于时间继电器控制的。即依靠时间继电器的延时作用来控制各种电器的动作顺序，以完成操作任务。这种控制线路称为时间原则控制线路。这种按时间进行的控制，称为时间原则自动控制，简称时间控制。

2.3 鼠笼式异步电动机的制动及其控制

三相异步电动机从切断电源到完全停止旋转，由于惯性的关系总要经过一段时间，这往往不能适应某些生产机械工艺的要求。同时，为了缩短辅助时间，提高生产机械效率，也就要求电动机能够迅速而准确地停止转动，即用某种手段来限制电动机的惯性转动，从而实现机械设备的紧急停车，常把这种紧急停车的措施称为电动机的"制动"。

异步电动机的制动方法有两种：即机械制动和电气制动。

机械制动包括：电磁离合器制动、电磁抱闸制动等。

电气制动包括：能耗制动、反接制动、电容能耗制动、电容制动、再生发电制动等。本文仅对反接制动和能耗制动进行讨论。

2.3.1 反接制动及其控制线路

反接制动是机床中对小容量的电动机（一般在 10kW 以下）经常采用的制动方法之一。所谓反接制动，是利用异步电动机定子绕组电源相序任意两相反接（交换）时，产生和原旋转方向相反的转矩，来平衡电动机的惯性转矩，达到制动的目的，所以称为反接制动。

在反接制动时，转子与定子旋转磁场的相对速度接近于两倍的同步转速，所以定子绕组中流过的反接制动电流相当于全电压直接启动时电流的两倍。因此在 10kW 以上的电动机反接制动时，应在主电路中串接一定的电阻，以限制反接制动电流，这个电阻称为反接制动电阻。反接制动电阻的接法有两种：一种是对称接线法，一种是不对称接线法，如图 2-26 所示。

对称接线法的优点是限制了制动电流，而且制动电流三相对称。而不对称接法时，未加制动电阻的那一相仍具有较大的制动电流。

反接制动状态为电动机正转电动状态变为反转电动状态的中间过渡过程。为使电动机能在转速接近零时准确停车，在控制电路中需要一个以速度为

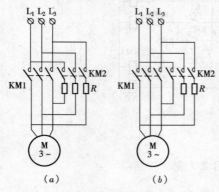

图 2-26 三相鼠笼式异步
电动机限流电阻接法
(a) 对称接线法；(b) 不对称接线法

信号的电器，这就是速度继电器。这种控制电路称为速度原则控制电路，这种控制方式称为速度原则的自动控制，简称速度控制。

（1）速度继电器（反接制动继电器）

速度继电器由转子、定子及触点等组成。其外形如图2-27（a）所示，工作原理图及符号如图2-27（b）所示。

转子为一圆形永久磁铁，连同转轴一起旋转与电动机的转轴或机械设备的转轴相连接，并随之转动。定子为鼠笼式空心圆柱体，能围绕转子转轴转动。使用时，速度继电器的转轴与被制动的电动机转轴相连，而其触头则接在辅助线路中，以发出制动信号。

工作原理是：当电动机转动时，带动继电器的永久磁铁（转子）转动，在空间产生旋转磁场，这时的鼠笼式定子导体中，便产生感应电势及感应电流，此电流又在永久磁铁磁场作用下，产生电磁转矩，使定子顺着永久磁铁转动方向转动（当电动机转速大于120r/min时）。定子转动时，带动杠杆，杠杆推动触点5，使常闭触点断开，常开触点闭合。同时杠杆通过返回杠杆7压缩反力弹簧2，反力弹簧的阻力使定子不能继续转动。如果转子的

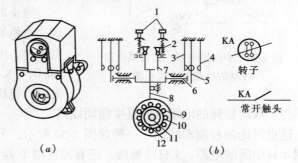

图2-27 速度继电器图形
（a）外形图；（b）原理图及符号
1—调节螺钉；2—反力弹簧；3—动断触点；4—动合触点；
5—动触点；6—按钮；7—返回杠杆；8—杠杆；9—短路导体；
10—定子；11—转轴；12—转子

转速降低，转速低于100r/min时，反力弹簧通过返回杠杆，使杠杆返回原来的位置，其触头复位。

那么触点动作或复位时的转子转速如何调节呢？只需调节调节螺钉，改变反力弹簧的弹力即可。

（2）单向反接制动的控制线路

1）线路构思：一台单向运转的电动机停止转动需加反接制动时，只需串接不对称电阻，采用制动接触器KM2将电动机定子反接，并用速度继电器以实现按速度原则控制的反接制动，如图2-28所示。

2）线路的工作情况分析：启动时，按下启动按钮SB1，接触器KM1线圈通电吸合，电动机启动运转，速度继电器KA的转子也随之转动；当电动机转速升高到约120r/min时，速度继电器KA的常开触点闭合，为反接制动做好准备。

停止时，按下复合式按钮SB2，KM1失电释放，接触器KM2通电吸合，电机串接不对称电阻进行反接制动，电

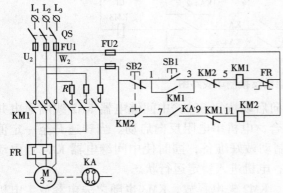

图2-28 单向反接制动线路图

机转速迅速降低，当电机转速降至约 100r/min 以下时，速度继电器 KA 的常开触头复位，KM2 失电释放，制动结束后，按按钮的手才可抬起。

这种制动线路往往会出现停转不准确的现象，为解决这一问题，可在线路中加一只中间继电器，如图 2-29 所示。

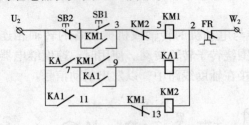

图 2-29 中间继电器、速度继电器控制的反接制动线路图

启动时，按下启动按钮 SB1，KM1 通电吸合，电机启动运转，当转速达到 120r/min 时，速度继电器 KA 常开触点闭合，使中间继电器 KA1 线圈通电，为反接制动做好准备。

停止时，按下停止按钮 SB2，KM1 失电释放，电机顺序电源被切除，制动接触器 KM2 通电吸合，电机串电阻反接制动，当转速在 120r/min 时，KA 触头复位，KA1 失电释放，使 KM2 失电，电机脱离电源，制动结束。

(3) 双向旋转的电动机的反接制动线路

这里讨论两种制动线路，一种如图 2-30 所示，另一种如图 2-31 所示。图 2-30 线路中采用 4 只中间继电器、3 只接触器，还有速度继电器，使线路更加完善。线路中的电阻 R 既能限制反接制动电流，也可以限制启动电流。线路分为正向启动、正向停车制动及反向启动、反向停车制动。这里以反向为例，说明其启动及制动过程。

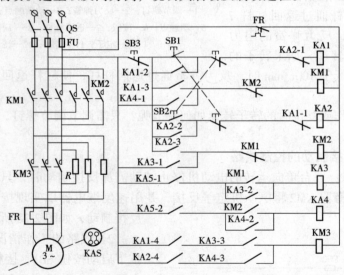

图 2-30 双向启动反接制动线路图

反向启动时，合上刀开关 QS，按下反向启动按钮 SB2，中间继电器 KA2 线圈通电并自锁，同时使反向接触器 KM2 线圈通电吸合，电机串电阻反向启动。当转速升至一定值后，速度继电器常开触头 KA5-2 闭合，为制动做好准备，同时使中间继电器 KA4 通电动作，使接触器 KM3 通电吸合，将电阻短接，电机进入稳定运行状态。

反向停止时，按下停止按钮 SB3，KA2、KM2 失电释放，KM3 也随之失电释放，电机电源被切除。此时因电机转速仍很高，KA5-2 仍闭合，KA4 仍通电，当 KM2 常闭触头复位后，正向接触器 KM1 线圈通电，其触头动作，电机串电阻反接制动，电机转速迅速下降，当降到一定值时，KA5-2 复位，KA4 线圈失电，KM1 也失电，制动结束。

图 2-31 线路则是充分利用了速度继电器的特点，大大简化了线路。这里以正向启动、正向停车制动为例，说明其原理如下：

正向启动时，按下正向启动按钮 SB1，正向接触器 KM1 线圈通电自锁，主触头闭合，电机正向启动，同时 KM1 常闭触头断开，切断反向接触器 KM2 通路，待速度升高后，速度继电器 KA-1 常开触头闭合，常闭触头断开，为制动做好准备。

正向停止时，按下停止按钮 SB3，KM1 失电释放，KM1 常闭触头复位后，反向接触器 KM2 线圈通电，进行反接制动，待速度降低一定值后，KA-1 复位，KM2 失电释放，制动结束。

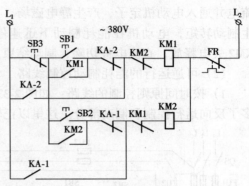

图 2-31 电动机可逆运行的反接制动线路图

电动机的反向启动及制动过程，读者自行分析。

以上所述的反接制动，在制动过程中，由电网供给的电磁功率和拖动系统的机械功率，全都转变为电动机转子的热损耗。所以，反接制动能量损耗大。鼠笼型异步电动机由于转子导体内部是短接的，无法在转子外面串入电阻，所以在反接制动中转子承受全部热损耗，这就限制了电动机每小时允许的反接制动次数。

2.3.2 能耗制动控制线路

能耗制动就是在电动机脱离交流电源后，接入直流电源，这时电动机定子绕组通过一直流电，产生一个静止的磁场。利用转子感应电流与静止磁场的相互作用产生制动转矩，达到制动的目的，使电机迅速而准确地停止。

能耗制动分为单向能耗制动和双向能耗制动及单管能耗制动，可以按时间原则和速度原则进行控制。下面分别进行讨论。

(1) 单向能耗制动控制线路

图 2-32 为电动机单向运转，其能耗制动时间由时间继电器自动控制的线路。其工作情况是：

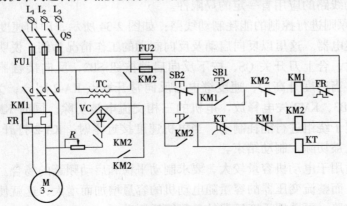

图 2-32 采用时间继电器控制的单向能耗制动线路图

启动时，合上刀开关 QS，按下启动按钮 SB1，接触器 KM1 线圈通电，其主触头闭合，电动机启动运转。停止时，按下停止按钮 SB2，其常闭触头断开，使 KM1 失电释放，电动机脱离交流电源。同时 KM1 常闭触头复位，SB2 的常开触头闭合，使制动接触器 KM2 及时间继电器 KT 线圈通电自锁，KM2 主常开触头闭合，电源经变压器和单相整流桥变为直流电并通入电动机定子，产生静电磁场，与转动的转子相互切割感应电势，感生电流，产生制动转矩，电动机在能耗制动下迅速停止。电动机停止后，KT 的触头延时打开，使 KM2 失电释放，直流电被切除，制动结束。

(2) 可逆运行的能耗制动控制线路

1) 按时间原则控制的线路：如图 2-33 所示为按时间原则控制的线路，它只比图 2-32 多了反向运行控制和制动部分。这里以正转启动及制动为例，说明其工作原理如下：

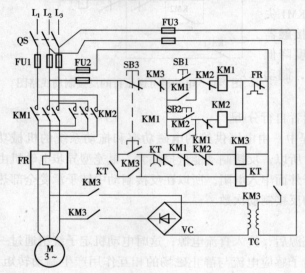

图 2-33 可逆运行的能耗制动线路图

正向启动时，合上刀开关 QS，按下正向启动按钮 SB1，接触器 KM1 线圈通电，主常开触头闭合，电机正向启动运转。停止时，按下停止按钮 SB3，KM1 失电释放，接触器 KM3 和时间继电器 KT 线圈同时通电自锁，KM3 的主触头闭合，经变压器及整流桥后的直流电通入电动机定子绕组，电机进行能耗制动。电机停止时，KT 的常闭触头延时打开，使 KM3 失电释放，直流电被切除，制动结束。

线路的缺点是：在能耗制动过程中，一旦 KM3 因主触头粘连或机械部分卡住而无法释放时，电动机定子绕组仍会长期通过能耗制动的直流电流。对此，只能通过合理选择接触器和加强电器维修来解决。

这种线路一般适用于负载转矩和负载转速比较稳定的机械设备上。对于通过传动系统来改变负载速度的机械设备，则应采用按负载速度整定的能耗制动控制线路较为合适，因而这种能耗制动线路的应用有一定的局限性。

2) 按速度原则进行控制的能耗制动线路：如图 2-34 所示，即用速度继电器取代了图 2-33 中的时间继电器。这里以反向启动及反向制动的工作情况为例，说明如下：

反向启动时，合上刀开关 QS，按下反向启动按钮 SB2，反向接触器 KM2 线圈通电，电机反向启动。当速度升高后，速度继电器反向常开触点 KA-2 闭合，为制动做好准备。停止时，按下 SB3，KM2 失电释放，电机的三相交流电被切除。同时 KM3 线圈通电，直流电通入电机定子绕组进行能耗制动，当电机速度接近零时，KA-2 打开，接触器 KM3 失电释放，直流电被切除，制动结束。

能耗制动适用于电动机容量较大，要求制动平稳和启动频繁的场合。它的缺点是需要一套整流装置，而整流变压器的容量随电动机的容量增加而增大，这就使其体积和重量加大。为了简化线路，可采用无变压器的单管能耗制动。

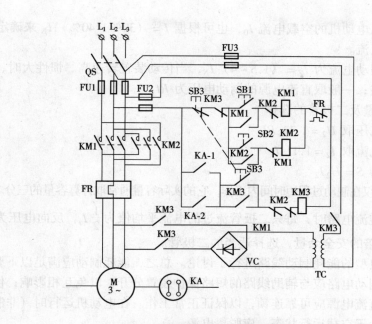

图 2-34 速度控制的能耗制动线路

(3) 单管能耗制动控制线路

单管能耗制动控制线路如图 2-35 所示。整流电源电压为 220V。整流电流经制动接触器 KM2 主触头接到定子三相绕组上，并由另一相绕组经 KM2 主触头接到整流管和电阻 R 后再接电动机。需要停止时，按下 SB2，KM1 失电释放，KM2 和 KT 线圈同时通电，KM2 将整流电源接到电动机定子三相绕组上，并经定子另一相绕组和二极管 R 接到零线上，于是定子绕组通入直流电进行能耗制动。电机停止后，KT 延时触点打开，KM2 失电释放，直流电被切除，制动结束。

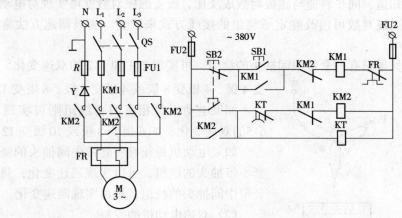

图 2-35 单管能耗制动控制线路

单管能耗制动的特点：制动设备体积小，成本低，仅适用于制动要求不高的 10kW 以下的电动机制动中。

(4) 直流电源的估算方法

1) 参数的确定先用电桥测量电动机定子绕组任意两相之间的冷态电阻 R，也可以从手册中查到；测出电动机的空载电流 I_0，也可根据 $I = (30\% \sim 40\%) I_N$ 来确定，其中 I_N 为电动机的额定电流。

一般取直流制动电流为 $I_Z = (1.5 \sim 4) I_N$，当传动装置转速高、惯性大时，系数可取大些，否则取小些；一般取直流电源的制动电压为 RI_z。

2）变压器容量及二极管的选择

变压器副边电压取 $U_2 = 1.11 RI_Z$

变压器副边电流取 $I_2 = 1.11 I_z$

变压器容量为 $S = U_2 I_2$

考虑到变压器仅在制动过程短时间内工作，它的实际容量通常取计算容量的三分之一左右。

当采用桥式整流电路时，每只二极管流过的电流平均值为 $\frac{1}{2} I_z$，反向电压为 $\sqrt{2} U_2$，然后再考虑 1.5~2 倍的安全余量，选择适当的二极管。

以上对几种典型的能耗制动线路进行了讨论。总之，能耗制动应满足以下要求：大容量电动机的能耗制动电路应与辅助线路的短路保护装置分开，以免互相影响；供给电动机定子绕组的交、直流电源应可靠连锁，以保证正常工作。在电动机运行时（非制动状态），变压器不得长期处于空载运行状态，应脱离电源。

2.4 三相鼠笼式异步电动机的调速

三相鼠笼式异步电动机的调速方法很多，常用的有变极调速、调压调速、电磁耦合调速、液力耦合调速、变频调速等方法。这里仅介绍变极及电磁耦合调速，关于调压和变频调速将在可控磁调速系统中阐述。

2.4.1 变极调速

(1) 变极调速原理

从电机原理知道，同步转速与磁极对数成反比，改变磁极对数就可实现对电动机速度的调节。而定子磁极对数可由改变定子绕组的接线方式来改变。变极调速方法常用于机床、电梯等设备中。

电动机每相如果只有一套带中间抽头的绕组，可实现 2:1 和 3:2 的双速变化。如 2 极变 4 极、4 极变 8 极或 4 极变 6 极、8 极变 12 极。

如果电动机每相有两套绕组则可实现 4:3 和 6:5 的双速变化，如 6 极变 8 极或 10 极变 12 极。

如果电动机每相有一套带中间抽头的绕组和一套不带抽头的绕组，可以实现三速变化；每相有两套带中间抽头的绕组，则可实现四速变化。

(2) 双速电动机的控制

1) 双速电动机绕组的连接方法：如图 2-36 所示，其中（a）图为 △ 连接，此时磁极为 4 极，同步转速为 1500r/min。若要电动机高速工作时，可接成图 2-36（b）形式，即电机绕组为双 Y 连接，磁极为 2 极，同步转速为 3000r/min。可见电动机高

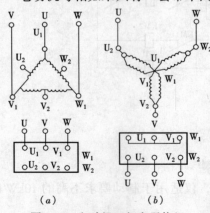

图 2-36 电动机三相定子绕组 △/YY 接线图
(a) 低速—△接法(4极); (b) 高速—YY接法(2极)

速运转时的转速是低速的两倍。

2) 双速电动机的控制线路：为了实现对双速电动机的控制，可采用按钮和接触器构成调速控制线路，如图2-37所示。其工作情况如下：

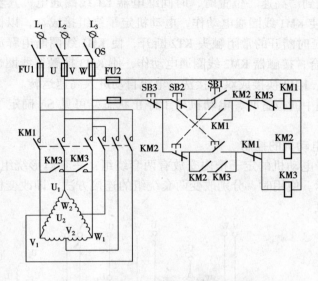

图2-37 接触器控制双速电动机的控制线路图

合上电源开关QS，按下低速启动按钮SB1，低速接触器KM1线圈通电，其触头动作，电动机定子绕组作△连接，电动机以1500r/min低速启动。当需要换成3000r/min的高速时，可按下高速启动按钮SB2，于是KM1先失电释放，高速接触器KM2和KM3的线圈同时通电，使电动机定子绕组接成双Y并联，电动机高速运转。电动机的高速运转是由KM2和KM3同时控制，为了保证工作可靠，采用它们的辅助常开触头串联自锁。

采用时间继电器自动控制双速电动机的控制线路如图2-38所示，图中是具有3个接

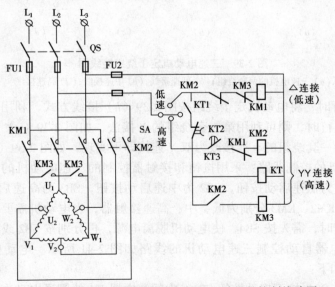

图2-38 采用时间继电器控制双速电动机的控制线路图

75

触点位置的开关,分为低速、高速和中间位置(停止)。其工作原理如下:

当把开关扳到"低速"位置时,接触器 KM1 线圈通电动作,电动机定子绕组接成△,进行低速运转。

当把开关 SA 扳到"高速"位置时,时间继电器 KT 线圈通电,其触头动作,瞬时动作触头 KT1 闭合,使 KM1 线圈通电动作,电动机定子绕组接成△,以低速启动。经过延时后,时间继电器延时断开的常闭触头 KT2 断开,使 KM1 线圈断电释放,同时延时闭合的常开触头 KT3 闭合,接触器 KM2 线圈通电动作,使 KM3 接触器线圈也通电动作,电动机定子绕组由 KM2、KM3 换接成双 Y 接法,电机自动进入高速运转。

当开关 SA 扳到中间位置时,电动机处于停止状态,可见 SA 确定了电动机的运转状态。

(3) 三速异步电动机的控制

1) 在三速异步电动机的定子槽内安放有两套绕组:一套△形绕组和一套 Y 形绕组,如图 2-39(a)所示。使用时,分别改变两套绕组的连接方法,即改变极对数,可以得到 3 种不同的运行速度。

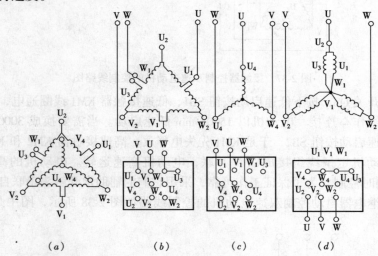

图 2-39 三速电动机定子绕组接线图
(a)三速电机的两套绕组;(b)低速接线;(c)中速接线;(d)高速接线

需要低速运行时,将电动机定子绕组按图 2-39(b)接线方式,利用第一套绕组的△接法。需要中速运行时,则可利用第二套绕组的 Y 接法,如图 2-39(c)所示。需要高速运行时,只要将第一套绕组的△连接改为双 Y 连接即可实现,如图 2-39(d)所示。

2) 三速电动机的控制线路:采用按钮和接触器控制的三速电动机的调速控制线路如图 2-40 所示,SB1 为低速启动按钮,SB2 为中速启动按钮,SB3 为高速启动按钮,SB4 为停止按钮,KM1、KM2、KM3 分别为低、中、高速接触器,当电动机需要从低速换成中速或从中速换成低速时,需先按 SB4,使电动机脱离电源,再分别按 SB2 或 SB3 才能实现。

采用时间继电器自动控制三速电动机的线路如图 2-41 所示。电动机绕组接线见图 2-39。其工作过程如下:

合上电源开关 QS,按下启动按钮 SB1,中间继电器 KA 线圈通电动作,使接触器 KM1

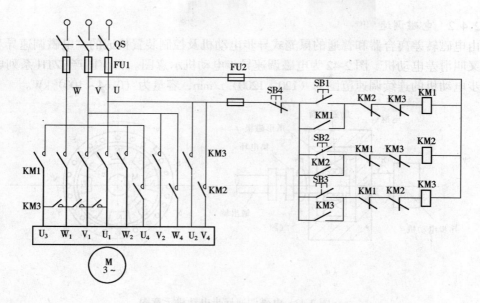

图 2-40 采用接触器控制的三速电动机控制线路图

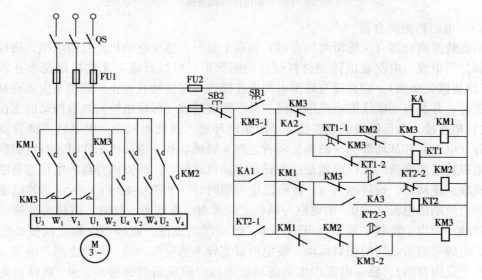

图 2-41 采用时间继电器自动控制三速电动机的控制线路图

线圈通电动作，电动机第一套定子绕组出线端 U_1、V_1、W_1 和 U_3 与电源相通，电机低速启动运转。同时时间继电器 KT1 线圈通电，经一定时间延时后，其延时触头动作，KM1 失电释放，电动机定子绕组断开。同时接触器 KM2 线圈通电，电动机另一套定子绕组的出线端 V_4、W_4、U_4 与电源接通，电动机中速运转。同时时间继电器 KT2 线圈通电，经延时后，其触头动作，KM2 失电释放，电动机定子绕组断开，同时接触器 KM3 线圈通电动作，主触头使电动机第一套绕组以双 Y 方式连接，其出线端 U_2、V_2、W_2 与电源相通，同时 KM3 的另外三副常开触头将这套绕组的出线端 U_1、V_1、W_1 和 U_3 相连接联通，电动机高速运转。KM3 常闭触头使 KA、KM1、KM2、KT1、KT2 线圈均处于释放状态。其目的在于既可使这些电器不长期通电，延长其使用寿命，又确保了工作的可靠性。

2.4.2 电磁调速

由电磁转差离合器和普通的鼠笼式异步电动机及控制装置构成的"电磁调速异步电动机"又叫滑差电动机。图2-42为电磁调速异步电动机示意图。目前国产JZTH系列电磁调速异步电动机的连续调速范围为(120~1200) r/min,容量为(0.64~100) kW。

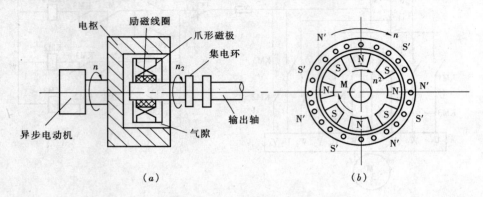

图2-42 电磁调速异步电动机示意图
(a)正面图;(b)剖面图

(1) 电磁转差离合器

电磁转差离合器(又称滑差离合器)实质上是一台感应电动机,它由电枢、磁极两个旋转部分所组成。电枢是由铸钢材料制成的圆筒形,可以看成是无数根鼠笼条并联而成(也可以装鼠笼绕组)。它直接与异步电动机连接在一起转动或停止。磁极是由铁磁材料制成的铁芯,并装有励磁线圈或爪形磁极。爪形磁极的轴(即输出轴)与被拖动的工作机械(负载)相连接,爪形磁极的励磁线圈经由集电环通入直流电励磁。电磁转差离合器的主动部分(电枢)和从动部分(磁极)两者之间无机械联系,电动机工作时才有电磁联系。

电磁转差离合器的工作原理是:在异步电动机运行时,转差离合器的电枢部分随异步电动机轴同速旋转,设转速为n,转向设定为顺时针,如图2-42(a)所示。若励磁绕组通入的直流励磁电流$I_L=0$,则电枢与磁极之间无电、磁联系,此时,磁极与被拖动的负载不转动,相当于负载"离开"。若$I_L \neq 0$,磁极产生磁性,磁极与电枢之间便产生了磁联系,电磁与磁极之间的相对运动,使电枢鼠笼导条感应电动势,并产生感应电流(方向可用右手定则判断),感应电流产生的磁场在电枢中形成新的磁极N′、S′(极性可用右螺旋定则判定),如图2-42(b)所示。电枢上的这种磁极N′、S′与爪形磁极N、S相互作用,使爪形磁极受到电枢旋转方向相同的作用力,进而形成与电枢旋转方向相同的电磁转矩M,使爪形磁极与电枢同方向转动起来,其转矩为n_2,此时负载相当于"合上"。爪形磁极的转速n_2必然小于电枢的转速n,因为它们之间有转速差才形成相互切割而感应电流和产生转矩,故称为电磁转差离合器。

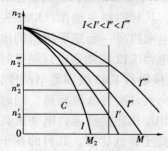

图2-43 转差离合器的机械特性

n_2的大小与磁极电流的强弱有关。改变励磁电流的大小,则可得出不同的机械特性曲线,如图2-43所示。从图中可见,励磁电流越大磁场越强,在一定的转差下产生的转矩M越大,机械特性曲线越向右偏移。从图上还可看出,对于一定的负载转矩 M_2，当励磁电流大小不同时，其输出转速也不同。由此可见，只要改变转差离合器的励磁电流，就可调节转差离合器的转速。电磁调速异步电动机的机械特性较软，要想得到平滑稳定的调速特性，应装置测速发电机，使调速系统具有速度负反馈控制环节（这个环节在可控硅控制系统中介绍）。综上分析可知，输出轴的转向与电枢转向一致，要改变输出轴的转向必须改变原动机的转向。由于转差离合器在低速（转差大）时热耗大，效率低，所以电磁调速异步电动机不宜长期低速运行。

(2) 电磁调速异步电动机控制线路

由晶闸管控制器 VC、异步电动机 M、电磁转差离合器 DC 及控制线路构成。VC 的作用是将单相交流电变换成直流电，供给 DC 直流电源，如图 2-44 所示。

线路的工作情况分析：合上开关 QS，按下启动按钮 SB1，接触器 KM 线圈得电，电动机启动，同时晶闸管控制器 VC 电源接通，整流后输出直流电流，供给电磁转差离合器的爪形磁极的励磁线圈。有了这一励磁电流，爪形磁极便随电动机和离合器电枢同向旋转。调节电位器 R 即改变了励磁电流的大小，便改变了转差离合器磁极（从动部分）的转速，从而也就调节了拖动负载的转速。

需要停止时，按下停止按钮 SB2，KM 失电释放，电动机和转差离合器同时断电停止。

图 2-44 中的 TC 为测速发电机，由它取出电动机的速度信号反馈给 VC，起到速度负反馈的作用，用以调整和稳定电动机的转速。

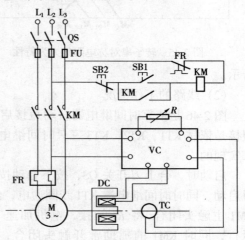

图 2-44 电磁调速异步电动机的控制线路图

课题3　绕线式异步电动机的控制

三相绕线式异步电动机的优点是可以通过滑环在转子绕组中串接外加电阻或频敏变阻器，以达到减小启动电流，提高转子电路的功率因数和增加启动转矩的目的。在要求启动转矩较高的场合，绕线式异步电动机得到了广泛应用。

3.1　转子回路单接电阻启动控制线路

(1) 线路构思

串接在三相转子回路中的启动电阻，一般接成星形。在启动前，启动电阻全部接入电路，随着启动的进行，启动电阻被逐段地短接。其短接的方法有三相不对称短接法和三相电阻对称短接法两种。所谓不对称短接是每一相的启动电阻是轮流被短接的，而对称短接是三相中的启动电阻同时被短接。这里仅介绍对称短接法。转子串电阻的人为特性如图 2-45 所示。

从图中曲线可知：串接电阻 R_f 值愈大，启动转矩也愈大，而 R_f 愈大，临界转差率 S_{Lj} 也愈大，特性曲线的斜度也愈大，因此改变串接电阻 R_f 可以作为改变转差率调速的一种方法。对于调速要求不高,拖动电动机容量不大的机械设备,如桥式起重机等,此种方法较适用。用此法启动时,可在转子电路中串接几级启动电阻,根据实际情况确定。

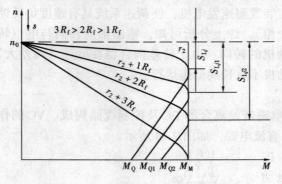

图 2-45 转子串对称电阻的人为特性

启动时串接全部电阻,随启动过程可将电阻逐段切除。实现这一控制有两种方法,其一是按时间原则控制,即用时间继电器控制电阻自动切除;其二是按电流原则控制,即用电流继电器来检测转子电流大小的变化来控制电阻的切除,当电流大时,电阻不切除,当电流小到某一定值时,切除一段电阻,使电流重新增大,这样便可控制电流在一定范围内。两种控制线路如图 2-46 和图 2-47 所示。

(2) 线路的工作情况

图 2-46 是依靠时间继电器自动短接启动电阻的控制线路。转子回路三段启动电阻的短接是依靠 KT1、KT2、KT3 三只时间继电器及 KM1、KM2、KM3 三只接触器的相互配合来实现的。

启动时,合上刀开关 QS,按下启动按钮 SB1,接触器 KM1 通电,电动机串接全部电阻启动,同时时间继电器 KT1 线圈通电,经一定延时后 KT1 常开触头闭合,使 KM1 通电,KM1 主触头闭合,将 R_1 短接,电机加速运行,同时 KM1 的辅助常开触头闭合,使 KT2 通电。经延时后,KT2 常开触头闭合,使 KM2 通电,KM2 的主触头闭合,将 R_2 短接,电机继续加速,同时 KM2 的辅助常开触头闭合,使 KT3 通电,经延时后,其常开触头闭合,使 KM3 通电,R_3 被短接。至此,全部启动电阻被短接,于是电机进入稳定运行状态。

在线路中,KM1、KM2、KM3 3 个常闭接点的串联的作用是:只有全部电阻接入时才能启动,以确保电机可靠启动(这样一方面节省了电能,更重要的是延长了它们的有效使用寿命)。

线路存在的问题是:一旦时间继电器损坏时,线路将无法实现电动机的正常启动和运行,如维修不及时,电动机就有被迫停止运行的可能;另一方面,在电动机启动过程中,逐段减小电阻时,电流及转矩突然增大,产生不必要的机械冲击。

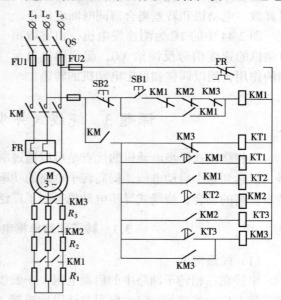

图 2-46 绕线式异步电动机自动启动控制线路

图 2-47 是利用电动机转子电流大小的变化来控制电阻的切除。FA1、FA2、FA3 是电流继电器,线圈均串接在电动机转子电路中,它们的吸上电流相同,而释放电流不同。

FA1 的释放电流最大，FA2 次之，FA3 最小。

启动时，合上刀开关 QS，按下启动按钮 SB1，KM 通电，使中间继电器 KA 通电，因此时电流最大，故 FA1、FA2、FA3 均吸合，其触头都动作，于是电机串接全部电阻启动，待电机转速升高后，电流降下来 FA1 先释放，其常闭触头复位，使 KM1 通电，将 R1 短接，电流又增大，随着转速上升，过一会儿电流又小下来，使 FA2 释放，其常闭触头使 KM2 通电，将 R_2 短接，电流又增大，转速又上升，一会儿电流又下降，FA3 释放，其常闭触点使 KM3 通电，将 R_3 短接，电机切除全部电阻进入稳定运行状态。

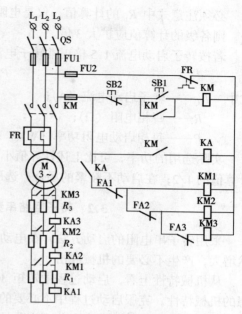

图 2-47 按电流原则控制的绕线式异步电动机线路

为了达到好的启动效果，要求外加电阻的数值必须选定在一定的范围内，可经过计算来确定。在计算启动电阻的阻值前，首先应确定启动电阻的级数。电阻级数愈多，电动机启动时的转矩波动就愈小，也就是启动愈平滑。同时，电气控制线路也就愈复杂。在一般情况下，电阻的级数可以根据下式确定：

$$m = \frac{\text{tg}\left(\dfrac{T_N}{S_N T_{\max}}\right)}{\text{tg} K}$$

式中　　T_N——电动机额定转矩；

　　　　$T_{\max}$——电动机最大转矩；

　　　　S_N——电动机额定转差率。

启动电阻的级数确定以后，转子绕组中每相串接的各级电阻值可用下面的公式计算：

$$R_n = K^{m-n} r$$

式中　　m——启动电阻的级数；

　　　　n——各级启动电阻的序号，若 $n=4$，则各级启动电阻的序号为：1、2、3、4；

　　　　K——常数；

　　　　r——m 级启动电阻中序号为最后一级的电阻值，即对称短接法中最后被短接的那一级电阻。

K 值和 r 值可分别由下面的两公式计算：

$$K = \sqrt[m]{\frac{1}{S}}$$

$$r = \frac{E_2(1-S)}{\sqrt{3} I_2} \cdot \frac{K-1}{K^m - 1}$$

式中　　S——电动机额定转差率；

　　　　E_2——电动机转子电压（V）；

　　　　I_2——电动机转子电流（A）。

必须注意式中 R_n 的计算值，仅是电阻对称短接法的各级电阻值，如采用不对称短接法，则各级的计算值应扩大3倍。

若按转子启动电流1.5倍正常转子电流考虑，则每相电阻的功率为：

$$P = I_{2Q}^2 R$$

式中　I_{2Q}——转子启动电流（A）；
　　　R——每相电阻（Ω）；
　　　P——每相启动电阻功率（W）。

实际选用的功率，可比上述计算值小。在启动十分频繁的场合，选用的电阻功率可为计算值的1/2；在启动不频繁的场合，选用的电阻功率可为计算值的1/3。

3.2　转子回路串频敏变阻器启动控制线路

采用转子串电阻的启动方法，在电动机启动过程中，逐渐减小电阻值，电流及转矩突然增大，产生不必要的机械冲击。

从机械特性上看，启动过程中转矩 M 不是平滑的，而是有突变性的。为了得到较理想的机械特性，克服启动过程中不必要的机械冲击力，可采用频敏变阻器启动方法。频敏变阻器是一种电抗值随频率变化而变化的电器，它串接于转子电路中，可使电动机有接近恒转矩的平滑无级启动性能，是一种理想的启动设备。

3.2.1　频敏变阻器

频敏变阻器实质上是一个铁芯损耗非常大的三相电抗器。它由数片E型钢板叠成，具有铁芯与线圈两部分，并制成开启式，星形接法，将其串接在转子回路中，相当于转子绕组接入一个铁损很大的电抗器，这时的转子等效电路如图2-48所示。图中 R_b 为绕组电阻，R 为铁损等值电阻，L 为铁芯电抗，R 与 L 是并联的。

当电动机接通电源启动时，频敏变阻器便通过转子电路得到交变电流，产生交变磁通，其电抗为 L。而频敏变阻器铁芯由较厚钢板制成，在交变磁通作用下，产生较变阻器与电动机大的涡流损耗（其中涡流损耗占全部损耗的80%以上）。此涡流损耗在电路中用一个等效电阻 R 表示。由于电抗 L 和电阻 R 都是由交变磁通产生的，所以其大小都随转子电流频率变化而变化。

在异步电动机的启动过程中，转子电流的频率 f_2 与网络电源频率 f_1 的关系为：$f_2 = Sf_1$，电动机的转速为零时，转差率 $S = 1$，即 $f_2 = f_1$，当 S 随着电动机转

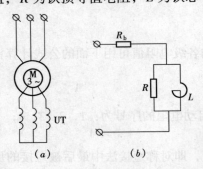

图2-48　频敏变阻器等效
电路及电动机的连接
(a)频敏变阻器与电动机的连接；(b)等效电路图

速上升而减小时，f_2 便下降。频敏变阻器的 L 与 R 是与 S 的平方成正比的。由此可看出，绕线式异步电动机采用频敏变阻器启动时，可以获得一条近似的恒转矩启动特性并实现平滑的无级启动，同时也简化了控制线路。目前，在空气压缩机与桥式起重机上获得了广泛的应用。

频敏变阻器上共有4个接线头，一个设在绕组的背面，标号为N，另外3个抽头设在绕组的正面。抽头1~N之间为100%匝数，2~N与3~N之间分别为85%与71%匝数，

出厂时接在85%匝数端钮上。频敏变阻器上、下铁芯由两面4个拉紧螺栓固定,拧开拉紧螺栓上的螺母,可以在上、下铁芯之间垫非磁性垫片,以调整空气隙。出厂时上、下铁芯间隙为零。

在使用中遇到下列情况可以调整匝数和气隙:

(1) 启动电流大,启动太快,可换接抽头,使匝数增加,减小启动电流,同时启动转矩也减小。反之应换接抽头,使匝数减少。

(2) 在刚启动时,启动转矩过大,机械冲击大,但启动完后稳定转速又太低(偶尔在启动完毕将变阻器短接时,冲击电流大),可在上下铁芯间增加气隙,这样使启动电流略有增加,启动转矩略有减小,但启动完毕后转矩增大,从而提高了稳定转矩。

3.2.2 采用频繁变阻器启动的控制线路

在电机启动过程中串接频敏变阻器,待电机启动结束时用手动或自动将频敏变阻器切除,能满足这一要求的线路如图2-49所示。线路的工作情况如下:

线路中利用转换开关SA实现手动及自动控制的变换,用中间继电器KA的常闭触头短接热继电器FR的热元件,以防止在启动时误动作。

自动控制时,将SA拨至"Z"位置,合上刀开关QS,按下启动按钮SB1,接触器KM1和时间继电器KT线圈通电,电动机串频敏变阻器UT启动,待启动结束后,KT的触头延时闭合,使中间继电器KA线圈通电,其常开触头闭合使接触器KM2通电,将UT短接,电动机进入稳定运行状态,同时KA的常闭触头打开,使热元件与电流互感器二次侧串接,以起过载保护作用。

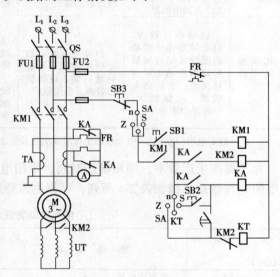

图2-49 绕线式异步电动机采用频敏变阻器启动线路

手动控制时,将SA拨至"S"位置,按下SB1,KM1通电,电机串接UT启动,当看到电流表A中读数降到电机额定电流时,按下手动按钮SB2,使KA通电,KM2通电,UT被短接,电机进入稳定运行状态。

单 元 小 结

1. 电气控制系统图主要有电气原理图、元件布置图、安装接线图等,为了正确绘制和阅读分析这些图纸,必须掌握国家标准及绘图规则。

2. 对于鼠笼式异步电动机的控制,对于小容量的电动机(一般10kW以下,特殊情况参照有关设计规范)允许直接启动,为了防止过大的启动电流对电网及传动机构的冲击作用,大容量或启动负载大的场合应采用降压启动的方式。

直接启动中的单向旋转、双向旋转、点动、两(多)处控制、自动循环、连锁控制等基本线路采用各种主令电器、控制电器及各种控制触点按一定的逻辑关系的不同组合实现。各自动控制的要点是：自锁触头是电动机长期工作的保证；互锁触头是防止误操作造成电源短路的措施；点动控制是实现灵活控制的手段；两（多）处控制是实现远动控制的方法；自动循环是完成行程控制的途径；连锁控制是实现电机相互联系相互制约关系的保证。

4 种降压启动方法其特点各异，可根据实际需要确定相应的方法，总结如表 2-3 所列。

鼠笼型电动机各种降压启动方式的特点　　　　　　　　　表 2-3

降压启动方式	电阻降压	自耦变压器降压	星三角转换	延边三角形启动 当抽头比例为		
				1:2	1:1	2:1
启动电压	kU_e	kU_e	$0.58U_e$	$0.78U_e$	$0.71U_e$	$0.66U_e$
启动电流	kI_{qd}	$k^2 I_{qd}$	$0.33I_{qd}$	$0.6I_{qd}$	$0.5I_{qd}$	$0.43I_{qd}$
启动转矩	$k^2 M_{qd}$	$k^2 M_{qd}$	$0.33M_{qd}$	$0.6M_{qd}$	$0.5M_{qd}$	$0.43M_{qd}$
定型启动设备	QJ1 型电阻减压启动器、PY-1 系列冶金控制屏、ZX1 与 ZX2 系列电阻器	QJ3 型自耦减压启动器、GTZ 型自耦减压启动器	QX1、QX2、QX3、QX4 型星三角启动器，XJ1 系列启动器	XJ1 系列启动器		
优缺点及适用范围	启动电流较大，启动转矩小；启动控制设备能否频繁启动由启动电阻容量决定；需启动电阻器，耗损较大，一般较少采用	启动电流小，启动转矩较大；不能频繁启动、设备价格较高，采用较广	启动电流小，启动转矩可以较频繁启动，设备价格低，适用于定绕组为三角形接线的中小型电动机，如 J2、JO2、J3、JO3 等	启动电流小，启动转矩较大，可以较频繁启动；具有自耦变压器及星三角启动方式两者之优点；适用于定子绕组为三角形接线且有 9 个出线头的电动机，如 J3、JO3 等		

注：U_e—额定电压；I_{qd}、M_{qd}—电动机的全压启动电流及启动转矩；k—启动电压/额定电压，对自耦变压器为变比。

为了提高生产效率，缩短辅助时间，采用电气与机械制动的方法以快速而准确停机。这里的电气制动总结如表 2-4 所列，可根据需要适当选择。

电气制动方式的比较　　　　　　　　　表 2-4

比较项目 \ 制动方式	能耗制动	反接制动
制动设备	需直流电源	需速度继电器
工作原理	采用消耗转子动能使电动机减速停车	依靠改变定子绕组电源相序而使电动机减速停车
线路情况	定子脱离交流电网接入直流电	定子相序反接
特点	制动平稳，制动能量损耗小，用于双速电机时制动效果差	设备简单，调整方便，制动迅速，价格低，但制动冲击大，准确性差，能量损耗大，不宜频繁制动
适用场合	适用于要求平稳制动，如磨床、铣床等	适用于制动要求迅速，系统惯性较大，制动不频繁的场合，如大中型车床、立式车床、镗床等

关于鼠笼式异步电动机的调速主要介绍了变极调速和电磁调速。

变极调速是通过改变电动机的磁极对数实现对其速度的调节。巧妙地利用相关电器实现对电动机的双速、三速及四速控制。

电磁调速是通过晶闸管控制器中的电位器改变励磁电流的大小，改变转差离合器的转速，以调节电动机的转速。

3. 绕线式异步电动机的启动性能好，可以增大启动转矩。采用转子串电阻和转子串频敏变阻器的方法。串电阻启动，控制线路复杂，设备庞大（铸铁电阻片或镍铬电阻丝比较笨重），启动过程中有冲击；串频敏变阻器线路简单，启动平稳，启动过程调速平滑，克服了不必要的机械冲击力。

4. 在线路控制中，常涉及时间原则、电流原则、行程原则、速度原则和反电势原则，在选用时不仅要根据本身的一些特点，还应考虑电力拖动装置所提出的基本要求以及经济指标等。以启动为例，列表进行比较，见表2-5。

自动控制原则优缺点比较表　　　　　　　　　　　　表2-5

控制原则	反电势原则	电流原则	时间原则
电器用量	最少	较多	较多
设备互换性	不同容量电机可用同一型号电器	不同容量电机得用不同型号继电器	不同容量与电压的电机均可采用同型号继电器
线路复杂程度	简单	连锁多，较复杂	连锁多，较复杂
可靠性	可能启动不成；换接电流可能过大	可能启动不成；要求继电器动作比接触器快	不受参数变化影响
特点	能精确反映转速	维持启动的恒转矩	加速时间几乎不变

5. 本章通过几种常见的保护装置，如：短路保护、过流保护、热保护、失（欠）压保护阐述了电动机的保护问题。常用的保护内容及采用电器列于表2-6中以供选用。

常用的保护环节及其实现方法　　　　　　　　　　　　表2-6

保护内容	采用电器	保护内容	采用电器
短路保护	熔断器、断路器等	过载保护	热继电器、断路器等
过电流保护	过电流继电器	欠电流保护	欠电流继电器
零电压保护	按钮控制的接触器、继电器等	欠电压保护	欠电压继电器

习题与能力训练

【习题部分】

1. 在电气原理图中，电气元件的数据如何标注？
2. 试从经济、方便、安全、可靠等几个方面分析比较图2-50中的特点。
3. 试设计一个用按钮和接触器控制电动机的启停，用组合开关选择电动机的旋转方向的主电路及控制电路，并应具备短路和过载保护。
4. 如果将电动机的控制电路接成如图2-51的4种情况，欲实现自锁控制，试标出图中的电器元件文字符号，再分析线路接线有无错误，并指出错误将造成什么后果？
5. 试画出一台电动机需单向运转，两地控制，既可点动也可连续运转，并在两地各安装有运行信号指示灯的主电路及控制电路。
6. 试说明题图2-52中控制特点，并说明FR1和FR2有何不同？
7. 试用行程原则来设计某机床工作台的

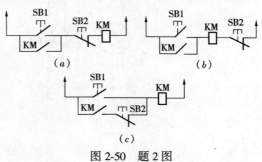

图2-50　题2图

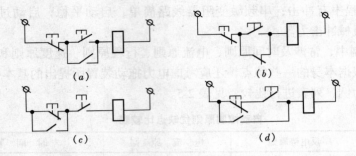

图 2-51 题 4 图

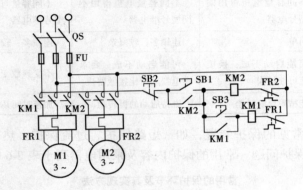

图 2-52 题 6 图

自动循环线路,并应有每往复移动一次,即发一个控制信号,以显示主轴电动机的转向。

8. 在锅炉房的电气控制中,要求引风机和鼓风机连锁,即启动时,先启动引风机,停止时相反,试设计满足上述要求的线路。

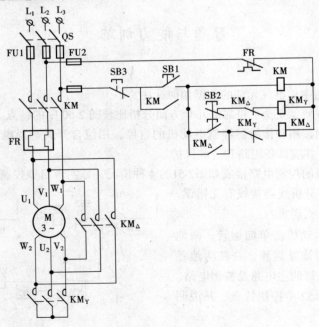

图 2-53 题 10 图

9. 试用时间原则设计 3 台鼠笼式异步电动机的电气线路，即 M1 启动后，经 2s 后 M2 自行启动，再经 5s 后 M3 自行启动，同时停止。

10. 试分析题图 2-53 的工作过程。

11. 试设计满足下述要求的控制线路：按下启动按钮后 M1 线圈通电，经 5s 后 M2 线圈通电，经 2s 后 M2 释放，同时 M3 吸引，再经 10s 后 M3 释放。

12. 试用按钮、开关、中间继电器、接触器画出 4 种点动及长动的控制线路。

13. 什么是点动控制？在题图图 2-54 的五个点动控制线路中：

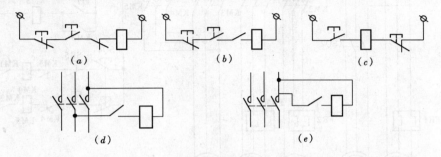

图 2-54 题 13 图

(1) 标出各电气元件的文字符号；
(2) 判断每个线路能否正常完成点动控制？为什么？

14. 如题图图 2-55 所示为正反转控制的几种主电路及控制电路，试指出各图的接线有无错误，错误将造成什么现象？

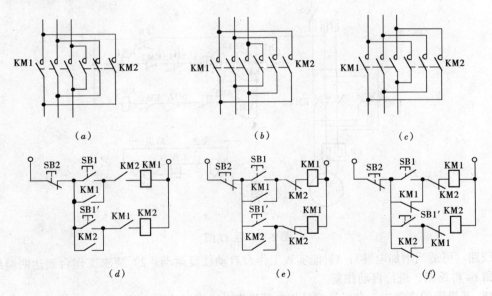

图 2-55 题 14 图

15. 已知有两台鼠笼式异步电动机为 M1 和 M2，要求：(1) M1 和 M2 可分别启动；(2) 停车时要求 M2 停车后 M1 才能停车，试设计满足上述要求的主电路及控制电路。

16. 试说明题图图 2-56 所示各电动机的工作情况。

17. 见题图图 2-57 所示。(1) 试分析此控制线路的工作原理。(2) 按照下列两个要求改动

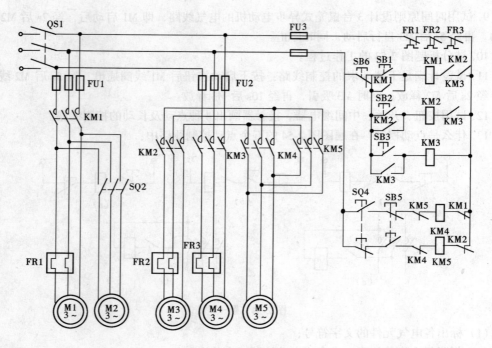

图 2-56 题 16 图

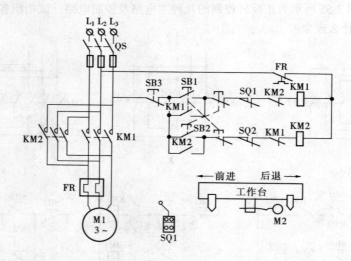

图 2-57 题 17 图

控制线路（可适当增加电器）：1）能实现工作台自动往复运动；2）要求工作台到达两端终点时停留 6s 再返回，进行自动往复。

18. 某机床的主轴由一台鼠笼式异步电动机带动，润滑油泵由另一台鼠笼式异步电动机带动，现要求：

（1）必须在油泵开动后，主轴才能开动；

（2）主轴要求能用电器实现正反转连续工作，并能单独停车；

（3）有短路、欠压及过载保护，试画出控制线路。

19. 题图图 2-58 为正转控制线路。现将转换开关 QS 合上后，按下启动按钮 SB1，根据下列不同故障现象，试分析原因，提出检查步骤，确定故障部位，并提出故障处理办法。

（1）接触器 KM 不动作。

（2）接触器 KM 动作，但电动机不转动。

（3）接触器 KM 动作，电动机转动，但一松手按钮 SB1 接触器 KM 复原，电动机停转。

（4）接触器触头有明显颤动，噪声较大。

（5）接触器线圈冒烟甚至烧坏。

（6）电动机转动较慢，有嗡嗡声。

【能力训练】

【实训项目1】 根据电气原理图绘制电气安装接线图（分别绘制以下三个图的接线图）并进行设备的选择。

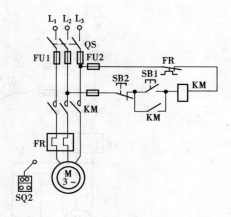

图 2-58 题 19 图

1. 实训目的：训练绘制电气安装接线图的能力；能按图施工。

2. 实训条件

（1）图 2-59 为单向旋转线路，图 2-60 为连锁线路，图 2-61 为星—三角降压线路。

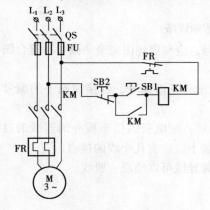

图 2-59 三相异步电动机单方向
　　　　启动停止控制线路

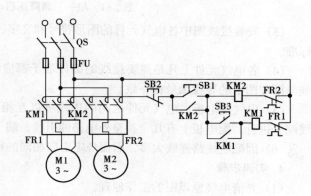

图 2-60 连锁线路

（2）图 2-59 单向旋转线路中使用电动机为：Y801-4型、0.55 kW、380V、1.6A 的三相异步电动机一台，转速为 1440r/min；图 2-60 连锁线路中使用电动机为：Y302-2 型、1 kW、380V、5A 的三相异步电动机两台，转速为 2860r/min；图 2-61 星—三角降压线路中使用电动机为：Y-132M-4型三相异步电动机，技术数据为：7.5 kW、380 V、15.4A、三角形连接、1400r/min，电动机为连续工作制。根据这些条件，选配刀开关、熔断器、热继电器、接触器。

（3）指出热继电器发热元件的电流应如何整定。

3. 实训要求

（1）电源开关、熔断器、交流接触器、热继电器、时间继电器等画在配电板内部，电动机、按钮画在配电板外部。

（2）安装在配电板上的元件布置应根据配线合理，操作方便，确保电器间隙不能太小，重的元件放在下部，发热元件放在上部等原则进行，元件所占面积按实际尺寸以统一比例绘制。

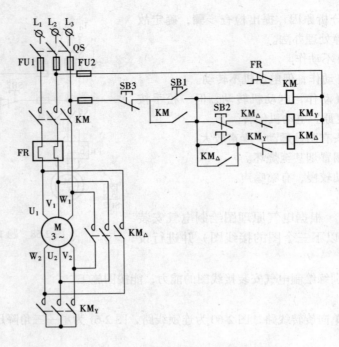

图 2-61 星—三角降压启动控制线路

(3) 安装接线图中各电气元件的图形符号和文字符号,应和原理图完全一致,并符合国家标准。

(4) 各电气元件上凡是需要接线的部件端子都应绘出并予以编号,各接线端子的编号必须与原理图中的导线编号相一致。

(5) 电气配电板内电气元件之间的连线可以互相对接,配电板内接至板外的连线通过接线端子进行,配电板上有几个接至外电路的引线,端子板上就应有几个线的接点。

(6) 因配电线路连线太多,因而规定走向相同的相邻导线可以绘成一股线。

4. 实训步骤

(1) 弄清电气原理图的工作原理。

(2) 根据实训条件,选配刀开关、熔断器、热继电器、接触器;并指出热继电器发热元件的电流应如何整定;列出电器元件明细表,搞清楚各电器元件的结构形式、安装方法及安装尺寸。

(3) 绘制电器布置图、电气接线图的草图,经过指导教师检查绘制出正规的电器布置图和电气接线图。

【实训项目 2】 基本控制线路的接线练习

1. 实训目的

(1) 熟悉常用电器元件的结构、工作原理、型号规格、使用方法及其在控制线路中的作用。

(2) 熟悉三相异步电动机常用控制电路的工作原理、接线方法、调试及故障排除的技能。

2. 线路图

本实训项目的线路图就是利用"实训项目 1"中已绘制的安装接线图。

3. 主要材料

安装接线图中的三相异步电动机、交流接触器、熔断器、热继电器、按钮、刀开关、接线端子板、木制配电板及相关管线等。

4．实训要求

（1）安装时除电动机外的其他电器必须排列整齐、合理，并牢固安装在配电板上。

（2）控制板采用板前接线，接到电动机和按钮盒的导线必须经过接线端子引出，并应有保护接零。

（3）板面导线敷设必须平直、整齐、合理，各接点必须紧密可靠，并保持板面整洁。

（4）安装完毕后，应仔细检查是否有误，如有误应改正，然后向指导教师提出通电请求，经同意后才能通电试车。

（5）通电试车时，不得对线路进行带电改动。出现故障时必须断电进行检修，检修完毕后必须再次向指导教师提出通电请求，直到试车达到满意为止。

（6）操作启动和停止按钮，认真观察电动机的启动、运行、停车情况。

【实训项目3】 简单线路设计

1．实训目的：训练设计能力

2．实训要求

（1）设计线路（原理图）；

（2）画出安装接线图；

（3）选出设备。

3．实训项目

项目1：试采用时间原则，设计出鼠笼式异步电动机定子串电抗的启动控制线路。

项目2：某绕线式异步电动机，启动时转子串4段电阻，试采用电流原则设计线路。

项目3：当鼠笼式异步电动机脱离电源后，在定子绕组中通入直流电时，电动机就迅速停止，为什么？

项目4：有一台四级皮带传输机，分别由 M1、M2、M3、M4 台电动机拖动，其动作顺序如下：

启动时按 M1→M2→M3→M4，停止时按 M4→M3→M2→M1，试设计满足要求的线路。

项目5：某双速鼠笼式异步电动机，设计要求是：分别采用两个按钮操作电动机的高速启动和低速启动；用一个总停按钮操作电动机的停止；启动高速时，应先接成低速经延时后再换接到高速；应有短路和过载保护，试设计线路。

项目6：某小车由笼型机拖动，其动作程序是：

小车由原位前进，到终端后自动停止；

在终端停留 5min 后自动返回原位停止；设计满足要求的线路。

单元3 生活给水排水系统的电气控制与安装

知 识 点：给水排水系统的形成和发展；生活给水系统的组成；系统控制的分类、构造、原理及设备的选择、计算、安装及布置；掌握系统的常用器件。

教学目标：通过学习，了解给水排水系统的基本类型，掌握给水排水系统的电气线路的工作原理及选用方法，为从事施工打好基础。

课题1 概 述

水是生命之源，水是城市的血液。人类的生存离不开水，每一座建筑也离不开水。给水排水工程的任务就是解决水的开采、加工、输送、回收等问题，满足生活生产中对水的需求。水都是从高处往低处流的，但对于楼宇建筑来说，则需要把水输送到中高层中去，这就需要对水进行加压控制。当今自动控制及远动控制技术已经应用于各个领域，在给水排水系统中也不例外，它能够提高科学管理水平，减轻劳动强度，保证给排水系统正常运行和节约能源。在给水排水工程中，自动控制的内容主要是水位控制和压力控制，而远动控制的内容主要是调度中心对远处设置的一级泵房（如井群）和加压泵房的控制。本单元主要介绍建筑工程中常用的生活给水及排水系统的电气控制。

1.1 给水系统的任务与组成

给水系统的任务，从技术上讲，就是：不间断地向用户输送在水质、水量和水压三方面符合使用要求的水。

自然界的水虽然比较丰富，但并不是自然地就能符合用户要求的，特别是由于工业迅速发展，不少天然水域遭到不同程度的污染，为了完成上述给水任务，必须根据具体情况采取一系列相应的措施，建造相应的工程。这样就需要有：

（1）取水工程：把所需数量的水从水源取上来，即解决水的开采问题。给水水源可分为两类，一类为地面水，如江水、湖水、河水、水库水及海水等；另一类为地下水，如井水、泉水等。取水工程要解决的是从天然水源中取水的方法以及取水构筑物的构造形式等问题。水源的种类决定着取水构筑物的构造形式及净水工艺的组成。

（2）水处理工程：把取上来的天然水经过适当净化处理，使它在水质方面符合用户要求，即解决水的加工问题。

（3）输配水工程：把天然水从水源地输送到水处理厂，或把经过净化处理后的洁净水，以一定的压力通过管道输送分配到各用水地点，即解决水的输送问题。

取水、净水和输配水三部分组成了整个给水系统。

1.2 排水系统的任务与组成

水一经使用即成污水。日常生活使用过的水叫生活污水，其中含大量的有机物及细菌、病原菌、氮、磷、钾等污染物质。工业生产使用过的水叫工业废水，其中污染较轻的叫生产废水，污染较严重的叫生产污水。排水工程的基本任务是：保护环境免受污染；促进工农业生产的发展；保证人体健康；维持人类生活和生产活动的正常秩序。其主要组成为：收集各种污水的一整套工程设施，包括排水管网和污水处理系统。排水管网系统是收集和输送废水的设施，即把废水从产生地输送到污水处理厂或出水口，其中包括排水设备、检查井、管渠、污水提升泵站等工程设施。污水处理系统是处理和利用废水的设施，它包括城市及工业企业污水处理厂、站中的各种处理构筑物工程设施。

课题2 水位自动控制的生活给水水泵

当今的建筑工程中，具有给水排水系统已经成为对建筑物最基本的要求，每一座建筑都离不开用水。建筑给水排水系统担负着保证建筑内部及小区的供水水量、水压及污水排放的任务。城市给水管网提供的水压一般不能满足楼层较高建筑的水压要求，这就需要对给水管网中的水设置加压供水系统及排水系统，以达到用水及排水的要求。

在给水排水工程中，自动控制及远动控制是现在提高科学管理水平、减轻劳动强度、保证给水排水系统正常运行、节约能源的重要措施。自动控制的内容主要有水位控制和压力控制，而远动控制则主要是调度中心对远处设置的一级泵房（如井群）及加压泵房的控制。这里仅对建筑工程中常用的给水及排水系统的电气自动控制加以介绍。

2.1 水位自动控制的生活给水泵

自动控制分半自动和自动控制两种。所谓半自动控制就是由人工发出启动或停止的最初脉冲（信号），此后机组及闸门的启动、停止和控制操作则按着预先规定的程序自动进行；自动控制是指水泵房内的水泵机组，通过控制仪表设备，根据给定的参量，自动启动或停止运行，无需人工进行操作。水泵的自控内容可分为压力控制和水位的控制两种。

位式控制是实现给水排水限位、固体料位限位和风量限量自动控制的电气手段。成型的位式控制设备叫位式控制装置，它由位式开关和电气控制箱组成。位式开关是液位限位、固料限位以及风量限量的传感器，而电气控制箱是接受位式开关送出的信号，按生产工艺流程的要求对传动电机进行投入或切除的自动控制设备。在给水系统中，一般采用水位控制方法，需在建筑物的顶部配备高位水箱或在建筑物附近设置水塔，借助水箱或水塔的高度提升给水压力，以便向用户供水。水位控制是建筑给水中最常见的一种传统方式。

一般情况下，生活给水泵采用离心式清水泵。在实际工程中，由于不同建筑对供水可靠性的要求、供水压力、供水量及电源情况等的要求不同，使生活给水泵形成不同的组合方式，如有：单台水泵、两台水泵一台工作一台备用、两台水泵自动轮换工作、三台水泵两台工作一台备用交替使用、多台水泵恒压供水等多种方式。因其电机容量变化范围较大，又可分为全压启动及降压启动方式等等。本书现介绍几种典型的采用水位控制方式水泵自动控制电路。

2.1.1 水位开关

水位开关又可称液位开关或液位信号器。它是随液面变化而实现控制作用的位式开关，即随液体液面的变化而改变其触点接通或断开状态的开关。按其结构区分，水位开关有磁性开关（称干式舌簧管）、水银开关和电极式开关等几种。

水位开关（水位信号控制器）常与各种有触点或无触点的电气元件组成各种位式电气控制箱。按采用的元件区别，国产的位式电气控制箱一般有继电接触型、晶体管型和集成电路型等。

继电接触型控制箱主要采用机电型继电器为主的有触点开关电路，其特点是速度慢、体积大，一般采用380V或380V以下的低压电源。晶体管型除了出口的采用小型的机电型继电器外，信号的处理采用半导体二极管、三极管或晶闸管。与继电接触型相比它具有速度快、体积小的特点。集成电路型则速度更快，且体积更小。

（1）浮球磁性开关

浮球磁性开关有FQS和UQX等系列。这里仅以FQS系列浮球磁性开关为例，说明其构造及工作原理。

FQS系列浮球磁性开关主要由工程塑料浮球、外接导线及密封在浮球内的装置包括干式舌簧管、磁环和动锤等组成。图3-1为其外形结构图。

由于磁环轴向已充磁，其安装位置偏离舌簧管中心，又因磁环厚度小于舌簧管一根簧片的长度，所以磁环产生的磁场几乎全部从单根簧片上通过，磁力线被短路，两簧片之间无吸力，干簧管接点处于断开状态，当动锤靠紧磁环时，可视为磁环厚度增加，此时两簧片被磁化，产生相反的极性而相互吸合，干簧管接点处于闭合状态。

当液位在下限时，浮球正置，动锤依靠自重位于浮球下部，干簧管接点处于断开状态。在液位上升过程中，浮球由于动锤在下部，重心在下，基本保持正置状态不变。

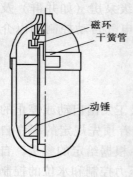

图3-1 浮球外形结构示意

当液位接近上限时，由于浮球被支持点和导线拉住，便逐渐倾斜。当浮球刚超过水平测量位置时，位于浮球内的动锤靠自重向下滑动使浮球的重心在上部，迅速翻转而倒置，同时干簧管接点吸合，浮球状态保持不变。

当液位渐渐下降到接近下限时，由于浮球本身由支点拖住，浮球开始向正方置向倾斜。当越过水平测量位置时，浮球的动锤又迅速下滑使浮球翻转成正置，同时干簧接点断开。调节支点的位置和导线的长度就可以调节液位的控制范围。同样采用多个浮球开关分别设置在不同的液位上，各自给出液位信号，可以对液位进行控制和监视。其安装示意图如图3-2所示。其主要技术数据见表3-1。

FQS系列浮球磁性开关具有动作范围大、调整方便、使用安全、寿命长等优点。

FQS 系列浮球磁性开关规格型号、技术数据、外形尺寸及重量　　　表 3-1

型号	输出信号	接点电压及容量	寿命（次）	调节范围（m）	使用环境温度（℃）	外形尺寸（mm）	重量（kg）
FQS-1	一点式（一常开接点）	交流、直流 24V 0.3A	10^7	0.3～5	0～+60	$\phi83\times165$	0.465
FQS-2	二点式（一常开、一常闭接点）	交流、直流 24V 0.3A	10^7	0.3～5	0～+60	$\phi83\times165$	0.493
FQS-3	一点式（一常开接点）	交流、直流 220V 1A	5×10^4	0.3～5	0～+60	$\phi83\times165$	0.47
FQS-4	二点式（一常开、一常闭接点）	交流、直流 220V 1A	5×10^4	0.3～5	0～+60	$\phi83\times165$	0.497
FQS-5	一点式（一常闭接点）	交流、直流 220V 1A	5×10^4	0.3～5	0～+60	$\phi83\times165$	0.47

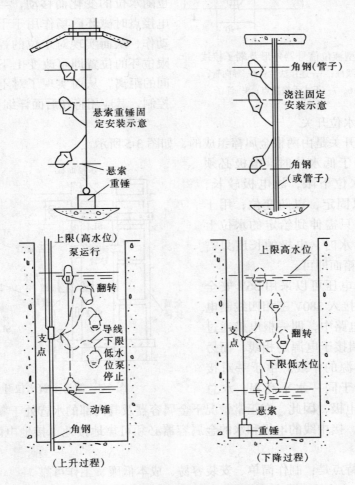

图 3-2　FQS 系列浮球磁性开关安装示意

(2) 浮子式磁性开关（又称干簧式水位开关）

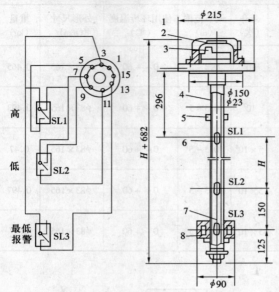

图 3-3 VS-5 型液位信号器外形及端子接线
1—盖；2—接线柱；3—连接法兰；4—导向管；
5—限位环；6、7—干式舌簧接点；8—浮子

浮子式磁性开关由磁环、浮标、干簧管及干簧接点、上下限位环等构成，如图 3-3 所示。干簧管装于塑料导管中，用两个半圆截面的木棒开孔固定，连接导线沿木棒中间所开槽引上，由导管顶部引出。其中塑料导管必须密封，管顶箱面应加安全罩，导管可用支架固定在水箱扶梯上，磁环装于管外周可随液体升降而浮动的浮标中。干簧管有两个、三个及四个不等，其干簧触点常开和常闭触头数目也不同。图 3-4 为简易浮子式磁性开关的安装示意图。

当水位处于不同高度时，浮标和磁环也随水位的变化而移动，当磁环接近干簧电接点时磁环磁场作用于干簧接点而使之动作，从而实现对水位的控制。适当调整限位环的位置即可改变上下限干簧接点之间的距离，从而实现了对不同水位的自动控制，其应用将在后面详细介绍。

(3) 电极式水位开关

电极式水位开关是由两根金属棒组成的，如图 3-5 所示。

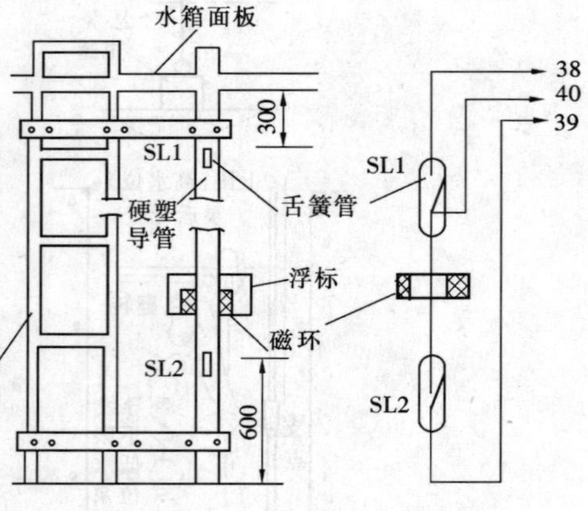

电极开关用于低水位时，电极必须伸长至给定的水位下限，故电极较长，需要在下部给以固定，以防变位；用于高水位时，电极只需伸到给定的水位上限即可；用于满水时，电极的长度只需低于水箱（池）箱面即可。

电极的工作电压可以采用 36V 安全电压，也可直接接入 380V 三相四线制电网的 220V 控制电路中，即一根电极通过继电器 220V 线圈接于电源的相线，而另一根电极接于电源的中线。由于一对接点的两根电极处于同一水平高程，水总是同时浸触两根电极，因此，在正常情况下金属容器及其内部的水皆处于零电位。

图 3-4 简易干簧水位开关

为保证安全，接中线的电极和水的金属容器必须可靠地接地（接地电阻不大于 10 欧姆）。

电极开关的特点是：制作简单、安装容易、成本低廉、工作可靠。

2.1.2 磁性开关（干簧水位控制器）控制实例

以采用干簧式开关（磁性开关）作为水位信号控制器为例对水泵电动机进行控制，以

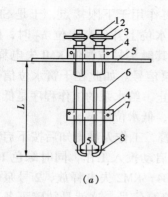 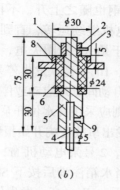 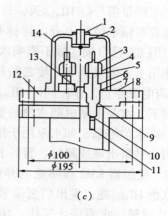

图 3-5 电极式水位开关
(a) 简易液位电极
1—铜接线柱 $\phi12mm$；2—铜螺帽 M12；3—铜接线板 $\delta=8mm$；4—玻璃夹板 $\delta=10mm$；5—玻璃钢搁板 $\phi300mm$；$\delta=10\sim12mm$；6—$\phi3/4in$ 钢管或镀锌钢管；7—螺钉；8—电极
(b) BUDK 电极结构
1、2—螺母；3—接线片；4—电极棒；5—芯座；6—绝缘垫；7—垫圈；8—安装板；9—螺母
(c) BUDK 电极安装
1—密封螺栓；2—密封垫；3—压垫；4—压帽；5—填料；6—外套；7—垫圈；8—电极盖垫；9—绝缘套管；10—螺母；11—电极；12—法兰；13—接地柱；14—电极盖

供生活给水之用。水泵电动机共两台，一台选为工作泵，另一台选为备用泵，控制方式有备用泵不自动投入（手动投入）、备用泵自动投入及降压启动等，以下分别作以叙述。

(1) 备用泵不自动投入的控制线路（两台给水泵一用一备）

1) 线路构成

该线路由干簧水位信号器的安装图、接线图、水位信号回路及水泵机组的控制回路和主回路构成，并附有转换开关的接线表，如图 3-6、图 3-7 及表 3-2 所示。本线路实现的功能是：受屋顶水箱水位开关的控制，液面处于低水位时水泵自动启动，液面处于高水位时水泵自动停泵；当工作泵出现故障时，备用泵依靠手动投入使用。其中对水位信号的控制是由干簧水位控制器完成的，干簧管内共有上下两个电接点，位于高水位的上限电接点 SL2 为常闭电接点，当水位位于高水位时，磁环作用于 SL2 使之动作断开，发出停泵信号；位于低水位的下限电接点 SL1 为常开电接点，当水位位于低水位时，磁环作用于 SL1 使之动作闭合，发出启泵信号。

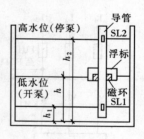

图 3-6 干簧水位开关装置示意图

2) 工作情况分析

令 1 号水泵为工作泵，2 号水泵为备用泵。

合上电源开关后，绿色信号灯 HL_{GN1}、HL_{GN2} 亮，表示电源已接通，将转换开关 SA1 转至"Z"位，其触点 1-2、3-4 接通，同时 SA2 转至"S"位，其触点 5-6、7-8 接通。

当水箱水位降到低水位 h_1 时，浮标和磁钢也随之降到 h_1，此时磁钢磁场作用于下限干簧管接点 SL1 使其闭合，于是水位继电器 KA 线圈得电并自锁，使接触器 KM1 线圈通电，其触头动作，使 1 号泵电动机 M1 启动运转，水泵开始工作往水箱注水，水箱水位开始上升,同时停泵信号灯 HL_{GN1} 灭,开泵红色信号灯 HL_{RO1} 亮,表示 1 号泵电机 M1 启动运转。

随着水箱水位的上升,浮标和磁钢也随之上升,不再作用于下限接点,于是 SL1 复位,但因 KA 已自锁,故不影响水泵电机继续运转,直到水位上升到高水位 h_2 时,磁钢磁场作用于上限接点 SL2 使之断开,于是 KA 线圈失电,其触头复位,使 KM1 失电释放,M1 脱离电源停止工作,同时 HL_{RD2} 灭,HL_{GN1} 亮,发出停泵信号。如此在干簧水位信号器的控制下,水泵电动机随水位的变化自动间歇地启动或停止。给水泵的工作程序是低水位开泵,高水位停泵,如水泵用于排水则应采用高水位开泵,低水位停泵。

当 1 号泵出现故障时,警铃 HA 发出事故音响开始报警,工作人员得知后按下启动按钮 SB2,接触器 KM2 线圈通电并自锁,2 号泵电动机 M2 启动投入工作,同时绿色 HL_{GN2} 灭,红色 HL_{RD2} 亮,发出启泵信号。当水箱注满后按下 SB4,KM2 失电释放,2 号泵电机 M2 停止运转,水泵停止工作,HL_{RD2} 灭,HL_{GN2} 亮,发出停泵信号。这就是故障下备用泵的手动投入过程。

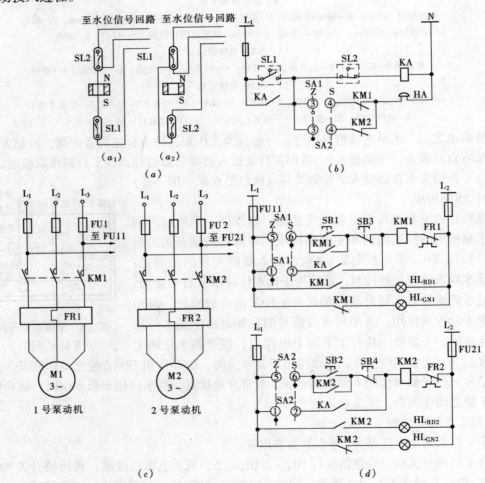

图 3-7 备用泵不自动投入的控制方案电路图
(a) 接线图;(a_1) 低水位开泵高水位停泵;(a_2) 高水位开泵低水位停泵;(b) 水位信号回路;(c) 主回路;(d) 控制回路

表 3-2　　SA1、SA2 接线

触点编号	定位特征	自动 Z45°	手动 50°
1○—∥—○2	1—2	×	
3○—∥—○4	3—4	×	
5○—∥—○6	5—6		×
7○—∥—○8	7—8		×

(2) 备用泵自动投入的线路

1) 线路构成

备用泵自动投入的完成主要由时间继电器 KT 和备用继电器 KA2 及转换开关 SA 实现的，其电路如图 3-8，转换开关接线见表 3-3 所示。

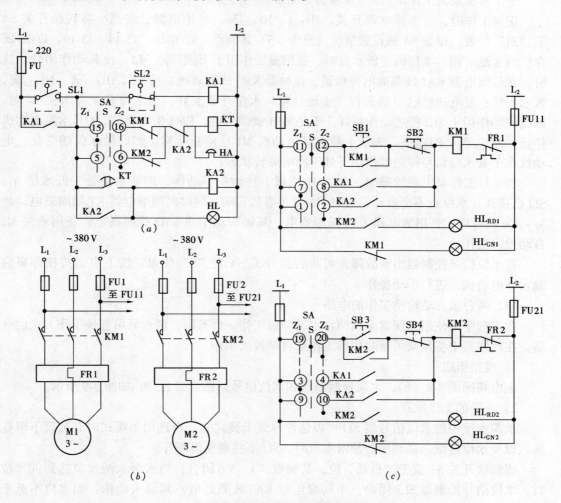

图 3-8　备用泵自动投入控制方案原理图
(a) 水位信号回路；(b) 主回路；(c) 控制回路

SA 接 线　　　　　　　　　　　　　　　　　　　　　　　　　　表 3-3

触点编号	定位特征	1号泵用 2号泵备 Z_1 45°	手动 50°	2号泵用 1号泵备 Z_2 45°
1○—‖—○2	1—2			×
3○—‖—○4	3—4			×
5○—‖—○6	5—6			×
7○—‖—○8	7—8	×		
9○—‖—○10	9—10	×		
11○—‖—○12	11—12		×	
13○—‖—○14	13—14	×		×
15○—‖—○16	15—16	×		
17○—‖—○18	17—18	×		×
19○—‖—○20	19—20		×	

2) 工作原理

令 1 号水泵为工作泵、2 号水泵为备用泵。

正常工作时，合上总电源开关，HL_{GN1}、HL_{GN2} 亮，表示电源已接通。将转换开关 SA 至 "Z_1" 位置，根据 SA 的设置情况（见表3-3）其触点 7-8、9-10、13-14、15-16、17-18 闭合。当水池（箱）水位低于低水位时，磁钢磁场作用于下限接点 SL1，使其动作闭合，这时，水位继电器 KA1 线圈通电并自锁，接触器 KM1 线圈通电，信号灯 HL_{GN1} 灭、HL_{RD1} 亮，表示 1 号水泵电动机已启动运行，水池（箱）水位开始上升，当水位升至高水位 h_2 时，磁钢磁场作用于 SL2 使之动作断开，于是 KA1 线圈失电，KM1 失电释放，1 号水泵电动机停止，HL_{RD1} 灭、HL_{GN} 亮，表示 1 号水泵电动机 M1 已停止运转。如此随水位的变化，电动机在干簧水位信号控制器作用下处于间歇运转状态。

当 1 号工作泵出现故障时，如 KM1 机械卡住触头不动作，即使水位处于低水位 h_1，SL1 已接通，水泵也不会启动，这时 HA 发出事故音响，同时时间继电器 KT 线圈通电，经 5s～10s 延时后，备用继电器 KA2 线圈通电，其触头动作使 KM2 线圈通电，备用水泵 M2 自动投入工作。

若水位信号控制器出现故障，可将转换开关 SA 至 "S" 位置，按下启动按钮即可启动水泵电动机，进行手动操作。

(3) 两台泵自动轮换工作的电路

在工程中为使用方便常采用两台水泵一台工作一台备用，两台泵可互换工作方式的线路。在此线路中备用泵可延时代替工作泵自动投入工作。

1) 线路组成：

主电路同图 3-8（b），水泵控制电路和水位信号回路合二为一，如图 3-9 所示。

2) 线路的工作原理：

水源水池中的水位信号器 SL1 可以选浮球或干簧式的，当选用干簧式时必须设下限扎头，以免水位过低，达到消防预留水位时，SL1 不接通反而断开。

将转换开关 SA 置于 "自动" 位，其触点 3-4、5-6 闭合，当水源水池水位达到低水位时，水位信号控制器 SL3 闭合，中间继电器 KA2 线圈通电，其触头动作。如水位不低于消防预留水位，SL1 断开状态，于是接触器 KM1 线圈通电，1 号泵电动机 M1 启动加压上水，同时时间继电器 KT1 线圈通电，其瞬动常开触头闭合自锁，经延时后其 KT1 常开触头动作闭合，使轮换中间继电器 KA3 线圈通电并自锁，为下次 2 号泵电动机 M2 启动做好准备。当水位升至高水位时，SL2 断开，KA2 线圈失电释放，其触头复位断开使得 KM1 失电释放，1 号泵电动机停止。如果水位低于消防预留水位时，SL1 闭合，中间继电器 KA1 通电动作，水泵电动机停止。

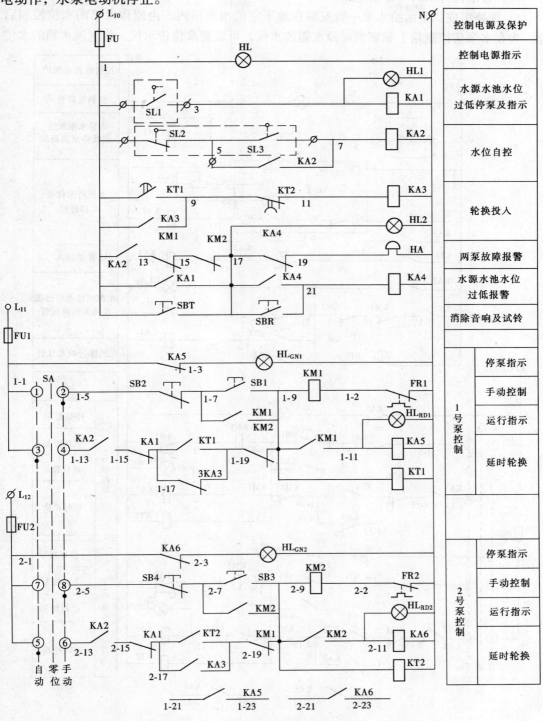

图 3-9 两台给水泵自动轮换工作

当水位再次低于低水位时，接触器 KM2 线圈通电，2 号泵电动机 M2 启动，如此根据水位的变化，低水位启泵，高水位停泵，M1 与 M2 自动轮换工作。

(4) 带水位传示的两台泵电路

1) 线路组成：生活给水泵一般安装在地下室的水泵房内，由屋顶水箱的水位控制启停。为在水泵房控制箱上观察到屋顶水箱的水位，可设置水位传示仪，将屋顶水箱的水位

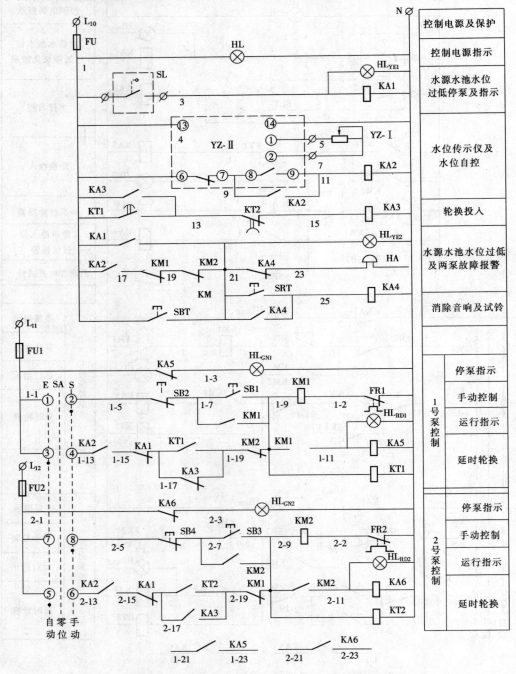

图 3-10 带水位传示的两台泵一用一备自动转换工作

传到水泵控制箱上。主电路同前图 3-8（b），控制电路如图 3-10 所示。图中水位传示仪符合国标 D764，其原理是利用安装在屋顶水箱中的浮球带动一个多圈电位器，将水位变化转换成电阻值的变化，用设在水泵房内水泵控制箱上的动圈仪表，测量出随水位变化的电阻值，通过动圈仪表的指针刻度，将电阻值转换成水位高度，从而在动圈仪表上便可直接读出屋顶水箱的水位，且可达到上、下限水位控制，低水位启泵，高水位停泵的要求。

2）线路工作情况：将转换开关 SA 至"自动"位，其触点 3-4、5-6 闭合，当水箱水位降至低水位时，水位传示仪 YZ-Ⅱ 中读出低水位值，且低水位触点⑧-⑨闭合，中间继电器 KA2 线圈通电，因此时水位没有低于消防预留水位，SL 不闭合，KA1 不通电，于是 KM1 通电同时 KT1 通电，1 号水泵电动机 M1 启动。当水箱水位到达高水位时，水位传示仪读出高水位值，且高水位触点⑥-⑦断开，KA2 失电释放，KM1 失电，M1 停止。当水位再次到达低水位时，M2 先启动。

这种线路的特点是：设备简单、价格低廉、观察水位方便。

(5) 两台泵降压启动（一用一备）

当电动机容量较大时则需要采取降压启动方式，鼠笼式异步电动机的四种降压启动方式常用于水泵控制中，这里仅以星形—三角形降压启动为例说明其原理。

1）线路组成：由主电路和控制电路组成，如图 3-11（a）、(b) 所示。图中采用了 SA1 和 SA2 两个转换开关，两台泵可分别选择自己的工作状态，使控制更具灵活性。

2）线路工作情况分析：令 2 号泵工作，1 号泵备用。正常时，将 SA2 至"自动"位，其触头 9-10、11-12 闭合；将 SA1 至"备用"位，其触头 1-2 闭合。当屋顶水箱水位降至低水位时，SL2 闭合，KA1 线圈通电，使接触器 KM6 线圈通电吸合，随之时间继电器 KT2 和接触器 KM4 同时通电，2 号泵电动机 M2 以星形接法

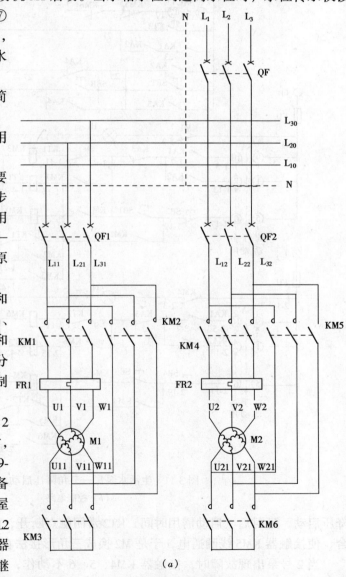

图 3-11　生活水泵星—三角降压启动电路（一）
(a) 主电路

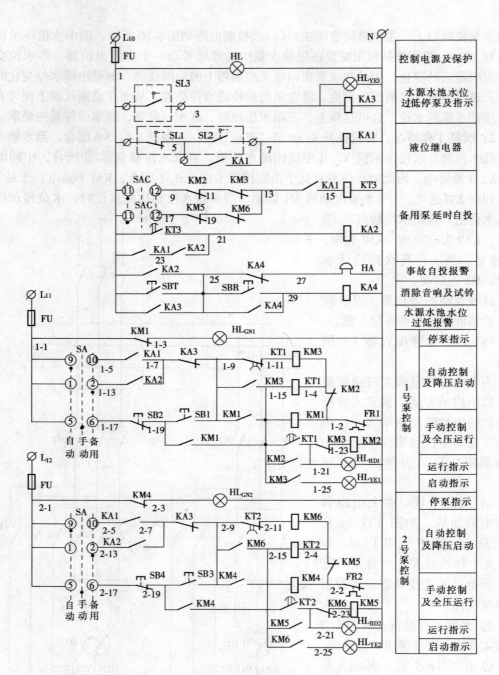

图 3-11 生活水泵星—三角降压启动电路（二）
(b) 控制电路

降压启动，延时后（启动需用时间）KT2 常闭触点断开，KM6 失电释放，KT2 常开触点闭合，使接触器 KM5 线圈通电，于是 M2 换成三角形接法在全电压下稳定运行。

当 2 号泵出现故障时，接触器 KM4、5、6 不动作，时间继电器 KT3 线圈通电，延时后接通 KA2 的线圈，于是接触器 KM3 通电吸合，使时间继电器 KT1 和接触器 KM1 同时通电，1 号泵电动机 M1 星形接法降压启动，其过程同上。

报警状态：工作泵因故停泵后，继电器 KA2（经时间继电器 KT3 触点）吸合后，电铃 HA 响，发出故障报警且同时启动备用泵。

当水源水池断水时，水位信号器 SL3 闭合，使继电器 KA3 通电吸合，于是电铃 HA 也发出报警。

当接到报警后，工作人员可按下响声解除按钮 SBR，中间继电器 KA4 线圈通电并自锁，另外，切断 HA 电路，使之停响。此时可进行检修，修好后，待水位达高水位，SL1 断开，KA1 失电释放，KT3 和 KA2 相继断电，KA3 断电，KA4 失电释放，响声被彻底解除。

(6) 3 台给水泵的控制线路（两用一备）

1) 线路组成：根据用水量的需要，可采用 3 台泵的组合形式。其中两台泵工作，一台泵备用，工作泵故障时，备用泵自动投入。设有 3 个转换开关，通过转换它们的位置来改变各泵的工作状态。如图 3-12 所示为主电路和控制电路。

2) 线路工作状态分析：令 1 号、2 号为工作泵，3 号为备用泵。将 SA1 至"自动 1"位，其 7-8、9-10 号触点闭合，将 SA2 至"自动 2"位，其 5-6、11-12 号触点闭合，将 SA3 至"备用"位，其触点 1-2 闭合。两台工作泵由安装在高位水箱中的两套水位信号器分别控制其启停，针对两套水位信号器相应设置两个启动液位点和两个停泵液位点。当水箱水位降至第一启动液位点时，干簧水位信号控制器 SL2 闭合，继电器 KA1 线圈通电吸合，接触器 KM1 通电其触头动作，1 号水泵电机启动加压上水。

当水箱水位至第二启动液位点，干簧接点 SL4 闭合，继电器 KA2 通电，接触器 KM2 通电，2 号泵电动机 M2 启动运行。

当两台工作泵任一出现故障时，均会使时间继电器 KT 线圈通电，延时后，中间继电器 KA3 通电并自锁，电铃 HA 响报警，同时接触器 KM3 通电动作，3 号备用泵自动投入运行。

按下报警解除按钮 SBR，中间继电器 KA5 通电自锁，同时切断 HA。

水位信号器 SL5 可采用浮球或干簧式，采用干簧式应设下限扎头，以免水位再下降时又断开，造成水泵误启动。

工作泵的停止由 SL1 和 SL3 的断开（达高水位断开）发出信号进行控制。

2.1.3 电极式开关——晶体管液位继电器控制

(1) 晶体管液位继电器

晶体管液位继电器是利用水的导电性

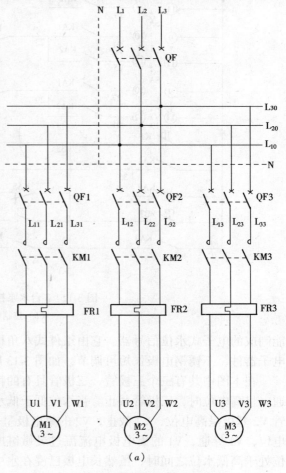

图 3-12 3 台水泵控制电路（一）
(a) 主电路

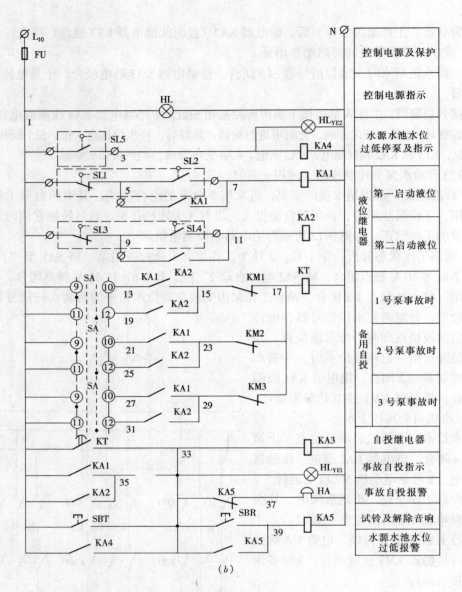

图 3-12 3 台水泵控制电路（二）
(b) 控制电路

能制成的电子式水位信号器。它由组件式八角板和不锈钢电极构成，八角板中有继电器和电子器件，不锈钢电极长短可调节，如图 3-13 所示。

在本图中共有三个三极管，三极管具有的特殊性质是当其基极呈低电位时，三极管导通；呈高电位时，三极管截止。当水位低于低水位时，2 个长短电极均不在水中，故三极管 V2 基极呈高电位，V2 截止，V2 的集电极呈低电位与 V1 的基极相连使 V1 基极也呈低电位，V1 导通，V1 的集电极电流流过灵敏继电器 KA1 的线圈，使 KA1 触头动作，当水位处于高低水位之间时，虽然长电极已浸在水中，但是短电极仍不在水中，其 V2 基极仍呈高电位，KA1 继续通电。

当水位高于高水位时，3 个电极均浸在水中，由于水的导电性将水箱壁低电位引至电

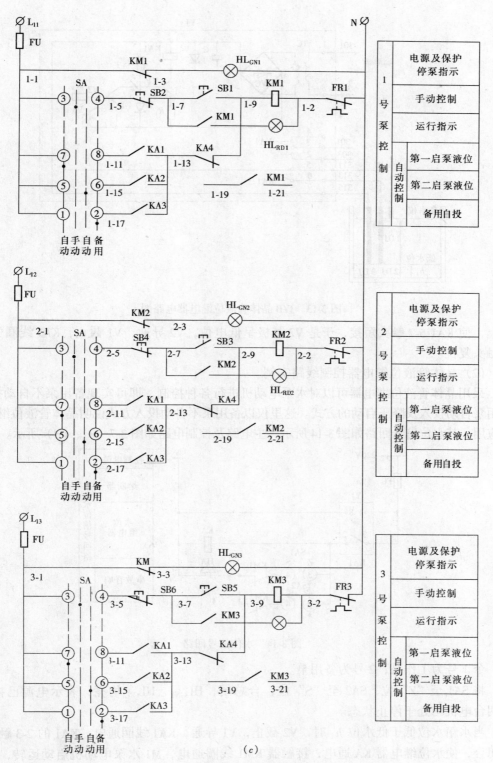

图 3-12 3 台水泵控制电路（三）
(c) 控制电路（续）

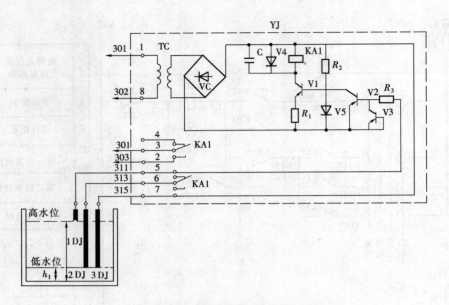

图 3-13 JYB 晶体管液位继电器电路图

极上,使 KA1 5-7 触头短接,于是 V2 基极呈低电位,V2 导通,V1 截止,KA1 线圈失电,其触头复位。

(2) 晶体管液位继电器控制线路实例

采用晶体管液位继电器可以对水泵电动机进行各种控制,即可实现备用泵不自动投入、备用泵自动投入及降压启动的方式。这里仅以备用泵不自动投入方式说明晶体管液位继电器的应用。其水位信号回路如图 3-14 所示,主电路及控制电路如图 3-7(c)、(d) 所示。

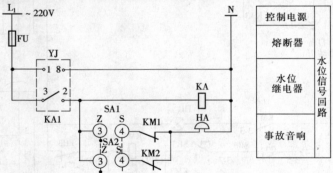

图 3-14 水位信号回路

令 1 号为工作泵,2 号为备用泵。

将 SA1 至 "Z" 位,SA2 至 "S" 位,合总闸,HL_{GN1}、HL_{GN2} 均亮,表示电源已接通,且两台电机均处于停止状态。

当水箱水位低于低水位 h_1 时,V2 截止,V1 导通,KA1 线圈通电,KA1 的 2-3 触点动作闭合,使水位继电器 KA 通电,接触器 KM1 线圈通电,M1 水泵电动机启动运转,水箱内水位开始上升,同时 HL_{GN1} 灭、HL_{RD1} 亮,表示 1 号泵电动机已投入运行。

当水箱水位达到高水位 h_2 时,V2 导通,V1 截止,KA1 线圈失电释放,使 KA 失电,其触头复位，使 KM1 失电，1 号泵电动机 M1 停止运转，HL_{RD1} 灭，HL_{GN1} 亮。如此随水位变化水泵电动机处于循环间歇运转状态，启动和停止的时间间隔长短由上下限水位的距离决定，如距离太短，启动停止变换频繁，对水泵电动机容易造成损害，为此应适当调整上下限水位的距离，即适当确定长短电极的长度，以确保供水的可靠和安全。

课题 3 压力自动控制的生活水泵

3.1 电接点压力表

给水排水系统中常用的是 YX-150 型电接点压力表，它既可以作为压力控制元件，也可作为就地检测之用。其结构由弹簧管、传动放大机构、刻度盘指针和电接点装置等组成。如图 3-15（a）、3-15（b）、3-15（c）所示分别为其示意图、接线图和结构图。

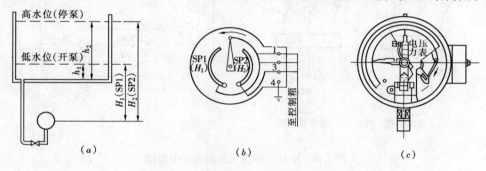

图 3-15 电接点压力表
(a) 示意图；(b) 接线图；(c) 结构图

其基本工作原理为：当被测介质的压力传导至弹簧管时，弹簧产生位移，经传动机构放大后，使指针绕固定轴发生转动，转动的角度与弹簧中气体的压力成正比，并在刻度盘上指示出来，同时带动电接点动作。如图 3-15 所示当水位为低水位 h_1 时，表的压力为设定的最低压力值，指针指向 SP1，下限电接点 SP1 闭合，当水位升高到 h_2 时，压力达最高压力值，指针指向 SP2，上限电接点 SF2 闭合。

采用电接点压力表构成的备用泵不自动投入的线路如图 3-16 所示。

令 1 号泵为工作泵，2 号泵为备用泵（参见图 3-16）。

将 SA1 至 "Z" 位，SA2 至 "S" 位，合总闸，HL_{GN1}、HL_{GN2} 均亮，表示两台电动机均处于停止状态且电源已接通。当水箱水位处于低水位 h_1 时，表的压力为设定的最低压力值，下限电接点 SP1 闭合，低水位继电器 KA1 线圈通电并自锁，接触器 KM1 线圈通电，M1 启动运转，开始注水，水箱水位开始上升，压力随之增大，当水箱水位升至高水位 h_2 时，压力达到设定的最高压力值，上限电接点 SP2 闭合，高水位继电器 KA2 通电动作，使 KA1 失电释放，于是 KM1、KA2 相继失电，M1 停止，并由信号灯显示。

当 KM1 出现故障时，HA 发出事故音响报警。操作者按下 SB2，KM2 通电并自锁，备用泵电机 M2 启动运转，当水位上升到高水位时，压力表指向 SP2，操作者按下停止按钮 SB4，KM2 失电释放，M2 停止。必要时，也可构成备用泵自动投入线路。

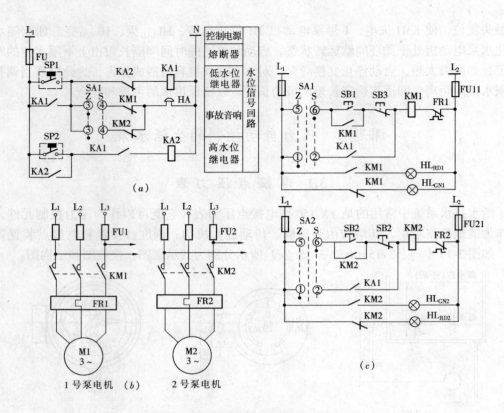

图 3-16 电接点压力表控制方案电路图
(a) 水位信号回路；(b) 主回路；(c) 控制回路

3.2 气压罐水压自动控制

(1) 气压给水设备的构成

气压给水设备是一种局部升压设备，运用此种设备时无需水塔或水箱。它由气压给水设备、气压罐、补气系统、管路阀门系统、顶压系统和电控系统所组成，如图 3-17 及图 3-8（b）、(a) 所示。

它是利用密闭的钢罐，由水泵将水压入罐内，靠罐内被压缩的空气产生的压力将贮存的水送入给水管网。但随着水量的减小，水位下降，罐内的空气密度增大，压力逐渐减小。当压力下降到设定的最小工作压力时，水泵便在压力继电器作用下启动，将水压入罐内。当罐内压力上升到设定的最大工作压力时，水泵停止工作，如此往复工作。

气压给水罐内的空气与水直接接触，在运行过程中，空气由于损失和溶解于水而减少，当罐内空气压力不足时，经呼吸阀自动增压补气。

(2) 电气控制线路的工作情况

令 1 号泵为工作泵，2 号为备用泵，将转换开关 SA 至 "Z1" 位（SA 闭合状态见表 3-3），当水位低于低水位时，气压罐内压力低于设定的最低压力值，电接点压力表下限接点 SP1 闭合，低水位继电器 KA1 线圈通电并自锁，使接触器 KM1 线圈通电，1 号泵电动机启动运转；当水位增加到高水位时，压力达最大设定压力值，电接点压力表上限接点 SP2 闭合，高水位继电器 KA 线圈通电，其触头使 KA1 失电，于是 KM1 断电释放，1 号泵电动机

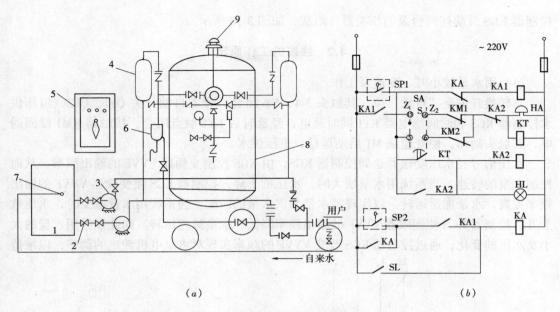

图 3-17 气压罐式水压自动控制
(a) 系统示意;(b) 水位信号电路

1—水池;2—闸阀;3—水泵;4—补气罐;5—电控箱;6—呼吸阀;7—液位报警器;8—气压罐;9—压力控制器

停止运行。就这样保持罐内有足够的压力,以供用户用水。

SL为浮球继电器触点,当水位高于高水位时,SL闭合,也可将KA接通,使水泵停止,防止压力过高气压罐发生爆炸。在故障状态下2号泵电动机的自动投入过程如前所述,这里不再作介绍。

课题4　变频调速恒压供水的生活水泵

一般情况下,生活给水设备分为两种形式,即匹配式与非匹配式。非匹配式的特征是:水泵的供水量总保持大于系统的用水量。应用此种形式应设置蓄水设备,如水塔、高位水箱等,当水位至低水位时启泵上水,达到高水位时停泵。只有在水位位于低水位之上时才可向用户供水。如前面介绍的干簧式、晶体管液位继电器式及电接点压力表控制方案均属此类。而匹配式供水设备的特征是:水泵的供水量随着用水量的变化而变化,无多余水量,无需蓄水设备。变频调速恒压供水就属于此类型。通过计算机控制,改变水泵的电动机的供电频率,调节水泵的转速,实现自动控制水泵的供水量,以确保在用水量变化时,供水量随之相应变化,从而维持水系统的压力不变,实现了供水量和用水量的相互匹配。它具有节省建筑面积、节能等优点。但因停电后不能继续供水,要求电源必须可靠,另外,设备造价较高。

变频调速恒压供水电路有单台泵、两台泵、三台泵和四台泵的不同组合形式,这里以两台泵为例介绍其工作过程。

4.1　两台泵变频调速恒压供水电路组成

两台水泵一台为由变频器VVVF供电的变速泵,另一台为全电压供电的定速泵。另有控制器 KGS 及前述两台泵的相关器件组成，如图 3-18 所示。

4.2 线路的工作原理

（1）用水量较小时，变速泵工作

将转换开关至"自动"位，其触头 3-4、5-6 闭合，合上自动开关 QF1、QF2，恒压供水控制器 KGS 和时间继电器 KT1 同时通电，经延时后 KT1 触点闭合，接触器 KM1 线圈通电，其触头动作，使变速泵 M1 启动运行，恒压供水。

水压信号经水压变送器送到控制器 KGS，由 KGS 控制变频器 VVVF 的输出频率，从而控制水泵的转速。当系统用水量增大时，水压欲下降，控制器 KGS 使变频器 VVVF 的输出频率提高，水泵加速运转，以实现需水量与供水量的匹配。当系统用水量减少时，水压欲上升，控制器 KGS 使变频器 VVVF 的输出频率降低，水泵减速运转。如此根据用水量的大小及水压的变化，通过控制器 KGS 改变 VVVF 的频率实现对水泵电机转速的调整，以维持

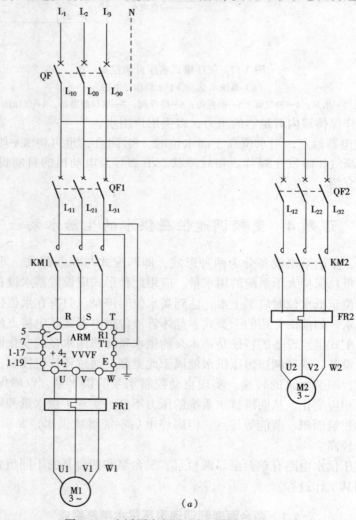

图 3-18 生活泵变频调速恒压供水电路（一）
（a）主电路

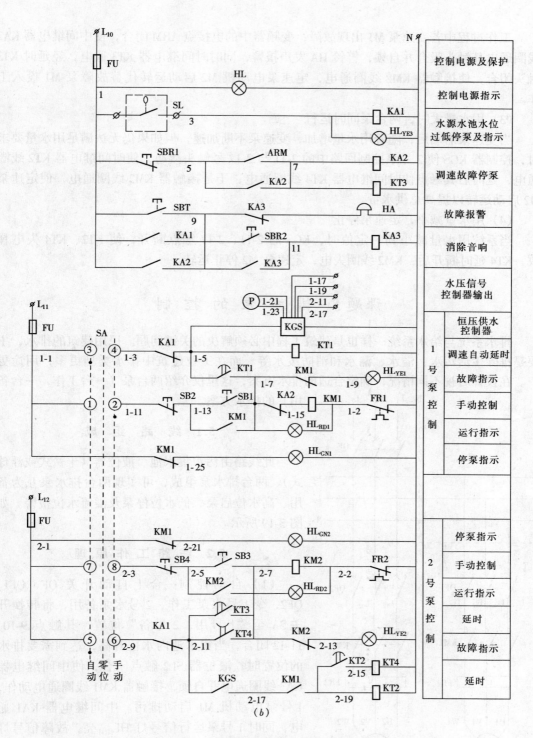

图 3-18 生活泵变频调速恒压供水电路（二）
(b) 控制电路

系统水压基本不变。

(2) 变速泵故障状态

工作过程中若变速泵 M1 出现故障,变频器中的电接点 ARM 闭合,使中间继电器 KA2 线圈通电其触头吸合并自锁,警铃 HA 发声报警,同时时间继电器 KT3 通电,经延时 KT3 触头闭合,使接触器 KM2 线圈通电,定速泵电动机 M2 启动运转代替故障泵 M1 投入工作。

(3) 用水量大时,两台泵同时运行

当变速泵启动后,随着用水量增加,变速泵不断加速,但如果仍无法满足用水量要求时,控制器 KGS 使 2 号泵控制回路中的 2-11 与 2-17 号触头接通,使时间继电器 KT2 线圈通电,延时后其触点使时间继电器 KT4 线圈通电,于是接触器 KM2 线圈通电,使定速泵 M2 启动运转以提高总供水量。

(4) 用水量减小,定速泵停止

当系统用水量减小到一定值时,KGS 的 2-11、2-17 触点断开,使 KT2、KT4 失电释放,KT4 延时断开后,KM2 线圈失电,定速泵 M2 停止运转。

课题 5 排 水 泵 的 控 制

排水系统与给水系统一样也是建筑工程中必须解决的关键问题。民用建筑的排水,主要是排除生活污水、溢水、漏水和消防废水等。而在工业建筑中排水类型更多,用途更广。在设计时视不同情况,确定合适的排水方案,这里仅介绍两台泵(一台工作,一台备用)的排水方案。

5.1 线 路 组 成

此线路由污水集水池、液位器(干簧式或浮球式)、两台排水泵组成,可实现两台排水泵互为备用、高水位启泵、低水位停泵及溢流水位报警。如图 3-19 所示。

5.2 线 路 工 作 原 理

(1) 自动控制:合上自动开关 QF、QF1、QF2,令 1 号水泵工作,2 号水泵备用,将转换开关 SA 至"1 号用,2 号备"位置,其触点 9-10、11-12 闭合,当集水池内水位升高,达到需要排水的位置时,液位器 SL2 触点闭合,使中间继电器 KA3 线圈通电并自锁,接触器 KM1 线圈通电动作,1 号泵电动机 M1 启动排污。中间继电器 KA1 通电,同时 1 号泵运行信号灯 HL$_{RD1}$ 亮,故障信号灯 HL$_{YE1}$ 和停泵信号灯 HL$_{GN1}$ 灭。

当将集水池中的污水排完时,低水位液位器 SL1 断开,KA3 失电释放,KM1 失电,KA1 失电,1 号泵电动机停止。如此根据污水的变化,排污泵

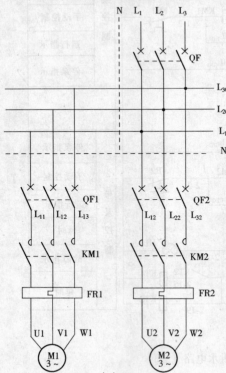

图 3-19 两台排水泵(一备一用)电路(一)
(a)主电路

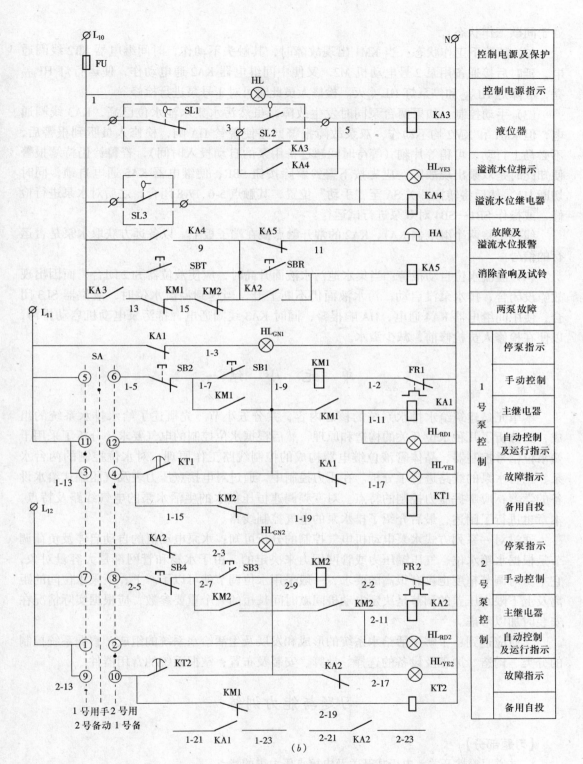

图 3-19 两台排水泵（一用一备）电路（二）
（b）控制电路

处于间歇工作状态。

(2) 故障下工作状态：当 KM1 出现故障时，其触头不动作，时间继电器 KT2 线圈通电，延时后接通备用泵 2 号电动机 M2，又使中间继电器 KA2 通电动作，使运行灯 HL_{RD2} 亮，故障灯 HL_{YE2} 和停泵灯 HL_{GN2} 灭。检修人员此时可对 1 号泵进行检修。

(3) 手动控制：如果两台泵同时发生故障，虽然污水集水池水位已高，KA3 线圈通电，但 KM1 和 KM2 均不动作，双泵故障报警回路使警铃 HA 响，检修人员听到报警后，不必马上行动，可稍等片刻（等待时间超过备用泵的自动投入时间），若警铃仍持续报警便知此时是双泵出现故障，应先按下警铃解除按钮 SBR，使继电器 KA5 通电自锁，同时切断 HA，然后将转换开关 SA 至"手动"位置，其触点 5-6、7-8 闭合，之后对水泵进行检修，或操作 SB1—SB4 对双泵进行试运行。

线路中将两个继电器 KA1、KA2 的常开触点接在端子板上，以备远方获取水泵是否运行的信号。

(4) 溢流水位自动报警：当集水池污水液面升高时，应使液位器 SL2 闭合，而因出现故障没闭合，排水泵没启动，污水液面仍不断上升，当达到溢流水位时，液位器 SL3 闭合，使中间继电器 KA4 通电，HA 响报警，同时 KA3 线圈通电，排污泵电动机启动排污，以便在检修人员检修前，减少溢水。

单 元 小 结

本单元是建筑给水排水系统的核心内容，共分五小节。先概述了给水排水系统的组成，又分析了几种水位开关的构造和原理，然后根据水位控制的电气要求，分析了采用干簧水位信号控制器、晶体管液位继电器构成的控制线路工作原理，对水位控制的两台水泵、三台水泵的线路进行了分析。在压力控制中，通过对电接点压力表及气压罐式给水设备的学习，应掌握压力控制的特点。对变频调速恒压供水的生活水泵的电气线路及特点，本章也进行了阐述，最后介绍了排水泵的电气控制线路。

通过对一系列方式水泵电动机电气控制的分析可知：水泵电动机的自动启停及负荷调节是根据水箱水位、气压罐压力或管网压力来决定的，由于水箱和管网都是大容量对象，它本身对调节精度也没有很高的要求，一般采用水位调节就可以了。上、下限水位间的距离及上下限水压差的调节是决定电动机间歇时间长短的一个重要参数，应根据实际情况在安装时加以考虑。

学后应达到：了解生活给水系统的形成和发展及生活给水系统的组成；掌握系统控制的分类、构造、原理及设备的选择、计算、安装及布置；掌握系统的常用器件。

习题与能力训练

【习题部分】
1. 试说明磁性开关、电极式开关及电接点压力表的特点。
2. 水位控制与压力控制的区别是什么？
3. 如图 3-6 所示，h_1 与 h_2 之间的距离大时有什么好处？小时有何不足？h_1 与 h_2 之间的距离能无限大吗？为什么？

4. 如图3-6所示，当水位在 h_1 与 h_2 之间时，水泵电动机是何种工作状态？

5. 如图3-9所示，两台泵轮换工作的线路有何特点？

6. 在图3-11中，令1号泵工作，2号泵备用，叙述正常状态及故障状态下的工作原理。

7. 简述气压罐式水位控制的特点。

8. 试说明图3-12中三台水泵电动机的作用及SL1-SL5的作用。

9. 简述电接点压力表的工作原理。

10. 如图3-18所示生活水泵变频调速恒压供水线路，说明用水量大或小时电动机的工作情况。

11. 如图3-19中，采用两台排水泵控制的电路，试说明两台泵的作用及该控制方式的特点。

12. 在图3-17气压罐式水压自动控制电路中，令2号泵工作，1号泵备用，试说明其工作原理。

13. 在排水泵控制电路中，如图3-19，SL1、SL2、SL3各起什么作用？

【能力训练】

【实训项目1】 设计单台水泵手动操作启停并可进行自锁的主电路及控制线路。

（1）目的：认识水泵电动机、学会接线。

（2）能力及标准要求：培养独立操作的能力，能区别不同设备，并根据要求自行设计训练过程。

（3）准备：在实训室找出不同的低压电器元件及相关设备。

（4）步骤：认识各种设备的结构及工作原理；画出电路设计图；按照所设计线路图进行接线，观察电动机状态；写出实训报告。

（5）注意事项：找准设备端子，不得损坏设备。

【实训项目2】 观察干簧式水位开关随水箱内液面变化其电接点的状态及水泵的工作过程。

（1）目的：认识干簧式水位开关的结构及工作原理、学会接线。

（2）能力及标准要求：培养独立操作的能力，能区别不同设备，并根据要求自行设计训练过程。

（3）准备：在实训室找出不同的低压电器元件及干簧式水位开关；在水箱中注满水。

（4）步骤：认识各种设备的结构及工作原理；画出电路设计图；把干簧式水位开关竖直放置在水箱中观察上下限电接点状态及所接水泵状态，再把水箱中的水排出，再次观察电接点及水泵状态；写出实训报告。

（5）注意事项：找准设备端子，不得损坏设备。

【实训项目3】 试设计采用晶体管液位继电器方案备用泵自动投入并能在两地控制的主电路及控制线路，设计后说明其工作原理。

（1）目的：认识晶体管液位继电器、掌握两地控制的实现方法、学会接线。

（2）能力及标准要求：培养独立操作的能力，能区别不同设备，并根据要求自行设计训练过程。

（3）准备：在实训室找出不同的低压电器元件及有关设备。

（4）步骤：认识各种设备的结构及工作原理；画出电路设计图；写出实训报告。

(5) 注意事项：找准设备端子，不得损坏设备。

【实训项目 4】 设计三台水泵组合，其中两台工作泵一台备用泵，工作泵发生故障时，备用泵能够自动投入工作；通过设定三台水泵的工作状态选择开关，操作者可定期变化选择开关的位置使三台泵轮换工作；两台水泵由水箱中两套晶体管液位继电器分别控制启停，任一台工作泵发生故障，接触器跳闸，备用泵自动投入使用并报警。请设计完成上述要求的主电路及控制电路。

(1) 目的：能灵活应用万能转换开关、掌握信号线路的设计方法、学会接线。

(2) 能力及标准要求：培养独立操作的能力，能区别不同设备，并根据要求自行设计训练过程。

【实训项目 5】 设计星形—三角形降压启动的二用一备，备用泵手动投入的主电路及控制电路。

(1) 目的：掌握星形—三角形降压启动方法、学会接线。

(2) 能力及标准要求：培养独立操作的能力，能区别不同设备，并根据要求自行设计训练过程。

(3) 准备：在实训室找出不同的低压电器元件及有关设备。

(4) 步骤：认识各种设备的结构及工作原理；画出电路设计图；写出实训报告。

(5) 注意事项：找准设备端子，不得损坏设备。

【实训项目 6】 设计全压启动的单台生活水泵采用压力控制的主电路及控制电路。

【实训项目 7】 设计两台水泵一备一用自动轮换工作，采用电接点压力表的线路，正常工作时先启动一号泵，第二次进水时自动切换启动二号泵，若其中一台泵工作时出现故障另一台自动投入工作的主电路及控制电路。

(1) 目的：认识电接点压力表、掌握两台泵轮换工作的控制方法、学会接线。

(2) 能力及标准要求：培养独立操作的能力，能区别不同设备，并根据要求自行设计训练过程。

(3) 准备：在实训室找出不同的低压电器元件及有关设备。

(4) 步骤：认识各种设备的结构及工作原理；画出电路设计图；写出实训报告。

(5) 注意事项：找准设备端子，不得损坏设备。

单元4 常用建筑设备的典型线路控制与维护

知 识 点：主令控制器与凸轮控制器的控制原理，制动器的分类及其制动原理，散装水泥与混凝土搅拌机的控制线路分析，桥式起重机的电气控制线路原理图的分析，建筑设备的运行、维护、保养方法。

教学目标：通过对本单元的学习，掌握工程中常用的混凝土搅拌机及桥式起重机的电气控制线路，学会读图及分析控制线路的方法，了解控制器、电磁抱闸等元件在控制线路中的具体应用，掌握化整为零看电路，积零为整看总体的分析线路的方法，为从事建筑工程打下基础。

课题1 控制器与电磁抱闸

1.1 控　制　器

控制器是一种具有多种切换线路的控制元件，在起重机、卷扬机、挖掘机中应用很广，目前应用最普遍的有主令控制器和凸轮控制器。

1.1.1 主令控制器

起重机电路中常用的凸轮式主令控制器的结构原理与万能转换开关基本相同，它能够按照一定的顺序分合触头，达到发送指令或与其他控制线路连锁、转换的目的，从而实现远距离控制，是用来频繁地换接多回路的控制电器。

主令控制器按照凸轮能否调整可分为凸轮可调式和凸轮非可调式两种；按照手柄的操作方式又可分为单动式和联动式两种。其主要由手柄（手轮）、与手柄相连的转轴、弹簧、凸轮、辊轮、杠杆及动、静触头等组成。其工作原理是：当转动手柄时与手柄相连的转轴随之转动，凸轮的凸角将挤开装在杠杆上的辊轮，使杠杆克服弹簧的作用沿转轴转动，导致装在杠杆末端的动触头与静触头分离使电路断开；反之，转到凹入部分时，在复位弹簧的作用下使触头闭合，手柄放在不同的位置可以使不同的触头断开或闭合从而控制起重机的起重、行走、变幅、回转。具有结构紧凑，操作灵活方便的特点，例如LK1-6/01型主令控制器的闭合表中（表4-1），用"×"表示触头闭合，用"－"表示断开，向前和向后表示被控制机构的运动方向，它是由操作手柄转到相应的位置上实现的，例如：当手柄转动到"0"位时，只有S1触头接通，其他触头断开，手柄位于前进"1"时则S2和S3触头接通，其他位置依此类推。

LK1-6/01型主令控制器闭合表　　　　　表4-1

触头型号	向　前			0	向　后		
	1	2	3		3	2	1
S₁	－	－	－	×	－	－	－

续表

触头型号	向前			0	向后		
	1	2	3		3	2	1
S_2	×	×	×	—	×	×	×
S_3	×	×	×	—	×	×	×
S_4	—	—	—	—	×	×	×
S_5	—	×	×	—	×	×	—
S_6	—	—	×	—	×	—	—

主令控制器型号意义为：

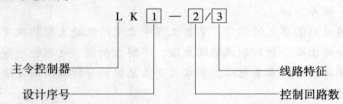

起重机上常用的主令控制器有LK1系列，主要技术数据列于表4-2中。

LK1-6/01系列主令控制器技术数据　　　　表 4-2

型　号	所控制的电路数	质量（kg）	型　号	所控制的电路数	质量（kg）
LK1-6/01	6	8	LK1-12/51	12	18
LK1-6/03			LK1-12/57		
LK1-6/07			LK1-12/59		
LK1-8/01	8	16	LK1-12/61		
LK1-8/02			LK1-12/70		
LK1-8/04			LK1-12/76		
LK1-8/05			LK1-12/77		
LK1-8/08			LK1-12/90		
LK-10/06	10	18	LK1-12/96		
LK-10/58			LK1-12/97		
LK-10/68					

注：额定电流10A，每小时最多操作600次。

1.1.2　凸轮控制器

凸轮控制器主要用于起重设备中控制中小型交流异步电动机的启动、停止、调速、换向、制动等，也适用于有相同要求的其他电力驱动装置中，如卷扬机、绞车、挖掘机等。

凸轮控制器是一种称作"凸轮"的片作为转换装置的控制器，每个触头的通断均由对应的凸轮进行控制，如图4-1所示。当凸轮沿着轴心旋转时，凸轮的凸出部分压动滚子，通过杠杆带动触头，使触头打开；当滚子落入凸轮的凹面里时，触头变为闭合。凸轮片的形状不同，触头的分合规律也不同。在轴上都套有许多不同形状的凸轮，每个凸轮控制着一对触头，当转动手轮时，每个触头都会按预定的规律

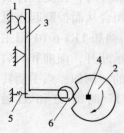

图 4-1　凸轮工作简图
1—触头；2—凸轮；3—触头杠杆；4—轴；5—弹簧；6—滚子

分合，因而得到多种规律的触头分合顺序，可控制多个电路。其触头的通断状态用"·"或"×"表示，有此标记者表示对应触头在其位置上是闭合的，无此标记者表示断开。

凸轮控制器的性能由转换能力（接通分断能力）、操作频率、机械寿命和额定功率决定。其额定功率就是指被控制电动机在额定条件下的容量。在选用时，根据被控制电动机的额定功率（容量）及使用条件查阅表4-3。

凸轮控制器技术数据　　　　　　　　　　　表4-3

型号	位置数 左	位置数 右	额定电流（A）	控制器额定功率（kW）220V	控制器额定功率（kW）380V	操作力（N）	机械寿命（百万次）	每小时关合次数不高于
KT10-25J/1	5	5	25	7.5	11	50	3	
KT10-25J/2	5	5	25	2×3.5	2×5	50	3	
KT10-25J/3	1	1	25	3.5	5	50	3	
KT10-25J/5	5	5	25	2×3.5	2×5	50	3	
KT10-25J/6	5	5	25	7.5	11	50	3	600（当超过次数额定值时，须将控制器的额定功率降低至60%）
KT10-25J/7	1	1	25	3.5	5	50	3	
KT10-25J/1	5	5	60	22	30	50	3	
KT10-25J/2	5	5	60	2×7.5	2×11	50	3	
KT10-25J/3	1	1	60	11	16	50	3	
KT10-25J/5	5	5	60	2×7.5	2×11	50	3	
KT10-25J/6	5	5	60	22	30	50	3	
KT10-25J/7	1	1	60	11	16	50	3	

至于选用哪一规格的凸轮控制器，则可根据工作机械的用途及控制线路的特征进行选择。若电动机功率较大（45kW以上），不宜选用凸轮控制器。工作环境温度较高或多在重载下运行时，选用控制器要降低容量使用。

1.2 电磁抱闸

1.2.1 制动器

在起重机械中常应用到电磁抱闸（制动器）以获得准确的停放位置，其原理图如图4-2所示。工作原理：当电动机通电时，线圈6通电，使电磁铁1产生电磁吸力，向上拉动杠杆5和闸瓦2，松开了电动机轴上的制动轮3，电动机就可以自由运转。当切断电动机电源时，电磁铁1的电磁力消失，在弹簧4的作用下，向下拉动杠杆5和闸瓦2，抱住制

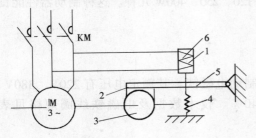

图 4-2 制动器原理图
1—电磁铁；2—闸瓦；3—制动轮；4—弹簧；
5—杠杆；6—线圈

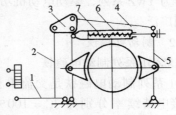

图 4-3 单相电磁铁制动器
1—水平杠杆；2—主杆；3—三角板；4—拉杆；5—制动臂；6—套板；7—主弹簧

动轮3，使电动机迅速停止转动。这里主要介绍制动器执行元件——电磁铁，即图4-3中通常采用单相制动电磁铁、电力液压推动器及三相制动电磁铁。

(1) 单相弹簧式电磁铁双闸瓦制动器

图4-3为单相弹簧式电磁铁双闸瓦制动器构造原理图，图中拉杆4两端分别连接于制动臂5和三角板3上，制动臂5和套板6连接，套板的外侧装有主弹簧7。电磁铁通电时，抬起水平杠杆1，推动主杆2向上运动，通过三角板使弹簧7被压缩。闸瓦离开闸轮，电动机就可以自由旋转，当需要制动时，电磁线圈断电，靠主弹簧的张力，使闸瓦抱住制动轮，使电动机制动。

这种制动器结构简单，能与电动机的操作电路连锁，工作时不会自振，制动力矩稳定，闭合动作较快，它的制动力矩可以通过调整弹簧的张力进行较为精确的调整，安全可靠，在起升机构中用得比较广泛，常用的JCZ型长行程电磁铁制动器，上面配用MZSI系列制动电磁铁作为驱动元件。

(2) 三相弹簧式电磁铁双闸瓦制动器

该种制动电磁铁的动作原理与单相制动电磁铁基本相同，只不过三相制动电磁铁是三个线圈和铁芯组成的，该制动电磁铁结构简单，但是工作时噪声较大。

(3) 液压推杆式双闸瓦制动器

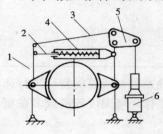

图4-4 电力液压推动器
1—制动臂；2—推杆；3—拉杆；
4—主弹簧；5—三角板；6—液压推动器

这种制动器是一种新型的长行程制动器，由制动臂、拉杆、三角板等元件组成的杠杆系统与液压推动器组成。具有启动与制动平稳、无噪声、寿命长、接电次数多、结构紧凑和调整维修方便等优点。其结构原理图如图4-4所示。

液压推动器由驱动电动机和离心泵组成。电动机带动叶轮旋转，在活塞内产生压力，迫使活塞迅速上升，固定在活塞上的推杆及横架同时上升，克服主弹簧作用力，并经杠杆作用将制动瓦松开。当断电时，叶轮减速直至停止，活塞在主弹簧及自重作用下迅速下降，使油重新流入活塞上部，通过杠杆将制动瓦抱紧在制动轮上，达到制动。此制动器可以通过改变液压推动器内部的电动机电源的频率，从而改变电动机的转速，叶轮旋转所产生的油压则随之发生变化，使活塞上升的距离发生了变化，使得制动器出现了半松半抱状态，这也是与其他两种制动器的区别之处。常用液压推动器为YT1系列，配用制动器为YWZ系列，驱动电动机功率有60、120、250、400W几种。这种制动器性能良好，应用广泛。

1.2.2 制动电磁铁

(1) MZD1系列制动电磁铁

MZD1系列制动电磁铁是交流单相转动式制动电磁铁。其额定电压有220V、380V、500V，接电持续率分别为JC = 100%、JC = 40%。技术数据及电磁铁线圈规格见表4-4。

(2) MZS1系列制动电磁铁（三相）

MZS1系列制动电磁铁为交流三相长行程制动电磁铁。其额定电压为380/220V，接电持续率为JC = 40%。电磁铁的主要技术数据见表4-5。

MZD1 系列单相制动电磁铁的技术数据　　　　　　　　　　　　　　　表 4-4

型号	磁铁的力矩值 (N·m)		衔铁的重力转矩值 (N·m)	吸持时电流值 (A)	回转角度值 (°)	额定回转角度下制动杆位置 (mm)	备 注
	JC 为 40%	JC 为 100%					
MZD1-100	5.5	3	0.5	0.8	7.5	3	1. 电磁铁力矩是在回转角度不超过所示之数值,电压不低于额定电压 85% 时之力矩数值; 2. 磁铁力矩,并不包括由衔铁重量所产生的力矩; 3. 当磁铁是根据重复短时工作制而设计时,即 JC% 值不超过 40%,根据发热程度,每小时关合不允许超过 300 次,持续工作制每小时关合次数不超过 20 次
MZD1-200	40	20	3.5	3	5.5	3.8	
MZD1-300	100	40	9.2	8	5.4	4.4	

MZS1 系列三相制动电磁铁的技术数据　　　　　　　　　　　　　　　表 4-5

型号	牵引力 (N)	衔铁重量 (kg)	最大行程 (mm)	磁铁重量 (kg)	视在功率 (W)		铁芯吸入时实际输入功率 (W)	每小时接电次数为 150、300、600 次时允许行程 (mm)					
					接电时	铁芯吸入时		JC = 25%			JC = 40%		
								150	300	600	150	300	600
MZS1-6	80	2	20	9	2700	330	70	20			20		
MZS1-7	100	2.8	40	14	7700	500	90	40	30	20	40	25	20
MZS1-15	200	4.5	50	22	14000	600	125	50	35	25	50	35	25
MZS1-25	350	9.7	50	36	23000	750	200	50	35	25	50	35	25
MZS1-45	700	19.8	50	67	44000	2500	600	50	35	25	50	35	25
MZS1-80	1150	33	60	183	96000	3500	750	60	45	30	60	40	30
MZS1-100	1400	42	80	213	12000	5500	1000	80	55	40	80	50	35

课题 2　散装水泥与混凝土搅拌机的控制

2.1　散装水泥的电气控制

2.1.1　电路组成

在混凝土搅拌站,散装水泥通常储存在水泥罐中。水泥从罐中出灰、运送,往料斗中给料、称量和计数,其自动控制电路如图 4-5 所示。图中螺旋运输机由电动机 M1 驱动,振动给料器由电动机 M2 驱动。SQ 受控于 M1,给料时 SQ 闭合,否则断开,YA 为电磁铁,G 为计数器。

2.1.2　工作原理

(1) 水银开关:称量水泥用的称量斗是利用杠杆原理工作的。称量斗一端是平衡重,另一端是装水泥的容器,在两端装有水银开关,其电接点用 YK1、YK2 表示,水银开关示意图如图 4-6 所示。

水银开关是利用水银的流动性和导电性制成的开关,它由密封玻璃管、水银和两个电

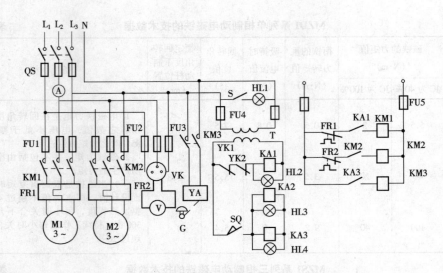

图 4-5 散装水泥控制电路

极等部分组成的,玻璃管可以制成各种形状,它经常用在转动的机械上,将机械转动的角度转变成电信号,从而达到自动控制的目的。称量水泥时,在水泥没有达到预定重量时,称量斗两端达不到平衡,水银开关呈倾斜状态,水银开关是导体,把两个电极接通即YK1、YK2 呈闭合状态;当水泥达到预定值时,水银开关呈水平状态,两个电接点 YK1、YK2 断开。

(2) 工作原理

合上 QS、S 开关,预定好重量,此时水银开关电接点 YK1、YK2 闭合,使中间继电器 KA1 线圈通电,KA1 使接触器 KM1 通电,螺旋运输机 M1 转动,碰撞 SQ 使之闭合,中间继电器 KA2、KA3 同时通电,使接触器 KM2、KM3 通电,电磁铁 YA 通电,做好记数准备,给料器电动机 M2 启动,水泥从水泥罐中给出,并进入螺旋运输机,在 M1 转动时,水泥进入称量斗,当达到预定量程时,水

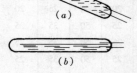

图 4-6 水银开关示意图
(a) 水银开关的接通状态;
(b) 水银开关的断开状态

银开关电接点 YK1、YK2 断开,KA1 失电,使 KM1 也失电,M1 停止转动,螺旋给料机停止给料,SQ 不受碰撞复位,使继电器 KA2、KA3 失电释放,使 KM2、KM3 也失电释放,电动机 M2 停止转动,振动给料器停止工作,同时电磁铁 YA 释放,带动计数器计数一次。

2.2 混凝土搅拌机的电气控制

在建筑工地,混凝土搅拌是一项不可缺少的任务。混凝土是由水泥、砂、石子和水按照一定的比例配合后,经过搅拌、输送、浇灌、成形和硬化而形成的。混凝土搅拌可分为以下几道工序:搅拌机滚筒正转搅拌混凝土,反转使搅拌好的混凝土出料,料斗电动机正转,牵引料斗起仰上升,将骨料和水泥倾入搅拌机滚筒,反转使料斗下降放平(以接受再一次的下料);在混凝土搅拌过程中,还需要操作人员按动按钮,以控制给水电磁阀的启动,使水流入搅拌机的滚筒中,当加足水后,松开按钮,电磁阀断电,切断水源。

2.2.1 混凝土骨料上料和称量设备的控制电路

混凝土搅拌之前需要将水泥、黄砂和石子按比例称好上料,需要用拉铲将它们先后铲

入料斗，而料斗和磅秤之间，用电磁铁YA控制料斗斗门的启闭，其原理如图4-7所示。

当电动机 M 通电时，电磁铁 YA 线圈得电产生电磁吸力，吸动（打开）下料斗的活动门，骨料落下；当电路断开时，电磁铁断电，在弹簧的作用下，通过杠杆关闭下料料斗的活动门。

上料和称量设备的电气控制如图4-8所示。电路中共用6只接触器，KM1~KM4接触器分别控制黄砂和石子拉铲电动机的正、反转，正转使拉铲拉着骨料上升，反转使拉铲回到原处，以备下一次拉料；KM5和KM6两只接触器分

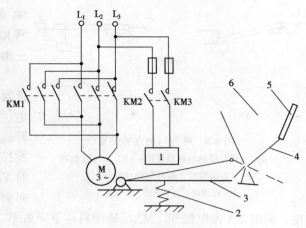

图 4-7 电磁铁控制料斗斗门
1—电磁铁；2—弹簧；3—杠杆；4—活动门；
5—料斗；6—骨料

别控制黄砂和石子料斗斗门电磁铁 YA1 和 YA2 的通断。

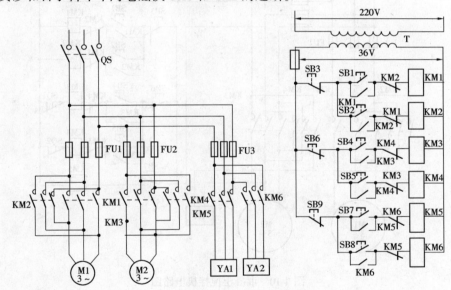

图 4-8 上料和称量设备的电气控制

应当注意的是：料斗斗门控制的常闭触头 YK1 和 YK2 常以磅秤称杆的状态来实现。空载时，磅秤称杆与触点相接，相当于触点常闭；一旦满了称量，磅秤称杆平衡，与触点脱开，相当于触头常开，其关系如图4-9所示。

2.2.2 混凝土搅拌机的控制电路

典型的混凝土搅拌机控制电路如图4-10所示。M1为搅拌机滚筒电动机，可以正、反转，无特殊要求；M2为料斗电动机，并联一个电磁铁线圈称制动电磁铁。

其工作原理是：合上自动开关 QF，按下正向启动按钮 SB1，正向接触器 KM1 线圈通电，搅拌机滚筒电动机 M1 正转搅拌混凝土，拌好后按下停止按钮 SB3，KM1 失电释放，

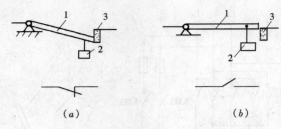

图 4-9 磅称与触点的关系
（a）空载时磅称与触点相接；（b）磅称达到规定荷载时，称杆与触点脱开
1—磅称杆；2—砝码；3—触点

M1 停止。按下反向启动按钮 SB2，反向接触器 KM2 线圈通电，M1 反转使搅拌好的混凝土出料。

当按下料斗正向启动按钮 SB4 时，正向接触器 KM3 线圈通电，料斗电动机 M2 通电，同时 YA 线圈通电，制动器松开，M2 正转，牵引料斗起仰上升，将骨料和水泥倾入搅拌机滚筒。按下 SB6，KM3 失电释放，同时 YA 失电，制动器抱闸制动停止。按下反向启动按钮 SB5，反向接触器 KM4 线圈得电，同时 YA 得电松开，M2 反转使料斗下降放平（以接受再一次的下料）。位置开关 SQ1 和 SQ2 为料斗上、下极限保护。

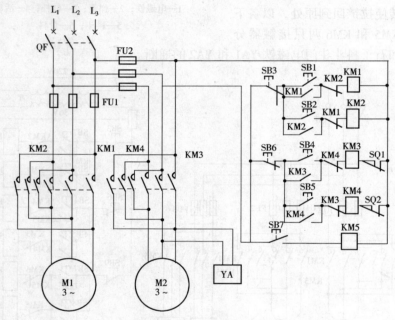

图 4-10 混凝土搅拌机电路图

需要注意：在混凝土搅拌过程中，应由操作者按按钮 SB7，给水电磁阀启动，使水流入搅拌机的滚筒中，加足水后，松开 SB7，电磁阀断电，停止进水。

课题 3 起重设备的电气控制

3.1 起重设备的分类及作用

起重机是一种作循环、间歇运动的机械。一个工作循环包括：取物装置从取物地把物品提起，然后水平移动到指定地点放下物品，接着进行反向运动，使取物装置返回原位，以便进行下一次循环。

通常，起重机械由升降机构（使物品上下运动）、行走机构（使起重机械移动）、变幅机构和回转机构（使物品作水平移动），再加上金属机构、动力装置、操纵控制及必要的辅助装置组合而成。

在工程中所用的起重机械，根据其构造和性能的不同，一般可分为轻小型起重设备、桥式类型起重机械和臂架类型起重机三大类。轻小型起重设备如：千斤顶、电动葫芦、卷扬机等；桥架类型起重机械如梁式起重机、龙门起重机等；臂架类型起重机如固定式回转起重机、塔式起重机、汽车起重机、轮胎、履带起重机等。

我国冶金、矿山、水电、交通、建筑、造船、机械制造、国防等行业用到的起重设备主要包括各种冶金起重机、水电站桥式/门式起重机、通用桥式/门式起重机、履带式起重机、塔式起重机及其他用途的特殊起重机等。起重设备主要用来起吊和放下重物或危险品，使重物或危险品在短距离内移动，以满足各种需要。近年来，起重设备在精密安装上应用的也比较广泛。

3.2 起重设备的电气控制实例（以桥式起重机为例）

起重机是用来在短距离内提升和移动物件的机械，广泛应用于工矿企业、港口、车站、建筑工地等，对减轻工人体力劳动，提高劳动生产率起着重要作用。它的形式很多，常用的可分为两大类，即多用于厂房内移行的桥式起重机和主要用于户外的旋转式（塔式）起重机。

3.2.1 结构及运动形式

起重机虽然种类很多，但从结构上看，都具有提升机构和移行机构。其中桥式起重机具有一定的典型性和广泛性。尤其在冶金和机械制造企业中，各种桥式起重机得到了广泛的应用。

（1）构造

桥式起重机俗称"天车"，由桥架（又称大车）、小车及提升机构三部分组成，其示意图如图4-11所示。

（2）运动形式

桥架沿着车间起重机梁上的轨道纵向移动；小车沿大车的横向移动；提升机构安装在小车上，可做升降运动。

（3）驱动方式

根据工作需要，可安装不同的取物装置，例如吊钩、抓斗起重电磁铁、夹钳等。根据不同的要求，分为分散驱动和集中驱动两种，即大车走轮采用分散与集中驱动。起重机大车上安装的小车有单小车和双小车之分；在小车上

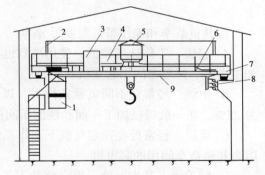

图4-11 桥式起重机示意图
1—驾驶室；2—辅助滑线架；3—交流磁力控制盘；4—电阻箱；5—起重小车；6—大车拖动电动机；7—端梁；8—主滑线；9—主梁

安装的提升机构有单钩和双钩之分，双钩分主提升（主钩）和辅助提升（副钩），由此可见，桥式起重机电动机的台数应为3～6台。小车机构传动系统如图4-12所示。

3.2.2 主要技术参数及电力拖动的要求

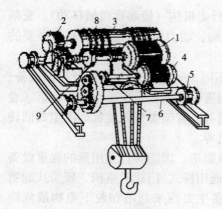

图 4-12 小车机构传动系统图
1—提升电动机；2—提升机构减速器；3—卷筒；4—小车电动机；5—小车走轮；6—小车车轮轴；7—小车制动轮；8—钢丝绳；9—提升机构制动轮

(1) 桥式起重机的主要技术参数

主要技术参数有：额定起重量、跨度、提升高度、移行速度、提升速度、工作类型。

1) 额定起重量 它是指起重机实际允许的起吊最大的负荷量，以吨（t）为单位。目前主要应用的桥式起重机重量有 5t、10t、15/3t、20/5t、30/5t、50/10t、75/20t、100/20t、125/20t、150/30t、200/30t、250/30t 等。其中分子为主钩起重量，分母为副钩起重量。

2) 跨度 它是指大车轨道中心线间的距离，以米（m）为单位，一般常用的跨度为 10.5m、13.5m、16.5m、19.5m、22.5m、25.5m、28.5m、31.5m 等规格。

3) 提升高度 它是指吊具的上极限位置与下极限位置之间的距离，以米（m）为单位。一般常见的提升高度为 12m、16m、12/14m、12/18m、16/18m、19/21m、20/22m、21/23m、22/26m、24/26m 等。其中分子为主钩提升高度，分母为副钩提升高度。

4) 移行速度 它是指在拖动电动机额定转速下运行的速度，以米每分（m/min）为单位。小车移行速度一般为 (40~60) m/min，大车移行速度一般为 (100~135) m/min。

5) 提升速度 它是指提升机构在电动机额定转速时，取物装置上升的速度，以米每分（m/min）为单位。一般提升的最大速度不超过 30m/min，依货物性质、重量来决定。

6) 工作类型 起重机按其载重量可分为三级：小型 5t~10t，中型 10t~50t，重型 50t 以上。

按其负载率和工作繁忙程度可分为：

A. 轻级 工作速度较低，使用次数也不多，满载机会也较少，负载持续率约为 15%。如主电室、修理车间用起重机。

B. 中级 经常在不同负载条件下，以中等速度工作，使用不太频繁，负载持续率约为 25%。如一般机械加工车间和装配车间用起重机。

C. 重级 经常处在额定负载下工作，使用较为频繁，负载持续率约为 40% 以上。如冶金和铸造车间用的起重机。

D. 特重级 基本上处于额定负载下工作，使用更为频繁，环境温度高。保证冶金车间工艺过程进行的起重机，属于特重级。

(2) 桥式起重机对电力拖动的要求

桥式起重机经常工作在炼钢、铸造、热轧等车间，其工作机构在车间上部，高温多尘工作环境比较恶劣。起重机时开时停，工作频繁，且每小时的接电次数多，其负载性质为重复短时工作制。故所用的电动机经常处于启动、调速、正反转、制动的工作状态，其负载也时轻时重没有规律，经常要承受较大的过载和机械冲击。

起重机虽然要求有一定的调速范围，但对调速的平滑性一般没有过高要求，因此专门设计制造了冶金-起重用电动机，具有如下特点：

1）按重复短时工作制制造。
2）具有细长的转子可以得到较小的加速时间和启动损耗。
3）具有较大的启动转矩和较大的最大转矩，可适应其频繁的工作状态。
4）采用较高的耐热绝缘等级，允许温升高。
5）其特殊的机械结构适用于多粉尘场合并且能够承受较大的机械冲击。

基于桥式起重机具有如上特点，故其提升机构对电力拖动要求如下：

1）起重机无负载时要求其空钩能够快速升降且轻载时的提升速度应大于额定负载时的提升速度。
2）应具有一定的调速范围，普通起重机的调速范围一般为 3:1，要求较高的起重机其调速范围可达 (5~10):1。
3）要有适当的低速区，一般当提升重物开始以及要达到预定位置时都需要低速运行。
4）提升的第一档作为预备档，主要用于消除传动间隙，将钢绳张紧，避免过大的机械冲击。
5）下降时，根据负载的大小，电动机可以是电动状态也可以是倒拉反接制动状态或再生发电制动状态，以满足对不同下降速度的要求。
6）要采用电气制动和机械抱闸制动同时应用，以保证安全可靠的工作。

大车和小车的移行机构对电力拖动的要求比较简单，只要求有一定的调速范围，分为几档控制即可。启动的第一级作为预备级，用以消除启动时的机械冲击，启动转矩也限制在额定转矩的一半以下。为实现准确停车，增加电气制动，减轻机械抱闸的负担，提高了制动的可靠性。

(3) 桥式起重机电动机的工作状态

1) 移行机构电动机的工作状态

移行机构电动机的负载转矩为飞轮滚动摩擦力矩与轮轴上的摩擦力矩之和，这种负载转矩始终是阻碍运动的，所以是阻力转矩，当大车小车需要来回移行时，电动机工作在正、反向电动状态。

2) 提升机构电动机的工作状态

A. 提升时电动机的工作状态

提升重物时，电动机承受两个阻力转矩，即重物自身产生的重力转矩及提升过程中传动系统存在的摩擦转矩。当电动机产生的电磁转矩克服阻力转矩时，重物将被提升，此时电动机处于电动状态。

B. 下降时电动机的工作状态

当下放重物时若负载较重，为获得较低的下降速度则需将电动机按正转提升方向接线，此时电磁转矩成为阻碍下降的制动转矩，电动机最后将处于倒拉反接制动状态。如轻载下降时，则可能有两种情况，当重力转矩小于摩擦转矩时，依靠负载自身重量不能下降，电动机此时应处于反接电动状态。当重力转矩大于摩擦转矩时，电动机处于反向再生发电制动状态，但在此状态时，直流电动机电枢回路或交流绕线型异步电动机转子回路不允许串电阻。

3.2.3 15/3t 桥式起重机实例分析

15/3t 桥式起重机原理图如图 4-13 所示。它有两个吊钩，主钩 15t，副钩 3t。大车运行

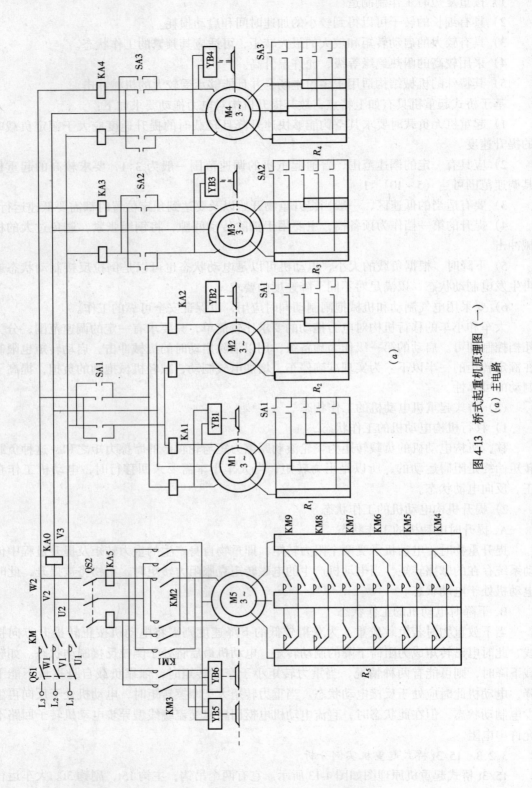

图 4-13 桥式起重机原理图（一）
(a) 主电路

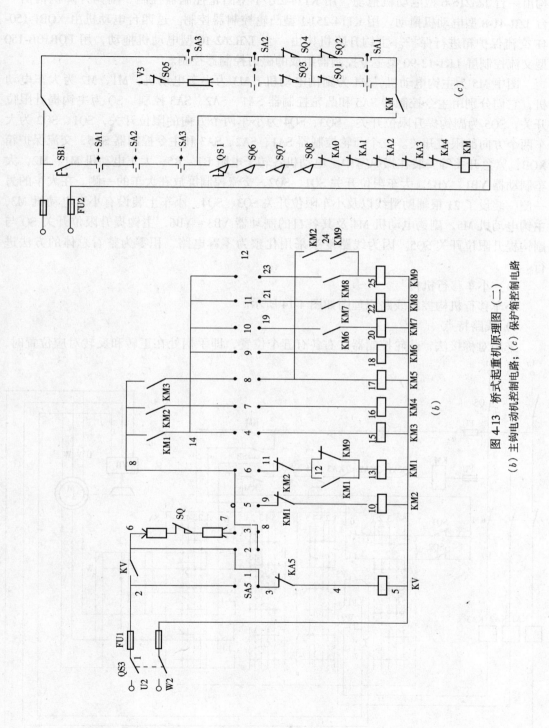

图 4-13 桥式起重机原理图（二）
(b) 主钩电动机控制电路；(c) 保护箱控制电路

机构由两台 JZR231-6 型电动机联合拖动，用 KT14-60J/2 型凸轮控制器控制。小车运行机构由一台 JZa216-6 型电动机拖动，用 KT14-25J/1 型凸轮控制器控制。副钩升降机构由一台 $JZR_2$41-8 型电动机拖动，用 KT14-25J-1 型凸轮控制器控制。这四台电动机由 XQB1-150-4F 交流保护箱进行保护。主钩升降机构由一台 JZR262-10 型电动机拖动，用 PQR10B-150 型交流控制屏 LK1-12-90 型主令控制器组成的磁力控制器控制。

图中 M5 为主钩电动机，M4 为副钩电动机，M3 为小车电动机，M1、M2 为大车电动机，它们分别由主令控制器 SA5 和凸轮控制器 SA1、SA2、SA3 控制。SQ 为主钩提升限位开关，SQ5 为副钩提升限位开关，SQ3、SQ4 为小车两个方向的限位开关，SQ1、SQ2 为大车两个方向的限位开关。三个凸轮控制器 SA1、SA2、SA3 和主令控制器 SA5，交流保护箱 XQB，紧急开关等安装在操纵室中。电动机各转子电阻 R1～R5，大车电动机 M1、M2，大车制动器 YB1、YB2，大车限位开关 SQ1、SQ2，交流控制屏放在大车的一侧。在大车的另一侧，装设了 21 根辅助滑线以及小车限位开关 SQ3、SQ4。小车上装设有小车电动机 M3，主钩电动机 M5，副钩电动机 M4 及其各自的制动器 YB3～YB6，主钩提升限位开关 SQ 与副钩提升限位开关 SQ5。因为线路复杂采用化整为零看电路，积零为整看总体的方法进行。

（1）小车移行机构

小车移行机构控制线路原理图如图 4-14 所示。

1）线路特点

采用对称接法，凸轮控制器左右各有五个位置，即手柄处在正转和反转对应位置时，

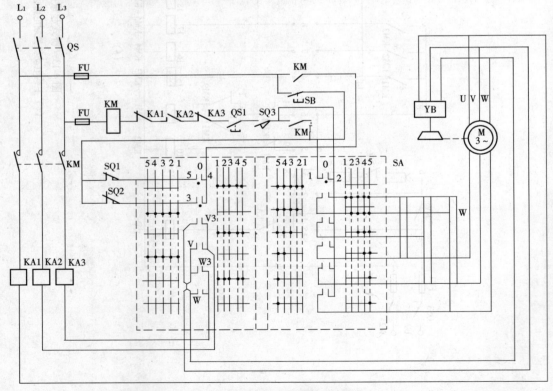

图 4-14　凸轮控制器控制原理图

电动机的工作情况完全相同。采用凸轮控制器控制绕线型异步电动机转子电路电阻切换，为了减小控制转子电阻触点的数量，则转子电路串接不对称电阻。

2）控制线路分析

当凸轮控制器手柄置"0"位置时，合上电源开关 QS，按下启动按钮 SB 后，接触器 KM 接通并自锁，为启动作好准备。当凸轮控制器手柄向右方各位置转动时，对应触点两端 W 与 V3 接通，V 与 W3 接通，电动机正转运行。手柄向左方向转动时，对应触点两端 V 与 V3 接通，W 与 W3 接通，电动机反转运行。当凸轮控制器手柄转动到"1"位置时，转子电路外接电阻全部接入电动机处于最低速运行。手柄转动在"2"、"3"、"4"、"5"位置时，依次短接不对称电阻，电动机转子转速逐步升高，因此通过控制凸轮控制器手柄在不同位置时，可调节电动机的转速。图中 SQ1 和 SQ2 是限位开关，起到限位保护的作用。若发生停电事故，接触器 KM 断电，电动机停止转动。当重新恢复供电，电动机不会自行启动，必须将凸轮控制器手柄返回到"0"位，重新按下启动按钮，电动机才能再次启动工作，实现零位保护。

(2) 大车移行机构和副钩控制情况

应用在大车上的凸轮控制器，其工作情况与小车工作情况基本相似，但被控制的电动机容量和电阻器的规格有所区别。此外，控制大车的凸轮控制器要同时控制两台电动机，因此选择比小车凸轮控制器多五对触点的凸轮控制器。

应用在副钩上的凸轮控制器，其工作情况与小车基本相似，但提升与下放重物，电动机处于不同的工作状态。提升重物时，控制器手柄的第"1"位置为预备级，用于张紧钢丝绳，在第"2"、"3"、"4"、"5"位置时，提升速度逐渐升高。下放重物时，由于负载较重，电动机工作在发电制动状态，为此操作重物下降时应将控制器手柄从零位迅速扳到第"5"位置，中间不允许停留，往回操作时也应从下降第"5"档快速扳到零位，以免引起重物的高速下落而造成事故。

对于轻载提升，手柄第"1"位置变为启动级，第"2"、"3"、"4"、"5"位置提升速度逐渐升高，但其速度的变化不大。下降时吊物太轻而不足以克服摩擦转矩时，电动机工作在强力下降状态，即电磁转矩与重力转矩方向一致。

(3) 保护箱电气原理图分析

采用凸轮控制器或凸轮、主令控制器控制的交流桥式起重机，广泛使用保护箱来实现过载、短路、失压、零位、终端、紧急、舱口栏杆安全等保护。该保护箱是为凸轮控制器操作的控制系统进行保护而设置的。保护箱由刀开关、接触器、过电流继电器、熔断器等组成。

1）保护箱类型

桥式起重机上用的标准型保护箱是 XQB1 系列，其型号及所代表的意义如下：

1　2　3　4—5　6/7

A. 结构型式：X—箱；

B. 工业用代号：Q—起重机；

C. 控制对象或作用：B—保护；

D. 设计序号：以阿拉伯数字表示；

E. 基本规格代号：以接触器额定电流安培数来表示；

F. 主要特征代号：以控制绕线型电动机和传动方式来区分，加 F 表示大车运行机构为分别驱动；

G. 辅助规格代号：1～50 为瞬时动作过电流继电器，51～100 为反时限动作过电流继电器。

XQB1 保护箱的分类和使用范围见表 4-6。

XQB1 系列起重机保护箱的分类   表 4-6

型　　号	所保护电动机台数	备　　注
XQB1-150-2/□	二台绕线型电动机和一台鼠笼型电动机	
XQB1-150-3/□	三台绕线型电动机	
XQB1-150-4/□	四台绕线型电动机	
XQB1-150-4F/□	四台绕线型电动机	大车分别驱动
XQB1-150-5F/□	五台绕线型电动机	大车分别驱动
XQB1-250-3/□	三台绕线型电动机	
XQB1-250-3F/□	三台绕线型电动机	大车分别驱动
XQB1-250-4/□	四台绕线型电动机	
XQB1-250-4F/□	四台绕线型电动机	大车分别驱动
XQB1-600-3/□	三台绕线型电动机	
XQB1-600-3F/□	三台绕线型电动机	大车分别驱动
XQB1-600-4F/□	四台绕线型电动机	大车分别驱动

2) XQB1 系列保护箱电气原理图分析

A. 主回路原理图

XQB1 系列保护箱的主回路原理图如图 4-15 所示，由它来实现用凸轮控制器控制的大车、小车和副钩电动机的保护。

图中 QS 为总电源刀开关，用来在无负荷的情况下接通或者切断电源。KA0 为凸轮控制器操作的各机构拖动电动机的总过流继电器，用来保护电动机和动力线路的一相过载和短路。KA3、KA4 分别为小车和副钩电动机过电流继电器，KA1、KA2 为大车电动机的过

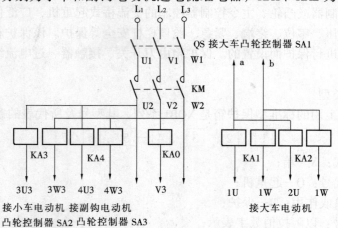

图 4-15　XQB1 保护箱主回路原理图

电流继电器，过电流继电器的电源端接至大车凸轮控制器触点下端，而大车凸轮控制器的电源端接至线路接触器 KM 下面的 U2、W2 端。KA1～KA4 过电流继电器是双线圈式的，分别作为大车、小车、副钩电动机两相过电流保护，其中任何一线圈电流超过允许值都能使继电器动作并断开它的动断触点，使线路接触器 KM 断电，切断总电源，起到过电流保护作用。主钩电动机使用 PQR10A 系列控制屏，控制屏电源由 U2、W2 端获得，主钩电动机 V 相接至 V3 端。

B. 控制回路原理图

XQB1 保护箱控制回路原理图如图 4-16 所示。

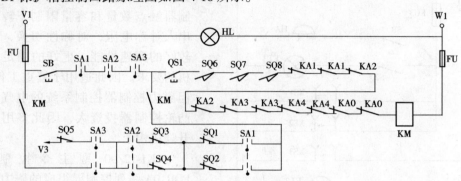

图 4-16　XQB1 保护箱控制回路原理图

图中 HL 为电源信号灯，QS1 为紧急事故开关，SQ6～SQ8 为舱口门、横梁门安全开关，KA0～KA4 为过电流继电器的触点，实现过载和短路保护。SA1、SA2、SA3 分别为大车、小车、副钩凸轮控制器零位闭合触点，SQ1、SQ2 为大车移行机构的限位开关，装在桥梁架上，挡铁装在轨道的两端；SQ3、SQ4 为小车移行机构行程开关，装在桥架上小车轨道的两端，挡铁装在小车上；SQ5 为副钩提升限位开关。这些限位开关实现各自的终端保护作用。

当三个凸轮控制器都在零位；舱门口、横梁门均关上，SQ6～SQ8 均闭合；紧急开关 QS1 闭合；无过电流，KA0、KA1～KA4 均闭合时按下启动按钮，线路接触器 KM 通电吸合且自锁，其主触点接通主电路，给主、副钩及大车、小车供电。

起重机工作时，线路接触器 KM 的自锁回路中，并联的两条支路只有一条是通的，例如小车向前时，控制器 SA2 与 SQ4 串联的触点断开，向后限位开关 SQ4 不起作用；而 SA2 与 SQ3 串联的触点仍是闭合的，向前限位开关 SQ3 起限位作用。当线路接触器 KM 断电切断总电源时，整机停止工作。若要重新工作，必须将全部凸轮控制器手柄置于零位，电源才能接通。

C. 照明及信号回路原理图

保护箱照明及信号回路原理图如图 4-17 所示。图中 QS1 为操纵室照明开关，S3 为大车向下照明开关，S2 为操纵室照明灯 EL1 开关，SB 为音响设备 HA 的按钮。EL2、EL3、EL4 为大车向下照明灯。XS1、XS2、XS3 为供手提检修灯、电风扇插座。除大车向下照明为 220V 外，其余均由安全电压 36V 供电。

（4）主钩升降机构的控制线路分析

由于拖动主钩升降机构的电动机容量较大，不适用于转子三相电阻不对称调速，因此采用主令控制器 LK1-12/90 型和 PQR10A 系列控制屏组成的磁力控制器来控制主钩升降。并将尺寸较小的主令控制器安装在驾驶室，控制屏安装在大车顶部。采用磁力控制器控制更为可靠，维护方便，减轻了操作强度。同时，用了接触器触点来控制绕线型异步电动机转子电阻的切换，不受控制器触点数量和容量限制，转子可以串入对称电阻，对称性切换，可获得较好的调速性能，更好的满足了起重机的要求。因此适用于繁重工作状态，但磁力控制器控制系统的电气设备比凸轮控制器投资大，因此多用于主钩升降机构上。

LK1-12/90 型主令控制器与 PQR10A 系列控制屏组成的磁力控制器控制原理图如图 4-18 所示。图中主令控制器 SA 有 12 对触点，提升与下降各有 6 个位置。采用主令控制器 12 对触点的闭合与分断来控制电动机定子电路和转子电路的接触器，以控制电动机的各种状态，拖动主钩按不同速

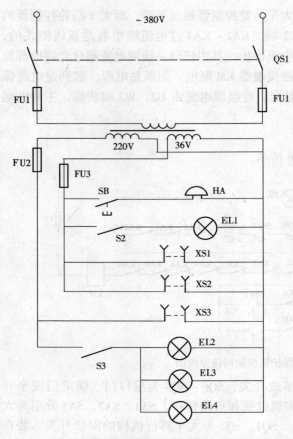

图 4-17 保护箱照明及信号回路原理图

度提升和下降，由于主令控制器为手动操作，所以电动机工作的变化由操作者掌握。

图中 KM1、KM2 为控制电动机正转与反转运行的接触器；KM3 为控制三相制动电磁铁 YB 的接触器，称为制动接触器；KM4、KM5 为反接制动接触器，控制反接制动电阻 1R 和 2R；KM6～KM9 为启动加速接触器，用来控制电动机转子外加电阻的切除和串入，电动机转子电路串有 7 段三相对称电阻，其两段 1R、2R 为反接制动限流电阻；3R～6R 为启动加速电阻；7R 为常串电阻，用来软化机械特性。SQ1、SQ2 为上升与下降的极限限位保护开关。

1）线路工作情况

当合上电源开关 QS1 和 QS2，主令控制器手柄置于"0"位时，零压继电器 KV 线圈通电并自锁，为电动机启动作好准备。

A. 提升工作情况分析

提升时主令控制器的手柄有 6 个位置。当主令控制器 SA 的手柄扳到"上1"位置时，触点 SA3、SA4、SA6、SA7 闭合。SA3 闭合，将提升限位开关 SQ1 串联于提升控制电路中，实现提升极限限位保护。SA4 闭合，制动接触器 KM3 线圈通电吸合，接通制动电磁铁 YB，松开电磁抱闸。SA6 闭合，正转接触器 KM1 线圈通电吸合，电动机定子接上正向电源，正转提升，线路串入 KM2 动断触点为互锁触点，与自锁触点 KM1 并联的动断联锁

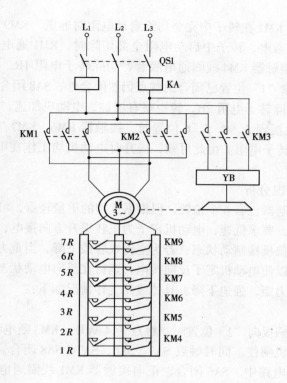
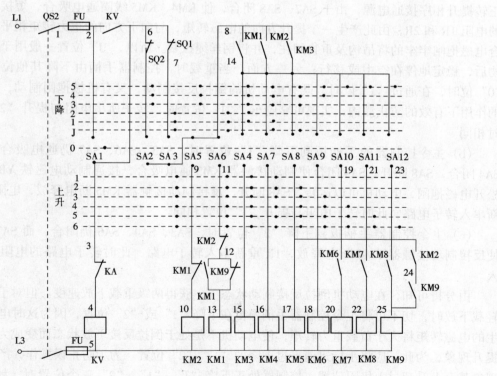

图 4-18 磁力控制器控制原理图

触点 KM9 用来防止接触器 KM1 在转子中完全切除启动电阻时通电。KM9 动断辅助触点的作用是互锁，防止当 KM9 通电，转子中启动电阻全部切除时，KM1 通电，电动机直接启动。SA7 闭合，反接制动接触器 KM4 线圈通电吸合，切除转子电阻 1R。当主令控制器手柄扳到"上 2"位置时，除"1"位置已闭合的触点仍然闭合外，SA8 闭合，反接制动接触器 KM5 线圈通电吸合，切除转子电阻 2R，转矩略有增加，电动机加速，同样将主令控制器手柄从提升"2"位依次扳到 3、4、5、6 位置时，接触器 KM6、KM7、KM8、KM9 线圈依次通电吸合，逐级短接转子电阻。由此可知，提升时电动机均工作在电动状态，得到 5 种提升速度。

B. 下放重物时工作情况分析

下放重物时，主令控制器也有 6 个位置，但根据重物的重量轻重，可使电动机工作在不同的状态。若重载下降，要求低速，电动机定子为正转提升方向接电，同时在转子电路串接电阻，构成电动机倒拉反接制动状态；若为空钩或轻载下降，当重力矩不足以克服传动机构的摩擦力矩时，可以使电动机定子反向接电，运行在反向电动状态，使电磁转矩和重力矩共同作用克服摩擦力矩，强迫下降。具体线路工作情况如下：

a. 制动下降

(a) 当主令控制器手柄扳向"J"位置时，触点 SA4 断开，KM3 断电释放，YB 断电释放，电磁抱闸将主钩电动机闸住。同时触点 SA3、SA6、SA7、SA8 闭合。SA3 闭合，提升限位开关 SQ1 串接在控制电路中。SA6 闭合，正向接触器 KM1 线圈通电吸合，电动机按正转提升相序接通电源，由于 SA7、SA8 闭合，使 KM4、KM5 线圈通电吸合，短接转子中的电阻 1R 和 2R，由此产生一个提升方向的电磁转矩，与向下方向的重力转矩相平衡，配合电磁抱闸牢牢的将吊钩及重物闸住，并将钢丝绳拉紧。所以，"J"位置一般用于提升重物后，稳定地停在空中或移行；另一方面，当重载时，控制器手柄由下降其他位置扳回"0"位时，在通过"J"位时，既有电动机的倒拉反接制动，又有机械抱闸制动，在二者的作用下有效的防止溜钩，实现可靠停车。"J"位置时，转子所串电阻与提升"2"位置时相同。

(b) 主令控制器的手柄扳到下降"1"位置时，SA3、SA6、SA7 仍通电吸合，同时 SA4 闭合，SA8 断开。SA4 闭合使制动接触器 KM3 通电吸合，接通制动电磁铁 YB，使之松开电磁抱闸，电动机可以运转。SA8 断开，反接制动接触器 KM5 断电释放，电阻 2R 重新串入转子电路，此时转子电阻与提升"1"位置相同。

(c) 主令控制器手柄扳到下降"2"位置时，SA3、SA4、SA6 仍闭合，而 SA7 断开，使反接制动接触器 KM4 断电释放，1R 重新串入转子电路，此时转子电路的电阻全部串入。

由分析可知，在电动机倒拉反接制动状态下，获得两级重载下放速度。但对于空钩或轻载下放时，切不可将主令控制器手柄停留在下降"1"或"2"位置，因为这时电动机产生的电磁转矩将大于负载重力转矩，使电动机不是处于倒拉反接下放状态而变成为电动机提升现象，为此，应将手柄迅速推过下降的"1"、"2"位置。为了防止误操作，产生上述现象甚至上升超过上极限位置，控制器处于下降"J"、"1"、"2"三个位置时，触点 SA3 闭合，串入上升极限开关 SQ1，实现上升限位保护。

b. 强迫下降

(a) 主令控制器手柄扳向下降"3"位置时，触点 SA2、SA4、SA5、SA7、SA8 闭合，SA2 闭合的同时 SA3 断开，将提升限位开关 SQ1 从电路切除，接入下降限位开关 SQ2。SA4 闭合，KM3 通电吸合，松开电磁抱闸，允许电动机转动，SA5 闭合，反向接触器 KM2 通电吸合，电动机定子接入反相序电源，产生下降方向的电磁转矩，SA7、SA8 闭合，反接接触器 KM4、KM5 通电吸合，切除转子电阻 1R 和 2R。此时，电动机所串转子电阻情况和提升"2"位置时相同。

(b) 主令控制器手柄扳到下降"4"位置时，在"3"位置闭合的所有触点仍闭合，另外 SA9 触点闭合，接触器 KM6 通电吸合，切除转子电阻 3R，此时转子电阻情况与提升"3"位置时相同。

(c) 主令控制器手柄扳到下降"5"位置时，在"4"位置闭合的所有触点仍闭合，另外 SA10、SA11、SA12 触点闭合，接触器 KM7、KM8、KM9 按顺序相继通电吸合，转子电阻 4R、5R、6R 依次被切除，从而避免了过大的冲击电流，最后转子各相电路中仅保留一段常接电阻 7R。

由上述分析可知：主令控制器手柄位于下降"J"位置时为提起重物后稳定地停在空中或吊着移行，或用于重载时准确停车；下降"1"位与"2"位为重载时作低速下降用；下降"3"位与"4"位、"5"位为轻载或空钩低速强迫下降用。

2）电路的保护与联锁

A. 重载下放时，为避免高速下降而造成事故，应将主令控制器的手柄放在下降的"1"位和"2"位上。但由于司机对货物的重量估计失误，重载下放时，手柄扳到了下降的第"5"位上，重物下降速度将超过同步转速进入再生发电制动状态。这时要取得较低的下降速度，手柄应从下降"5"位置换成下降"2"、"1"位置。在手柄换位过程中必须经过下降"4"、"3"位置，由以上分析可知，对应下降"4"、"3"位置的下降速度比"5"位置还要快得多。为了避免经过"4"、"3"位置时造成更危险的超高速，线路中采用了接触器 KM9 的动合触点（24～25）和接触器 KM2 的动合触点（17～24）串接后接于 SA8 与 KM9 线圈之间，这时手柄置于下降"5"位置时，KM2、KM5 线圈通电吸合，利用这两个触点自锁。当主令控制器的手柄从"5"位置扳动，经过"4"位和"3"位时，由于 SA8、SA5 始终是闭合的，KM2 始终通电，从而保证了 KM9 始终通电，转子电路只接入电阻 7R，不会使转速再升高，实现了由强迫下降过渡到制动下降时出现高速下降的保护。在 KM9 自锁电路中串入 KM2 动合触点（17～24）的目的是为了在电动机正转运行时，KM2 是断电的，此电路不起作用，不会影响提升时的调速。

B. 保证反接制动电阻串入的条件下才进入制动下降的联锁。主令控制器的手柄由下降"3"位置转到下降"2"位置时，触点 SA5 断开，SA6 闭合，反向接触器 KM2 断电释放，正向接触器 KM1 线圈通电吸合，电动机处于反接制动状态。为防止制动过程中产生过大的冲击电流，在 KM2 断电后应使 KM9 立即断电释放，电动机转子电路串入全部电阻后，KM1 线圈再通电吸合。一方面，在主令控制器触点闭合顺序上保证了 SA8 断开后 SA6 才闭合；另一方面，设计了用 KM2（11～12）和 KM9（12～13）与 KM1（9～10）构成互锁环节。保证了只有在 KM9 断电释放后，KM1 才能接通并自锁工作。还可防止因 KM9 主触点熔焊，转子在只剩下常串电阻 7R 下电动机正向直接启动的事故发生。

C. 当主令控制器的手柄在下降的"2"位置与"3"位置之间转换，控制正向接触器

KM1 与 KM2 进行换接时，由于二者之间采用了电气和机械连锁，必然存在有一瞬间一个已经释放，另一个尚未吸合的现象，电路中触点 KM1（8~14）、KM2（8~14）均断开，此时容易造成 KM3 断电，造成电动机在高速下进行机械制动，引起不允许的强烈振动。为此引入 KM3 自锁触点（8~14）与 KM1（8~14）、KM2（8~14）并联，以确保在 KM1 与 KM2 换接瞬间 KM3 始终通电。

D. 加速接触器 KM6、KM8 的动合触点串接下一级加速接触器 KM7~KM9 电路中，实现短接转子电阻的顺序联锁作用。

E. 零位保护，是通过电压继电器 KV 与主令控制器 SA 实现的；该线路的过电流保护，是由电流继电器 KA 实现的；重物上升、下降的限位保护，是通过限位开关 SQ1、SQ2 实现的。

综上所述，是桥式起重机的工作情况分析，在实际工作中，主要负责安装与调试及桥式起重机的选用。选用时，主要根据桥式起重机的三大重要指标（起重量、跨度、工作级别），通过查表的方法选择。

课题4　建筑设备的运行与维护

对于常用的建筑设备来说，都有其特定的使用要求及运行特点。下面我们将以起重机为例来说明其使用要点及其维护和保养。

4.1　要　　求

起重机新机使用前应按照使用说明书的要求，对各系统和部件进行检验及必要的试运转，务必使其达到规定的要求，方能投入使用。起重机必须在符合设计图纸规定的固定基础上工作，操纵人员必须经过训练，了解机构的构造和使用，必须熟知机械的保养和安全操作规程，非安装、维护人员未经许可不得攀登。应当经常进行检查、维护和保养，传动部分应有足够的润滑油，对易损件必须经常检查、维修或更换，对机械的螺栓，特别是经常振动的零件，应进行检查是否松动，如有松动必须立即拧紧或更换。

4.2　维护方法及程序

4.2.1　机械设备维护与保养

（1）各机构的制动器应经常进行检查和调整制动瓦和制动轮的间隙，保证灵活可靠。在摩擦面上，不应有污物存在，遇有污物必须用汽油或稀料洗掉。

（2）减速箱、变速箱、外啮合齿轮等各部分的润滑以及液压油均按润滑表中的要求进行。

（3）要注意检查各部钢丝绳有无断丝和松股现象。如超过有关规定必须立即换新。钢丝绳的维护保养应严格按 GB5144—85 规定执行。

（4）凡开式齿轮传动必须有防护罩。

（5）经常检查各部分的连接情况，如有松动应予拧紧。

（6）经常检查各机构运转是否正常，有无噪声，如发现故障，必须及时排除。

4.2.2 液压爬升系统的维护和保养

（1）严格按润滑表中的规定进行加油和换油，并清洗油箱内部。

（2）溢流阀的压力调整后，不得随意更动，每次进行爬升之前，应用油压表检查其压力是否正常。

（3）应经常检查各部分管接头是否紧固严密，不准有漏油现象。

（4）滤油器要经常检查有无堵塞，检查安全阀在使用后调整值是否变动。

（5）油泵、油缸和控制阀，如发现漏油应及时检修。

（6）总装和大修后初次启动油泵时，应先检查入口和出口是否接反，转动方向是否正确，吸油管路是否漏气，然后用手试转，最后在规定转速内启动和试运转。

（7）在冬季启动时，要开开停停往复数次，待油温上升和控制阀动作灵活后再正式使用。

4.2.3 金属结构的维护与保养

（1）在运输中应尽量设法防止构件变形及碰撞损坏。

（2）在使用期间，必须定期检修和保养，以防锈蚀。

（3）经常检查结构连接螺栓，焊缝以及构件是否损坏、变形和松动等情况。

（4）每隔 1~2 年喷刷油漆一遍。

4.2.4 电气系统的维护和保养

（1）经常检查所有的电线、电缆有无损伤。要及时的包扎和更换已损伤的部分。

（2）遇到电动机有过热现象要及时停车，排除故障后再继续运行，电机轴承润滑要良好。

（3）各部分电刷，其接触面要保持清洁，调整电刷压力，使其接触面积不小于50％。

（4）各控制箱、配电箱等经常保持清洁，及时清扫电器设备上的灰尘。

（5）各安全装置的行程开关的触点开闭必须可靠，触点弧坑应及时磨光。

（6）每年测量保护接地电阻两次（春、秋）保证不大于4Ω。

4.2.5 钢丝绳的维护和保养

（1）对钢丝绳应防止损伤、腐蚀或其他物理、化学因素造成的性能降低。

（2）钢丝绳开卷时，应防止打结或扭曲。

（3）钢丝绳切断时，应有防止绳股散开的措施。

（4）安装钢丝绳时，不应在不洁净的地方拖线，也不应绕在其他的物体上。

单 元 小 结

本单元从常用的控制器及电磁抱闸入手，研究了散装水泥的电气控制线路、混凝土搅拌机的电气控制线路及桥式起重机的电气控制线路。

（1）控制器，对主令控制器与凸轮控制器的构造、原理及应用进行介绍，以用来对桥式起重机的控制线路进行分析。

（2）电磁抱闸，以单相电磁抱闸和电力液压推动器为主，说明了三相电磁抱闸、单相电磁抱闸的抱闸和松闸的两种工作状态，而电力液压推动器则有抱闸、松闸和半松半抱三种工作状态，分别适用于不同的控制中。

(3) 散装水泥的电气控制,主要阐述了其称量及控制过程。

(4) 混凝土搅拌机的电气控制,混凝土搅拌机是进行混凝土搅拌的设备,在搅拌之前需要上料和称量,因此先对上料称量设备的电气控制进行分析,然后对其控制线路作出了详细阐述。

(5) 桥式起重机是一种起重设备,对其各个环节及电气控制原理进行了细致的讲解和分析。

学习完本单元的内容后,要对知识点进行重点掌握,在以后的工程实践中能够正确的读图和分析线路的工作原理,为电气系统的安装、调试和维护打下良好的基础。

习题与能力训练

【习题部分】
1. 简述主令控制器的作用。
2. 所学电磁抱闸有几种?各有何特点?有几种工作状态?
3. 在散装水泥的控制线路中,两台电动机的作用是什么?
4. 混凝土搅拌机有几道工序?
5. 骨料上料称量电路中是怎样完成上料和称量的?
6. 叙述混凝土搅拌过程的工作原理。
7. 桥式起重机由哪几部分组成,它们的主要作用是什么?
8. 桥式起重机对电力拖动的要求有哪些?
9. 起重机已经采用各种电气制动,为什么还要采用电磁抱闸进行机械制动?
10. 桥式起重机中对电动机起短路保护的元件是什么?

【能力训练】
【实训项目1】 QT60/80型塔式起重机线路

1. 实训目的
(1) 熟悉典型生产机械的电气控制线路,掌握其分析方法。
(2) 熟悉典型生产机械常用的电气设备及安装方法。
2. 设备简介
(1) 主要结构

塔式起重机是一种有轨道的起重机械,它是由底盘、塔身、臂架旋转机构、行走机构、提升机构、操纵室等组成,此外还具有塔身升高的液压顶升机构。它的运动形式有升降、行走、回转、变幅四种。其外形如图4-19所示,原理如图4-20(a)和(b)所示。

(2) 塔式起重机的电力拖动特点及要求
1) 起重用电动机

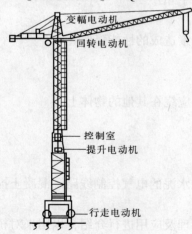

图4-19 塔式起重机简图

它的工作属于间歇运行方式,且经常处于启动、制动、反转之中,负载经常变化,需承受较大的过载和机械冲击。所以,为提高其生产效率并确保其安全性,要求升降电动机应具有合适的升降速度和一定的调速范围。保证空钩快速升降,有载时低速升降,并应确保提升重物开始或下降重物到预定位置附近采用低速。在高速向低速过渡时应逐渐减速，以保证其稳定运行。为了满足上述要求应选用符合其工作的专用电动机，如 YZR 系列绕线式电动机，此类电动机具有较大的起重转矩，可适应重载下的频繁启动、调速、反转和制动，能满足启动时间短和经常过载的要求。为保证安全，提升电动机还应具有制动机构和防止提升越位的限位保护措施。

2）变幅、回转和行走机构用电动机

这几个机构的电力拖动对调速无要求，但要求具有较大的起重转矩，并能正、反运行，所以也选用 YZR 绕线式电动机，为了防止其越位，正、反行程亦采用限位保护措施。

(3) 对电气控制的要求

升降用电动机需要承受较大的过载和机械冲击，为提高其生产效率并确保其安全性，要求升降电动机具有合适的升降速度和一定的调速范围，还要有制动机构和防止提升越位的限位保护措施。变幅、回转、行走机构的电力拖动对调速无要求，但要求具有较大的起重转矩，并能正、反转运行，为防止其越位，正、反行程也要采用限位保护措施。

3. 实训内容与要求

(1) 深入现场实习，充分了解塔式起重机的结构、操作和工作过程以及对拖动和控制的要求。同时作好记录。

(2) 根据了解的情况，分析电气原理图。包括对主电路、控制电路、辅助电路、联锁和保护环节及特殊控制环节等的分析，熟悉每个电器元件的作用。

(3) 认真观察每个电器元件的安装位置、安装方法。

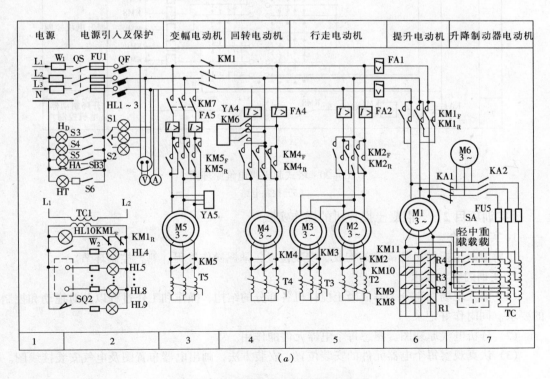

(a)

图 4-20 塔式起重机电气原理图

(a) 主电路

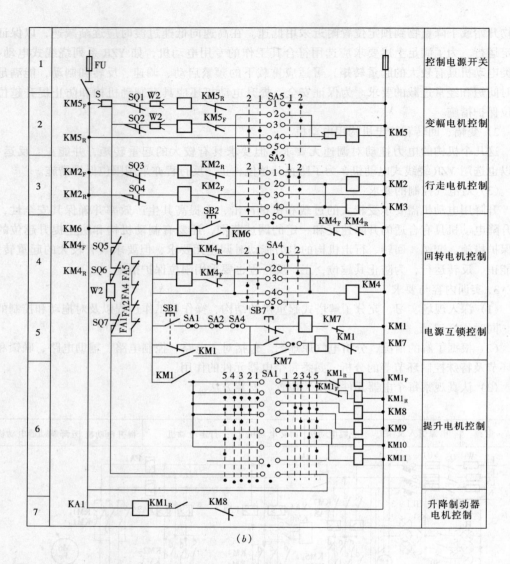

图 4-20 塔式起重机电气原理图
(b) 控制电路

【实训项目 2】 混凝土搅拌机的操作实践

1. 实训目的

了解混凝土搅拌机各部分的构成、安装位置,掌握操作过程、熟悉控制环节。

2. 实训内容与要求

(1) 深入现场,充分了解混凝土搅拌机各部分的结构、操作和工作过程以及对拖动和控制的要求。同时作好记录。

(2) 分析电气原理图。熟悉每个电器元件的作用。

(3) 认真观察每个电器元件的安装位置、安装方法,画出电器布置图及电气安装接线图。

单元 5　冷热源系统的电气控制与安装

知 识 点：锅炉房设备的组成及自动控制的任务，并以链条炉排小型快装锅炉为例，讨论了锅炉动力部分的自动控制线路。主要说明了鼓风机、引风机的联锁以及声光报警部分的自动控制线路；空调系统的概况与常用部件，并通过分散式与集中式两种类型的空调，讨论了四个季节的运行工况。

与空调系统配套的制冷系统的控制任务。

教学目标：通过对锅炉房与空调系统的组成及其控制线路的分析，掌握其电气控制原理，并对控制系统进行安装与调试。

课题 1　锅炉房动力设备电气控制与安装

锅炉一般分为两种：一种叫动力锅炉，应用于动力、发电方面；另一种叫供热锅炉（又称为工业锅炉）应用于工业及采暖方面。

锅炉是供热之源。锅炉设备的任务是：可以安全可靠、经济有效地把燃料的化学能转化为热能，进而将热能传递给水，以生产一定温度和压力的热水或蒸汽。本单元仅以被广泛应用于工业生产和各类建筑物的采暖及热水供应的工业锅炉为例，阐述锅炉设备的组成及运行工况、自动控制任务及锅炉实例分析。

1.1　锅炉设备的组成和运行工况

1.1.1　锅炉设备的组成

锅炉设备由两部分组成：一是锅炉本体，二是锅炉房辅助设备。根据锅炉不同的使用燃料可分为燃煤锅炉、燃油锅炉、燃气锅炉等。其区别只是燃料供给方式不同，其他结构基本相同。这里以 SHL 型（即双锅筒横置式链条炉）燃煤锅炉为例说明锅炉房设备的组成，如图 5-1 所示。

(1) 锅炉本体

锅炉本体一般由五部分组成，即汽锅、炉子、蒸汽过热器、省煤器和空气预热器。

1) 汽锅（汽包）　它由上下锅筒和三簇沸水管组成。水在管内受管外烟气加热，因而管簇内发生自然的循环流动，并逐渐汽化，产生的饱和蒸汽集聚在上锅筒里面。为了得到干度比较大的饱和蒸汽，在上锅筒中还应装设汽水分离设备。下锅筒系作为连接沸水管之用，同时储存水和水垢。

2) 炉子　它是使燃料充分燃烧并放出热能的设备。燃料（煤）由煤斗落在转动的链条炉箅上，进入炉内燃烧。所需的空气由炉箅下面的风箱送入，燃尽的灰渣被炉箅带到除灰口，落入灰斗中。得到的高温烟气依次经过各个受热面，将热量传递给水以后，由烟窗排至大气。

3) 过热器　它是将汽锅所产生的饱和蒸汽继续加热为过热蒸汽的换热器，由联箱和蛇形管所组成，一般布置在烟气温度较高的地方。动力锅炉和较大的工业锅炉才有过热器。

4) 省煤器　它由蛇形管组成，是利用烟气余热加热锅炉给水，以降低排出烟气温度的换热器。小型锅炉中常采用具有肋片的铸铁管式省煤器或不装省煤器。

5) 空气预热器　它是继续利用离开省煤器后的烟气余热，加热燃料燃烧所需要的空气的换热器。热空气可以强化炉内燃烧过程，提高锅炉燃烧的经济性。为力求结构简单，一般小型锅炉不设空气预热器。

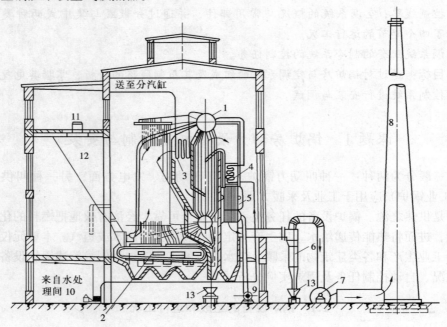

图 5-1　锅炉房设备简图
1—锅筒；2—链条炉排；3—蒸汽过热器；4—省煤器；5—空气预热器；6—除烟器；7—引风机；8—烟囱；9—送风机；10—给水泵；11—运煤皮带运输机；12—煤仓；13—灰车

(2) 锅炉房的辅助设备

锅炉房辅助设备是保证锅炉本体正常运行必备的附属设备，由以下四个系统组成。

1) 运煤、除灰系统　其作用是保证为锅炉运入燃料和送出灰渣。

锅炉房的运煤系统是指煤从煤场到炉前煤的输送，其中包括煤的转运、破碎、筛选、磁选和计量等。锅炉房较完善的运煤系统，如图 5-2 所示。室外煤场上的煤由铲斗车 2 运送到低位受煤斗 4，再由斜皮带运输机 5 将磁选后的煤送入碎煤机 8，然后通过多斗提升机 10 提升到锅炉房运煤层，最后由平皮带运输机将煤卸入炉前煤斗 14，煤秤 13 是设置在平皮带运输机前端，用以计量输煤量。

锅炉房的运煤机械，是为了解决煤的提升，水平运输及装卸等问题的。

2) 送引风系统　由引风机，一、二次送风机和除尘器等组成。引风机的作用是将炉膛中燃料燃烧后的烟气吸出，通过烟囱排到大气中去。送风机的作用是：供给锅炉燃料燃

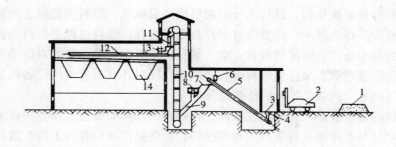

图 5-2 锅炉房运煤系统

1—堆煤场;2—铲斗车;3—筛子;4—煤斗;5—斜皮带运输机;6—悬吊式磁铁分离器;7—振动筛;8—齿滚式碎煤机;9—落煤管;10—多斗式提升机;11—落煤管;12—平皮带运输机;13—煤秤;14—炉前煤斗

烧所需要的空气量,空气经冷风道进入空气预热器,预热后经热风道送入炉膛(无预热器的直接送入炉膛),以帮助燃烧。二次风机的作用是:将一部分空气以很高的速度喷射到炉膛空间,促使可燃气体、煤末、飞灰、烟气和空气强烈搅拌充分地混合,以利燃料充分燃尽,提高锅炉效率。除尘器的作用是:清除烟气中的灰渣,以改善环境卫生和减少烟尘污染,为了防倒烟,其控制要求是:启动时先启动引风机,经10s后再开鼓风机和炉排电机;停止时,先停鼓风机和链条炉排机,经过20s后再停止引风机。

3) 水、汽系统(包括排污系统) 汽锅内具有一定的压力,因此需供给水泵提高压力后送入。给水系统的调节多采用电极式或浮球式水位控制器,锅炉汽包水位的自动调节与报警采用电极水位控制器对给水泵作启停控制,用以维持锅炉汽包水位在规定的范围内。另外,热水锅炉还有循环水泵,其电机应为单向连续运行方式,并且要求在炉排机和鼓风机停止运行后,循环水泵应继续运行一段时间,以防止炉水汽化。为了保证给水质量,避免汽锅内壁结垢或受腐蚀,还有水处理设备;如用以软化、除氧等的盐液泵、加药泵,只需单向短时运转即可。为了储存给水设有一定容量的水箱,锅炉生产的蒸汽先送入锅炉房内的分汽缸,由此再接出分送至各用户的管道。锅炉的排污水因具有相当高的温度和压力,因此需要排入排污减温池专设的扩容器,进行膨胀减温和减压。

4) 仪表及控制系统 除锅炉本体上装有的仪表外,为了监督锅炉设备的安全可靠和经济运行,还设有一系列的仪表和控制设备,如蒸汽流量计、水量表、烟温计、风压计、排烟含氧量指示等常用仪表,以显示汽包水位、炉膛负压、炉排运转、蒸汽压力等,此外还有连锁保护和限值保护,包括越限报警和指示等。随着自动控制技术的迅速发展,对锅炉的自动控制要求愈来愈高,除广泛应用常规仪表进行给水及燃烧系统的自动调节和汽包压力及温度的自动调节外,在智能小区工程中采用计算机与网络对锅炉进行集成控制。

1.1.2 锅炉的运行工况

锅炉的运行工况有:燃料的燃烧过程、烟气向水的传热过程和水的受热汽化过程(蒸汽的生产过程)。

(1) 燃料的燃烧过程

燃煤锅炉的燃烧过程为:燃料煤加到煤斗中,借助于自重下落在炉排上,炉排借助电动机通过变速齿轮箱变速后由链轮来带动,将燃料煤带入炉内。燃料一面燃烧,一面向炉后移动。燃烧所需要的空气是由风机送入炉排腹中风仓室后,向上通过炉排到达燃烧燃料层，风量和燃料量要成比例，进行充分燃烧形成高温烟气。燃料燃烧剩下的灰渣，在炉排末端翻过除渣板后排入灰斗，这整个过程称为燃烧过程。燃烧过程进行得完善与否，是锅炉正常工作的根本条件。要使燃料量、空气量和负荷蒸汽量有一定的对应关系，这就要根据所需要的负荷蒸汽量，来控制燃料量和送风量，同时还要通过引风设备控制炉膛负压。

(2) 烟气向水（汽等工质）的传热过程

由于燃料的燃烧放热，炉内温度很高，在炉膛的四周墙面上，布置一排水管，俗称水冷壁。高温烟气与水冷壁进行强烈的辐射换热，将热量传递给管内工质。继而烟气受引风机、烟窗的引力而向炉膛上方流动。烟气由出烟窗口（炉膛出口）并掠过防渣管后，就冲刷蒸汽过热器（一组垂直放置的蛇形管受热面），使汽锅中产生的饱和蒸汽在其中受烟气加热而得到过热。烟气流经过热器后又掠过胀接在上、下锅筒间的对流管簇，在管簇间设置了折烟墙使烟气呈"S"形曲折地横向冲刷，再次以对流换热方式将热量传递给管簇内的工质。沿途降低温度的烟气最后进入尾部烟道，与省煤器和空气预热器内的工质进行热交换后，以经济的较低烟温经引风机排入烟囱。

(3) 水的受热和汽化过程

水的汽化过程就是蒸汽的产生过程，主要包括水循环和汽水分离过程。经过处理的水由泵加压，先经省煤器而得到预热，然后进入汽锅。

1) 水循环锅炉工作时，汽锅中的工质是处于饱和状态下的汽水混合物。位于烟温较低区段的对流管束，因受热较弱，汽水工质的密度较大；而位于烟气高温区的水冷壁和对流管束，因受热较强，相应地工质的密度较小；从而密度大的工质往下流入下锅筒，而密度小的工质则向上流入上锅筒，形成了锅水的自然循环。此外，为了组织水循环和进行输导分配的需要，一般还设有置于炉墙外的不受热的下降管，借以将工质引入水冷壁的下集箱，而通过上集箱上的汽水引出管将汽水混合物导入上锅筒。

2) 汽水分离过程：借助上锅筒内装设的汽水分离设备，以及在锅筒本身空间中的重力分离作用，使汽水混合物得到了分离，蒸汽在上锅筒顶部引出后进入蒸汽过热器中去，而分离下来的水仍回落到上锅筒下半部的水空间。

汽锅中的水循环保证了与高温烟气相接触的金属受热面得以冷却而不会烧坏，是锅炉能长期安全运行的必要条件。而汽水混合物的分离设备则是保证蒸汽品质和蒸汽过热器可靠工作的必要设备。

1.2 锅炉的自动控制任务

1.2.1 锅炉自动控制的内容和意义

(1) 自动检测

锅炉的生产任务是根据负荷的要求，生产具有一定参数（压力和温度）的蒸汽。为了满足负荷设备的要求，保证锅炉正常运行和给锅炉自动调节提供必要的数据，锅炉房内必须安装相关的热工检测仪表。它们可以显示、记录和变送锅炉运行的各种参数，如温度、压力、流量、水位、气体成分、汽水品质、转速、热膨胀等等，并随时提供给人和自动化装置。

检测仪表相当于人和自动化装置的眼睛。如果没有来自检测仪表的信号，是无法进行操作和控制的，更谈不上自动化。因此，要求检测仪表必须可靠、稳定和灵敏。

大型锅炉机组常采用巡回检测的方式,对各运行参数和设备状态进行巡测,以便进行显示、报警、工况计算以及制表打印。

(2) 自动调节

为确保锅炉安全、经济地运行,必须使一些能够决定锅炉工况的参数维持在规定的数值范围内或按一定的规律变化。该规定的数值常称为给定值。

当需要控制的参数偏离给定值时,使它重新回到给定值的动作叫做调节。靠自动化装置实现调节的叫做自动调节。锅炉自动调节是锅炉自动化的主要组成部分。锅炉自动调节主要包括给水自动调节、燃烧自动调节和过热蒸汽温度自动调节等。在火力发电厂中按机组的调节方式可分分散调节、集中调节和综合调节。

目前应用较广的是链条炉排工业锅炉,其仪表及自控装备见表5-1所列。

链条炉排工业锅炉仪表自控装备表　　　　　　　　表 5-1

蒸发量(t/h)	检 测	调 节	报警和保护	其 他
1~4	A: 1. 锅筒水位; 2. 蒸汽压力; 3. 给水压力; 4. 排烟温度; 5. 炉膛负压; 6. 省煤器进出口水温 B: 7. 煤量积算; 8. 排烟含氧量测定; 9. 蒸汽流量指示积算; 10. 给水流量积算	A. 位式或连续给水自控。其他辅机配开关控制 B. 鼓风、引风风门挡板遥控。炉排位式或无级调速	A. 水位过低、过高指示报警和极限水位过低保护。蒸汽超压指示报警和保护	A: 鼓风、引风机和炉排启、停顺控和连锁 B: 如调节用推荐栏,应设鼓风、引风风门开度指示
6~10	A: 1、2、3、4、5、6 同上,并增加B中的9、10及11。除尘器进出口负压。对过热锅炉增加12. 过热蒸汽温度指示 B: 7、8、同上,增加13. 炉膛出口烟温	A: 连续给水自控。鼓风、引风风门挡板遥控。炉排无级调速。过热锅炉增加减温水调节 B: 燃烧自控	A: 同上。增加炉排事故停转指示和报警,过热锅炉增加过热蒸汽温度过高、过低指示	A: 同上 A B: 过热锅炉增加减温水阀位开度指示

注: A 为必备, B 为推荐选用。

从表中了解到锅炉的自动控制概况。由于热工检测和控制仪表是一门专门的学科,内容极为丰富,篇幅所限,我们仅对控制部分进行介绍。

(3) 程序控制

程序控制是根据设备的具体情况和运行要求,按一定的条件和步骤,对一台或一组设备进行自动操作,以实现预定目的的手段。程序控制是靠程序控制装置来实现的,它必须具备必要的逻辑判断能力和连锁保护功能。即当设备完成每一步操作后,它必须能够判断此操作已经实现,并具备下一步操作条件时,才允许设备自动进入下一步操作,否则中断程序并进行报警。

程序控制的优点是:提高锅炉的自动化水平,减轻劳动强度,并避免误操作。

(4) 自动保护

自动保护的任务是当锅炉运行发生异常现象或某些参数超过允许值时,进行报警或进行必要的动作,以避免设备发生事故,保证人身安全。锅炉运行中的主要保护项目有:灭火自动保护;高、低水位自动保护;超温、超压自动保护等。

(5) 计算机控制

计算机控制功能齐全,不仅具备自动检测、自动调节、程序控制及自动保护功能,而且还具有下列优点:A. 突出的计算功能:快速计算出机组在正常运行和启停过程中的有用数据;B. 分析故障原因,并提出处理意见;C. 追忆并打印事故发生前的参数,供分析事故用;D. 分析主要参数的变化趋势;E. 监视操作程序等。

1.2.2 锅炉的自动调节

(1) 锅炉给水系统的自动调节

锅炉汽包水位的高度,关系着汽水分离的速度和生产蒸汽的质量,也是确保安全生产的重要参数。因此,汽包水位是一个十分重要的被调参数,锅炉的自动控制都是从给水自动调节开始的。

锅炉给水自动调节的任务是:

第一,维持锅筒水位在允许的范围内。锅筒的水位是影响锅炉安全运行的重要因素之一。水位过高会影响汽水分离装置的正常工作,严重时导致蒸汽带水增加,使过热器和汽轮机叶片结垢,造成事故;对于工业锅炉,蒸汽带水量过多,也要影响用户的某些工艺过程。水位过低,则会破坏汽水正常循环,以致烧坏受热面。所以一般要求水位保持在正常水位的 ±(50~100) mm 范围内。最有效的方法是用水位自动调节。

第二,给水实现自动调节,可以保证给水量稳定,这有助于省煤器和给水管道的安全运行。

锅炉给水系统自动调节类型有:

工业锅炉房常用的给水自动调节有位式调节和连续调节两种方式。

位式调节是指调节系统对锅筒水位的高水位和低水位两个位置进行控制,即低水位时,调节系统接通水泵电源,向锅炉上水,达到高水位时,调节系统切断水泵电源,停止上水。随着水的蒸发,锅筒水位逐渐下降,当水位降至低水位时重复上述工作。常用的位式调节有电极式和浮子式两种。

连续调节是指调节系统连续调节锅炉的上水量,以保持锅筒水位始终在正常水位的位置。调节装置动作的冲量可以是锅筒水位、蒸汽流量和给水流量,根据取用的冲量不同,可分为单冲量、双冲量和三冲量调节三种类型,简述如下:

1) 单冲量给水调节:单冲量给水调节原理图如图 5-3 所示,是以汽包水位为唯一的调节信号。系统由汽包水位变送器(水位检测信号)、调节器和电动给水调节阀组成。当汽包水位发生变化时,水位变送器发出信号并输入给调节器,调节器根据水位信号与给定值的偏差,经过放大后输出调节信号,去控制电动给水调节阀的开度,改变给水量来保持汽包水位在允许范围内。

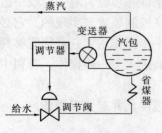

图 5-3 单冲量给水调节图

单冲量给水调节的优点:系统结构简单。常用在汽包容量相对较大,蒸汽负荷变化较小的锅炉中。

单冲量给水调节的缺点:

A. 不能克服"虚假水位"现象。"虚假水位"产生的原因主要是：蒸汽流量增加，汽包内的气压下降，炉水的沸点降低，使炉管和汽包内的汽水混合物中的汽容积增加，体积膨大，引起汽包水位上升。如调节器只根据此项水位信号作为调节依据，就去关小阀门减少给水量，这个动作对锅炉流量平衡是错误的，它在调节过程一开始就扩大了蒸汽流量和给水流量的波动幅度，扩大了进出流量的不平衡。

B. 不能及时地反应给水母管方面的扰动。当给水母管压力变化大时，将影响给水量的变化，调节器要等到汽包水位变化后才开始动作，而在调节器动作后，又要经过一段滞后时间才能对汽包水位发生影响，将导致汽包水位波动幅度大，调节时间长。

2）双冲量给水调节：双冲量给水调节原理图如图5-4所示，是以锅炉汽包水位信号作为主调节信号，以蒸汽流量信号作为前馈信号，组成锅炉汽包水位双冲量给水调节。

系统的优点是：引入蒸汽流量前馈信号，可以消除因"虚假水位"现象引起的水位波动。例如：当蒸汽流量变化时，就有一个给水量与蒸汽量同方向变化的信号，可以减少或抵消由于"虚假水位"现象而使给水量向相反方向变化的错误动作，使调节阀一开始就向正确的方向动作，减小了水位的波动，缩短了过渡过程的时间。

系统存在的缺点是：不能及时反应给水母管方面的扰动。因此，如果给水母管压力经常有波动，给水调节阀前后压差不能保持正常时，不宜采用双冲量调节系统。

3）三冲量给水调节：三冲量给水自动调节原理如图5-5所示，系统是以汽包水位为主调节信号，蒸汽流量为调节器的前馈信号，给水流量为调节器的反馈信号组成的调节系统。系统抗干扰能力强，改善了调节系统的调节品质，因此，在要求较高的锅炉给水调节系统中得到广泛的应用。

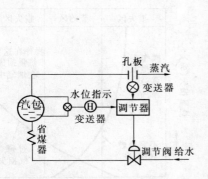

图5-4 双冲量给水调节原理图

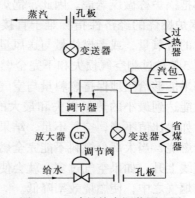

图5-5 三冲量给水调节原理图

以上分析的三种类型的给水调节系统可采用电动单元组合仪表组成，也可采用气动单元组合仪表组成，目前均有定型产品。

(2) 锅炉蒸汽过热系统的自动调节

1）蒸汽过热系统自动调节的任务：是维持过热器出口蒸汽温度在允许范围之内，并保护过热器，使过热器管壁温度不超过允许的工作温度。

过热蒸汽的温度是按生产工艺确定的重要参数，蒸汽温度过高会烧坏过热器水管，对负荷设备的安全运行也是不利因素。如超温严重会使汽轮机或其他负荷设备膨胀过大，使汽轮机的轴向位移增大而发生事故。蒸汽温度过低会直接影响负荷设备的使用，影响汽轮机的效率，因此要稳定蒸汽的温度。

2) 过热蒸汽温度调节类型主要有两种：改变烟气量（或烟气温度）的调节；改变减温水量的调节。其中，改变减温水量的调节应用较多，现介绍如下：

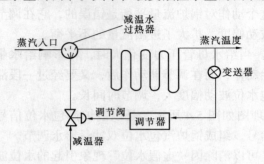

图5-6　过热蒸汽温度调节原理图

调节减温水流量控制过热器出口蒸汽温度的调节系统原理如图5-6所示。减温器有表面式和喷水式两种，安装在过热器管道中。系统由温度变送器检测过热器出口蒸汽温度，将温度信号输入给温度调节器，调节器经与给定信号比较，去调节减温水调节阀的开度，使减温水量改变，也就改变了过热蒸汽温度。由于设备简单，其应用较广泛。

（3）锅炉燃烧过程的自动调节

1) 锅炉燃烧系统自动调节的基本任务：使燃料燃烧所产生的热量适应蒸汽负荷的需要，同时还要保证经济燃烧和锅炉的安全运行。具体调节任务可概括为以下三个方面：

一是维持蒸汽母管压力不变，这是燃烧过程自动调节的主要任务。如果蒸汽压力变了，就表示锅炉的蒸汽生产量与负荷设备的蒸汽消耗量不相一致，因此，必须改变燃料的供应量，以改变锅炉的燃烧发热量，从而改变锅炉的蒸发量，恢复蒸汽母管压力为额定值。此外，保持蒸汽压力在一定范围内，也是保证锅炉和各个负荷设备正常工作的必要条件。

二是保持锅炉燃烧的经济性：据统计，工业锅炉的平均热效率仅为60%左右，所以人们都把锅炉称做煤老虎。因此，锅炉燃烧的经济性问题也是非常重要的。

锅炉燃烧的经济性指标难于直接测量，常用烟气中的含氧量，或者燃烧量与送风量的比值来表示。图5-7是过剩空气损失和不完全燃烧损失示意图。如果能够恰当地保持燃料量与空气量的正确比值，就能达到最小的热量损失和最大的燃烧效率。反之，如果比值不当，空气不足，结果导致燃料的不完全燃烧，当大部分燃料不能完全燃烧时，热量损失直线上升；如果空气过多，就会使大量的热量损失在烟气之中，使燃烧效率降低。

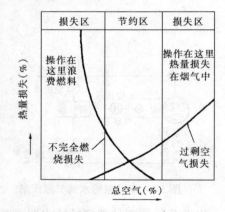

图5-7　过剩空气损失和不完全燃烧损失示意图

三是维持炉膛负压在一定范围内。炉膛负压的变化，反映了引风量与送风量的不相适应。通常要求炉膛负压保持在一定的范围内。这时燃烧工况，锅炉房工作条件，炉子的维护及安全运行都最有利。如果炉膛负压小，炉膛容易向外喷火，既影响环境卫生，又可能危及设备与操作人员的安全。负压太大，炉膛漏风量增大，增加引风机的电耗和烟气带走的热量损失。因此，需要维持炉膛压在一定的范围内。

2) 燃煤锅炉燃烧过程自动调节：以上三项调节任务是相互关联的，它们可以通过调节燃料量、送风量和引风量来实现。对于燃烧过程自动调节系统的要求是：在负荷稳定时，应使燃烧量、送风量和引风量各自保持不变，及时地补偿系统的内部扰动。这些内容扰动包括燃烧质量的变化以及由于电网频率变化、电压变化引起燃料量、送风量和引风量的变化等。在负荷变化引起外扰作用时，则应使燃料量、送风量和引风量成比例地改变，既要适应负荷的要求，又要使三个被调量：蒸汽压力、炉膛负压和燃烧经济性指标保持在允许范围内。

燃煤锅炉自动调节的关键问题是燃料量的测量，在目前条件下，要实现准确测量进入炉膛的燃料量（质量、水分、数量等）还很困难，为此，目前常采用按"燃料—空气"比值信号的自动调节、氧量信号的自动调节、热量信号的自动调节等类型。

燃烧过程的自动调节一般在大、中型锅炉中应用。在小型锅炉中，常根据检测仪表的指示值，由司炉工通过操作器件分别调节燃料炉排的进给速度和送风风门挡板、引风风门挡板的开度等，通常称为遥控。

1.3 锅炉动力设备电气控制实例

为了了解锅炉电气控制内容，我们以某锅炉厂制造的型号为 SHL10-2.45/400℃-AⅢ 锅炉为例，对电气控制电路及仪表控制情况进行分析。图 5-8 是该锅炉的动力设备电气控制电路图，图 5-9 是该锅炉仪表控制方框图。此处省略了一些简单的环节。

1.3.1 系统简介

（1）型号意义

SHL10-2.45/400℃-AⅢ 表示：双锅筒、横置式、链条炉排，蒸发量为 10t/h，出口蒸汽压力为 2.45MPa、出口过热蒸汽温度为 400℃；适用三类烟煤。

（2）动力电路电气控制特点

动力控制系统中，水泵电动机功率为 45kW，引风机电动机功率为 45kW，一次风机电动机功率为 30kW，功率较大，根据锅炉房设计规范，需设置降压启动设备。因三台电动机不需要同时启动，所以可共用一台自耦变压器作为降压启动设备。为了避免三台或二台电动机同时启动，需设置启动互锁环节。

锅炉点火时，一次风机、炉排电机、二次风机必须在引风机启动数秒后才能启动；停炉时，一次风机、炉排电机、二次风机停止数秒后，引风机才能停止。系统应用了按顺序规律实现控制的环节，并在极限低水位以上才能实现顺序控制。

在链条炉中，常布设二次风，其目的是二次风能将高温烟气引向炉前，帮助新燃料着火，加强对烟气的扰动混合，同时还可提高炉膛内火焰的充满度等优点。二次风量一般控制在总风量的 5%～15% 之间，二次风由二次风机供给。

另外，还需要一些必要的声、光报警及保护装置。

（3）自动调节特点

汽包水位调节为双冲量给水调节系统。通过调节仪表自动调节给水电动阀门的开度，实现汽包水位的调节。水位超过高水位时，应使给水泵停止运行。

过热蒸汽温度调节是通过调节仪表自动调节减温水电动阀门的开度，调节减温水的流量，实现控制过热器出口蒸汽温度。

燃烧过程的调节是通过司炉工观察各显示仪表的指示值，操作调节装置，遥控引风风门挡板和一次风风门挡板，实现引风量和一次风量的调节。对炉排进给速度的调节，是通过操作能实现无级调速的滑差电机调节装置，以改变链条炉排的进给速度。

系统还装有一些必要的显示仪表和观察仪表。

1.3.2 动力电路电气控制分析

锅炉的运行与管理，国家有关部门制定了若干条例，如锅炉升火前的检查；升火前的准备；升火与升压等。锅炉操作人员应按规定严格执行，这里仅分析电路的工作原理。

当锅炉需要运行时，首先要进行运行前的检查，一切正常后，将各电源自动开关 QF、

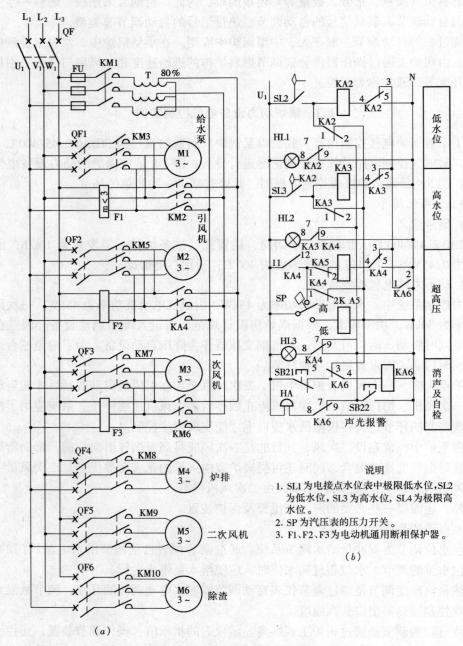

图 5-8 SHL10 锅炉电气控制电路图（一）
（a）主电路；（b）声光报警电路

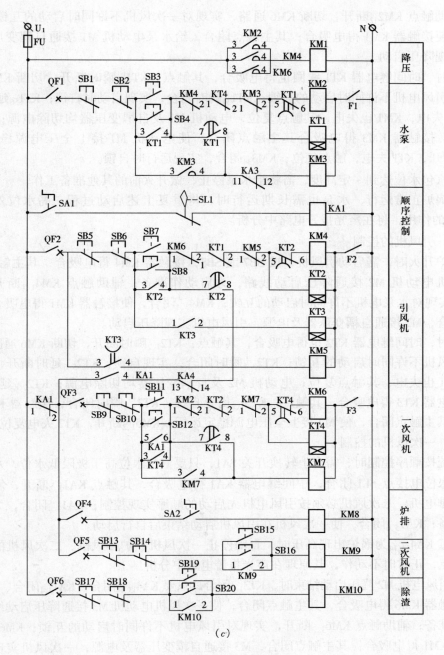

图 5-8 SHL10 锅炉电气控制电路图（二）
(c) 控制电路

QF1～QF6 合上，其主触点和辅助触点均闭合，为主电路和控制电路通电作准备。如果电源相序均正常，电动机通用断相保护器 F1～F3 常开触点均闭合，为控制电路操作做准备。

(1) 给水泵的控制

锅炉经检查符合运行要求后，才能进行上水工作。上水时，按 SB3 或 SB4 按钮，接触器 KM2 得电吸合，其主触点闭合，使给水泵电动机 M1 接通降压启动线路，为启动做准备；辅助触点 $KM2_{12}$ 断开，切断 KM6 通路，实现对一次风机不许同时启动的互锁；$KM2_{34}$ 闭合，使接触器 KM1 得电吸合；其主触点闭合，给水泵电动机 M1 接通自耦变压器及电源，实现降压启动。

同时，时间继电器 KT1 线圈也得电吸合，其触点：$KT1_{12}$ 瞬时断开，切断 KM4 通路，实现对引风电机不许同时启动的互锁；$KT1_{34}$ 瞬时闭合，实现启动时自锁；$KT1_{56}$ 延时断开，使 KM2 失电，KM1 也失电，其触点复位，电动机 M1 及自耦变压器均切除电源；$KT1_{78}$ 延时闭合，接触器 KM3 得电吸合其主触点闭合，使电动机 M1 接上全压电源稳定运行；$KM3_{12}$ 断开，KT1 失电，触点复位；$KM3_{34}$ 闭合，实现运行时自锁。

当汽包水位达到一定高度，需将给水泵停止，做升火前的其他准备工作。

如锅炉正常运行，水泵也需长期运行时，将重复上述启动过程。高水位停泵触点 $KA3_{11、12}$ 的作用，将在声光报警电路中分析。

(2) 引风机的控制

锅炉升火时，需启动引风机，按 SB7 或 SB8，接触器 KM4 得电吸合，其主触点闭合，使引风机电动机 M2 接通降压启动线路，为启动作准备；辅助触点 $KM4_{1,2}$ 断开，切断 KM2，实现对水泵电机不许同时启动的互锁；$KM4_{3,4}$ 闭合，使接触器 KM1 得电吸合，其主触点闭合，M2 接通自耦变压器及电源，引风电机实现降压启动。

同时，时间继电器 KT2 也得电吸合，其触点：$KT2_{1,2}$ 瞬时断开，切断 KM6 通路，实现对一次风机不许同时启动的互锁；$KT2_{3,4}$ 瞬时闭合，实现自锁；$KT2_{5,6}$ 延时断开，KM4 失电，KM1 也失电，其触点复位，电动机 M2 及自耦变压器均切除电源；$KT2_{7,8}$ 延时闭合，时间继电器 KT3 得电吸合，其触点：$KT3_{1,2}$ 闭合自锁；$KT3_{3,4}$ 瞬时闭合，接触器 KM5 得电吸合；其主触点闭合，使 M2 接上全压电源稳定运行；$KM5_{1,2}$ 断开，KT2 失电复位。

(3) 一次风机的控制

系统按顺序控制时，需合上转换开关 SA1，只要汽包水位高于极限低水位，水位表中极限低水位电接点 SL1 闭合，中间继电器 KA1 得电吸合，其触点 $KA1_{1,2}$ 断开，使一次风机、炉排电机、二次风机必须按引风电机先启动的顺序实现控制；$KA1_{3,4}$ 闭合，为顺序启动作准备；$KA1_{5,6}$ 闭合，使一次风机在引风机启动结束后自行启动。

触点 $KA4_{13,14}$ 为锅炉出现高压时，自动停止一次风机、炉排风机、二次风机的继电器 KA4 触点，正常时不动作，其原理在声光报警电路中分析。

当引风电机 M2 降压启动结束时，$KT3_{1,2}$ 闭合，只要 $KA4_{13,14}$ 闭合、$KA1_{3,4}$ 闭合、$KA1_{5,6}$ 闭合，接触器 KM6 得电吸合，其主触点闭合，使一次风机电动机 M3 接通降压启动线路，为启动做准备；辅助触点 $KM6_{1,2}$ 断开，实现对引风电机不许同时启动的互锁；$KM6_{3,4}$ 闭合，接触器 KM1 得电吸合；其主触点闭合，M3 接通自耦变压器及电源，一次风机实现降压启动。

同时，时间继电器 KT4 也得电吸合，其触点 $KT4_{1,2}$ 瞬时断开，实现对水泵电机不许同时启动的互锁；$KT4_{3,4}$ 瞬时闭合，实现自锁（按钮启动时用）；$KT4_{5,6}$ 延时断开，KM6 失电，KM1 也失电，其触点复位，电动机 M3 及自耦变压器切除电源；$KT4_{7,8}$ 延时闭合，接触器 KM7 得电吸合，其主触点闭合，M3 接全压电源稳定运行；辅助触点 $KM7_{1,2}$ 断开，KT4 失电触点复位；$KM7_{3,4}$ 闭合，实现自锁。

(4) 炉排电机和二次风机的控制

引风机启动结束后，就可启动炉排电机和二次风机。

炉排电机功率为 1.1kW，可直接启动，用转换开关 SA2 直接控制接触器 KM8 线圈通电吸合，其主触点闭合，使炉排电机 M4 接通电源，直接启动。

二次风机电机功率为 7.5kW，可直接启动。启动时，按 SB15 或 SB16 按钮，使接触器 KM9 得电吸合，其主触点闭合，二次风机电机 M5 接通电源，直接启动；辅助触点 $KM9_{1,2}$ 闭合，实现自锁。

(5) 锅炉停炉的控制

锅炉停炉有三种情况：暂时停炉、正常停炉和紧急停炉（事故停炉）。暂时停炉为负荷短时间停止用汽时，炉排用压火的方式停止运行，同时停止送风机和引风机，重新运行时可免去升火的准备工作；正常停炉为负荷停止用汽及检修时有计划停炉，需熄火和放水；紧急停炉为锅炉运行中发生事故，如不立即停炉，就有扩大事故的可能，需停止供煤、送风，减少引风，其具体工艺操作按规定执行。

正常停炉和暂时停炉的控制：按下 SB5 或 SB6 按钮，时间继电器 KT3 失电，其触点 $KT3_{1,2}$ 瞬时复位，使接触器 KM7、KM8、KM9 线圈都失电，其触点复位，一次风机 M3、炉排电机 M4、二次风机 M5 都断电停止运行；$KT3_{3,4}$ 延时恢复，接触器 KM5 失电，其主触点复位，引风机电机 M2 断电停止。实现了停止时，一次风机、炉排电机、二次风机先停数秒后，再停引风机电机的顺序控制要求。

(6) 声光报警及保护

系统装设有汽包水位的低水位报警和高水位报警及保护，蒸汽压力超高压报警及保护等环节，见图 6-8（b）声光报警电路，图中 KA2～KA6 均为灵敏继电器。

1) 水位报警：汽包水位的显示为电接点水位表，该水位表有极限低水位继电器接点 SL1、低水位电接点 SL2、高水位电接点 SL3、极限高水位电接点 SL4。当汽包水位正常时，SL1 为闭合的，SL2、SL3 为打开的，SL4 在系统中没有使用。

当汽包水位低于低水位时，电接点 SL2 闭合，继电器 KA6 得电吸合，其触点 $KA6_{4,5}$ 闭合并自锁；$KA6_{8,9}$ 闭合，蜂鸣器 HA 响，发声报警；

$KA6_{1,2}$ 闭合，使 KA2 得电吸合，$KA2_{4,5}$ 闭合并自锁；$KA2_{8,9}$ 闭合，指示灯 HL1 亮，光报警。$KA2_{1,2}$ 断开，为消声作准备。当值班人员听到声响后，观察指示灯，知道发生低水位时，可按 SB21 按钮，使 KA6 失电，其触点复位，HA 失电不再响，实现消声，并去排除故障。水位上升后，SL2 复位，KA2 失电，HL1 不亮。

如汽包水位下降低于极限低水位时，电接点 SL1 断开，KA1 失电，一次风机、二次风机均失电停止。

当汽包水位超过高水位时，电接点 SL3 闭合，KA6 得电吸合，其触点 $KA6_{4,5}$ 闭合并自锁；$KA6_{8,9}$ 闭合，HA 响报警；$KA6_{1,2}$ 闭合，使 KA3 得电吸合：其触点 $KA3_{4,5}$ 闭合自锁；$KA3_{8,9}$ 闭合，HL2 亮，发光报警；$KA3_{1,2}$ 断开，准备消声；$KA3_{11,12}$ 断开，使接触器 KM3 失电，其触点恢复，给水泵电动机 M1 停止运行。消声与前同。

2) 超高压报警：当蒸汽压力超过设计整定值时，其蒸汽压力表中的压力开关 SP 高压端接通，使继电器 KA6 得电吸合，其触点 $KA6_{4,5}$ 闭合自锁；$KA6_{8,9}$ 闭合，HA 响报警；$KA6_{1,2}$ 闭合，使 KA4 得电吸合，$KA4_{11,12}$、$KA4_{4,5}$ 均闭合自锁；$KA4_{8,9}$ 闭合，HL3 亮报警；

KA4$_{13、14}$断开，使一次风机、二次风机和炉排电机均停止运行。

当值班人员知道并处理后，蒸汽压力下降，到蒸汽压力表中的压力开关 SP 低压端接通时，使继电器 KA5 得电吸合，其触点 KA5$_{1、2}$ 断开，使继电器 KA4 失电，KA4$_{13、14}$ 复位，一次风机和炉排电机将自行启动，二次风机需用按钮操作。

按钮 SB22 为自检按钮，自检的目的是检查声、光器件是否能正常工作。自检时，HA 及各光器件均应能动作。

3) 断相保护：F1、F2、F3 为电动机通用断相保护器，各作用于 M1、M2 和 M3 电动机启动和正常运行时的断相保护（缺相保护）。如相序不正确也能保护。

4) 过载保护：各台电动机的电源开关都用自动开关控制，自动开关一般具有过载自动跳闸功能，也可有欠压保护和过流保护等功能。

锅炉要正常运行，锅炉房还需有其他设备，如水处理设备、除渣设备、运煤设备、燃料粉碎设备等。各设备中均以电动机为动力，但其控制电路一般较简单。

1.3.3 自动调节环节分析

图 5-9 为该型号锅炉的自控方框图。此处只画出与自动调节有关的环节，其他各种检测及指示等环节没有画出。由于自动调节过程中采用的仪表种类较多，此处仅作简单的定

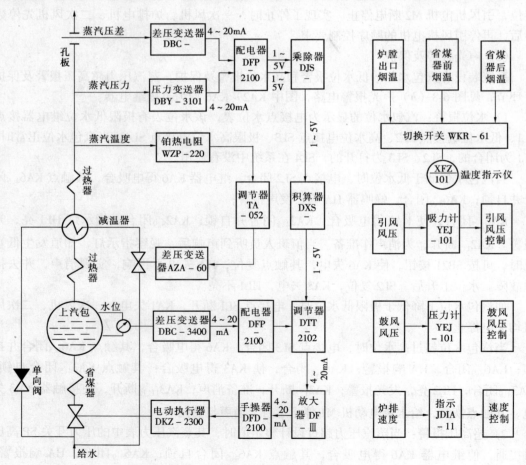

图 5-9 SHL10 锅炉仪表控制方框图

(1) 汽包水位的自动调节

1) 调节类型

根据方框图可知，该型锅炉汽包水位的自动调节为双冲量给水调节系统，见图5-10。系统以汽包水位信号作为主调节信号，以蒸汽流量信号作为前馈信号，可克服因负荷变化频繁而引起的"虚假水位"现象，减小水位波动的幅度。

2) 蒸汽流量信号的检测

系统是通过蒸汽差压信号与蒸汽压力信号的合成。气体的流量不仅与差压有关，还与温度和压力有关。

该系统的蒸汽温度由减温器自动调节，可视为不变。因此蒸汽流量是以差压为主信号，压力为补偿信号，经乘除器合成，作为蒸汽流量输出信号。

A. 差压的检测：工程中常应用差压式流量计检测差压。差压式流量计主要由节流装置、引压管和差压计三部分组成，图5-11为其示意图。

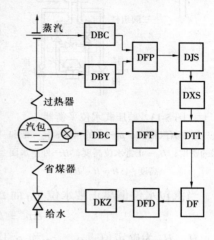

图5-10 双冲量给水调节系统方框图

流体通过节流装置（孔板）时，在节流装置的上、下游之间产生压差，从而由差压计测出差压。流量愈大，差压也愈大。流量和差压之间存在一定的关系，这就是差压流量计的工作原理。该系统用差压变送器代替差压计，将差压量转换为直流（4~20）mA电流信号送出。

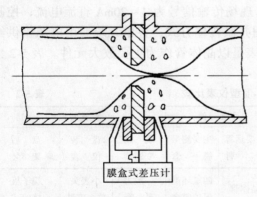

图5-11 差压式流量计

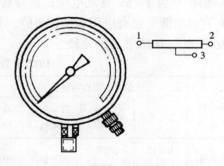

图5-12 弹簧管电阻式压力变送器

B. 压力的检测：压力检测常用的压力传感器有电阻式压力变送器、霍尔压力变送器。电阻压力变送器见图5-12，在弹簧管压力表中装了一个滑线电阻，当被测压力变化时，压力表中指针轴的转动带动滑线电阻的可动触点移动，改变滑线电阻两端的电阻比。这样就把压力的变化转化为电阻的变化，再通过检测电阻的阻值转换为直流（4~20）mA电流信号输出。

3) 汽包水位信号的检测

水位信号的检测是用差压式水位变送器实现的，如图5-13所示。其作用原理是把液

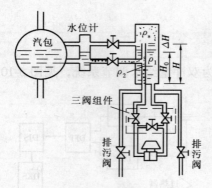

图 5-13 差压式水位平衡器

ρ_s—饱和蒸汽密度;ρ_1—水的密度;ρ_2—饱和水的密度;H_0—正常水位高度;H—外室水面高度;$\Delta H = H - H_0$

位高度的变化转换成差压信号,水位与差压之间的转换是通过平衡器(平衡缸)实现的。图示为双室平衡器,正压头从平衡器内室(汽包水侧连通管)中取得。平衡器外室中水面高度是一定的,当水面要增高时,水便通过汽侧连通管溢流入汽包;水要降低时,由蒸汽凝结水来补充。因此当平衡器中水的密度一定时,正压头为定值。负压管与汽包是相连的,因此,负压管中输出压头的变化反映了汽包水位的变化。

按流体静力学原理,当汽包水位在正常水位 H_0 时,平衡器的差压输出 Δp_0 为:

$$\Delta p_0 = : H\rho_1 g - H_0\rho_2 g - \Delta H\rho_s g \qquad (5-1)$$

式中 g——为重力加速度。

当汽包水位偏离正常水位 H_0 而 ΔH 变化时,平衡器的差压输出 Δp 为:

$$\Delta p = \Delta p_0 - \Delta H(\rho_2 g - \rho_s g) \qquad (5-2)$$

H、H_0 为确定值,ρ_1、ρ_2 和 ρ_s 均为已知的确定值,故正常水位时的差压输出 ΔP 就是常数,也就是说差压式水位计的基准水位差压是稳定的,而平衡器的输出差压 Δp 则是汽包水位变化 ΔH 的单值函数。水位增高,输出差压减小。

图中的三阀组件是为了调校差压变送器而配用的。

4)系统中应用的仪表简介

汽包水位自动调节系统,主要采用 DDZ-Ⅲ型仪表。DDZ 为电动单元组合型仪表,Ⅲ型仪表是用线性集成电路作为主要放大元件,现场传输信号为 4~20mA 直流电流;控制室联络信号为 1~5V 直流电压;信号传递采用并联传输方式;各单元统一由电源箱供给 24V 直流电源。也有应用Ⅱ型仪表的,Ⅱ型仪表是以晶体管作为主要放大元件。表 5-2 为 DDZ-Ⅲ型与 DDZ-Ⅱ型的比较。

DDZ-Ⅲ型与 DDZ-Ⅱ型仪表比较　　　　表 5-2

系列	信号、电源与连接方式				主要元件		结构特点		
	信号	电源	现场变送器	接受仪表	主要运算元件	主要测量膜盒	现场变送器	盘装仪表	盘后架装
DDZ-Ⅱ	0~10 mADC	220V AC	四线制	串联	晶体管	四氟环型保护膜盒	一般力平衡	小表头单台安装	端子板接线式
DDZ-Ⅲ	4~20 mADC	24V DC	二线制	并联	集成电路	基座波纹保护膜盒	矢量机构力平衡	大表头高密度安装	端子板加插件连接式

Ⅲ型仪表可分为现场安装仪表和控制室安装仪表两大部分,共有八大类。按仪表在系统中所起的不同作用,现场安装仪表可分为变送单元类和执行单元类。控制室内安装仪表又可分为调节单元类、转换单元类、运算单元类、显示单元类、给定单元类和辅助单元类等。每一类又有若干种,该系统采用的仪表主要有:

A. 变送器(变送单元):有差压变送器 DBC 和压力变送器 DBY。主要用在自动调节系统中作为测量部分，将液体、汽体等工艺参数，转换成（4~20）mA 的直流电流，作为指示、运算和调节单元的输入信号，以实现生产过程的连续检测和调节。

B. 配电器 DFP（辅助单元）：也称为分电盘，主要作用是对来自现场变送器的（4~20）mA 电流信号进行隔离，将其转换成（1~5）V 直流电压信号，传递给运算器或调节器，并对设置在现场的二线制变送器供电。

C. 乘除器 DJS（运算单元）：主要用于气体流量测量时的温度和压力补偿。可对三个（1~5）V 直流信号进行乘除运算或对两个（1~5）V 直流信号进行乘后开方运算。运算结果以（1~5）V 直流电压或（4~20）mA 直流电流输出。在该系统对差压 Δp 和压力 p 实现乘后开方运算。

D. 积算器 DXS（显示单元）：与开方器配合，可累计管道中流体的总流量，并用数字显示出被测流体的总量。

E. 前馈调节器 DTT（调节单元）：实现前馈—反馈控制的调节器。系统将蒸汽流量信号进行比例运算；对汽包水位信号进行比例积分运算，其总的输出为前馈作用与反馈作用之和。

F. 电动执行器 DKZ（执行单元）：执行器由伺服电机、减速器和位置发送器三部分组成。它接受伺服放大器或手动操作器的信号，使两相伺服电机按正、反方向运转。通过减速器减速后，变成输出力矩去带动阀门。与此同时，位置发送器又根据阀门的位置，发出相应数值的直流电流信号反馈到前置（伺服）放大器，与来自调节器的输出电流相平衡。

G. 伺服放大器 DF（辅助单元）：将调节器的输出信号与位置反馈信号比较，得一偏差信号，此偏差信号经功率放大后，驱动二相伺服电动机运转。当反馈信号与输入信号相等时，两相伺服电动机停止转动，输出轴就稳定在与输入信号相对应的位置上。

H. 手动操作器 DFD（辅助单元）：主要功能是以手动方式向电动执行器提供 4~20mA 的直流电流，对其进行手动遥控，是带有反馈指示的可以观察到操作端进行手动调节效果的仪表。

(2) 过热蒸汽温度的自动调节

过热蒸汽温度的调节是通过控制减温器中的减温水流量，实现降温调节的。

过热蒸汽温度是用安装在过热器出口管路中的测温探头检测的，该探头用铂热电阻制成感温元件，外加保护套管和接线端子，通过导线接在电子调节器 TA 的输入端。

TA 系列基地式仪表是一种简易的电子式自动检测、调节仪表，适用于生产过程中单参数自动调节，其放大元件采用了集成电路与分立元件兼用的组合方式，主要由输入回路、放大回路和调节部件三部分组成。其输出为 0~10mA 直流电流信号。根据型号不同，有不同的输入信号和输出规律。例如 TA-052 为偏差指示、三位 PI（D）输出，输入信号为热电阻阻值。

当过热蒸汽温度超过要求值时，测温探头中的铂热电阻阻值增大，与给定电阻阻值比较后，转换为直流偏差信号，该偏差信号经放大器放大后送至调节部件中，调节部件输出相应的信号给电动执行器，电动执行器将减温水阀门打开，向减温器提供减温水，使过热蒸汽降温。

当过热蒸汽温度降到整定值时，铂热电阻阻值减小，经调节器比较放大后，发出关闭减温水调节阀的信号，电动执行器将调节阀关闭。

(3) 锅炉燃烧系统的自动调节

随着用户热负荷的变化，必须调整燃煤量，否则，蒸汽锅炉锅筒压力就要波动。维持锅筒压力稳定，就能满足用户热量的需要。工业锅炉燃烧系统的自动调节是以维持锅筒压力稳定为依据，调节燃煤供给量，以适应热负荷的变化。为了保证锅炉的经济和安全运行，随着燃煤量的变化，必须调整锅炉的送风量，保持一定的风煤比例，即保持一定的过剩空气系数，同时还要保持一定的炉膛负压。因此，燃烧系统调节参数有：锅筒压力、燃煤供给量、送风量、烟气含氧量和炉膛负压等。

装设完整的燃烧自动调节系统的锅炉，其热效率约可提高15%左右，但需花费一定的投资，自动调节系统越完善，花费的投资也越高。对于蒸发量为 (6~10) t/h 的蒸汽锅炉，一般不设计燃烧自动调节系统，司炉工可根据热负荷的变化、炉膛负压指示、过剩空气系数等参数，人工调节给煤量和送、引风风量，以保持一定的风煤比和炉膛负压。

1.4 锅炉控制设备的安装

1.4.1 水位报警装置

水位警报器是利用锅筒和传感器内水位同时升降而造成传感器浮球相应升降，或者利用锅水能够导电的原理而制成。当锅炉内的水位高于最高安全水位或低于最低安全水位时，水位报警器就自动发出报警声响和光信号，提醒司炉人员迅速采取措施，防止事故发生。蒸发量不小于 2t/h 的锅炉，为了防止缺水事故和满水事故，除装设水位表外，还需装设高低水位警报器。水位警报器一般安装在锅筒外，常用的有磁铁式、电极式和电感式三种。需要注意的是，每当锅炉发出水位警报，司炉人员要首先正确判明是缺水事故还是满水事故，然后再采取相应措施。对于有自动给水装置的，每当水位警报器发出警报时，应改用手动装置，待情况查明，允许上水（或排水）时，先利用人工上水（或排水），待水位正常后，方可使用自动给水装置，使锅炉投入正常运行。

1.4.2 超温报警装置

超温报警装置是由温度控制器和声光信号装置组成的。当锅水温度超过规定或汽化时，能发出警报，使司炉人员及时采取措施，消除锅水汽化及超温现象，以免锅水的正常循环遭到破坏或产生超压现象。因此，额定出口热水温度不低于120℃的锅炉以及额定出口热水温度低于120℃但额定热功率不小于4.2MW的锅炉，应装设超温报警装置。

常用的温度控制器有电接点水银温度控制器、电接点压力式温度控制器、双金属温度控制器、动圈式温度指示控制器等。

1.4.3 超压报警装置

超压报警装置是由压力控制器和声光信号装置组成的。压力控制器是一种将压力信号直接转化为电气开关信号的机—电转换装置。它的功能是对压力高、低的不同情况输出开关信号，对外部线路进行自动控制或实施报警。目前使用最广泛的一种压力控制器是波纹管控制器。它既可以用于对压力控制又可以用于报警和连锁保护，在燃油燃气锅炉上还用于大小火转换控制。

1.4.4 低水位连锁保护装置

对于一般的工业锅炉，缺水事故带来的危害是十分严重的，因此《蒸汽锅炉安全技术监察规程》规定：2t/h 以上的蒸汽锅炉必须装设低水位连锁保护装置。

1.4.5 压力连锁保护装置

压力的连锁保护常用于蒸发量不小于6t/h的蒸汽锅炉和热水锅炉，在燃油、燃气锅炉及煤粉炉上用作安全控制。

1.4.6 超温连锁保护装置

当热水锅炉出口水温超过规定值时，就应采取连锁保护措施。燃煤锅炉自动停止送、引风装置的运行；燃油、燃气锅炉自动切断燃料供应。

1.4.7 给水泵的连锁保护装置

当锅炉出现低水位情况时，除燃烧系统处于连锁保护状态外，给水泵也应处于连锁保护状态，保证水位在未恢复到正常之前不能自动上水，以防突然向锅炉上水，扩大事故。同时也防止了操作人员在事故情况下，由于紧张慌乱而出现操作失误，启动给水泵上水。因为这时给水泵的工作状态选择开关虽然在"自动"位置上，"手动"按钮不起作用，但由于连锁而使自动上水装置不能工作，故可确保安全。只有在经过检查之后，将选择开关置于"手动"位置时，才可启动给水泵。当锅炉水位恢复正常后，通过控制开关解除连锁，给水泵又恢复正常工作。

1.4.8 循环水泵的连锁保护装置

热水锅炉在运行中必须保证循环水不致中断，因此，循环水泵主要是为热水锅炉进行热水循环之用。当用泵出现故障而跳闸时，备用泵应能自动投入工作；防止循环水泵未启动之前燃烧系统投入工作，同时也防止循环水泵因故障全部停止工作时，燃烧系统还未停止工作。

1.4.9 紧急停炉连锁保护装置

（1）燃煤锅炉的连锁保护

燃煤锅炉的紧急停炉连锁保护主要是送、引风机和炉排的连锁保护。

对于小型燃煤锅炉，送、引风机所采取的连锁保护方法是同步停止法，就是将送、引风机在连锁保护时同时停止运行。这样，锅炉的燃烧就会减弱，温度就会降低，达到保护的目的。这种方法操作简单，容易实现，但由于送、引风机同时停止运转，炉膛及烟道内有大量烟气未被抽走。对于燃油燃气锅炉，连锁保护的方法是分步停止法，即首先停止送风机，经过一段时间后再停引风机。这样，在停炉过程中能将炉内的可燃气体抽走。但此种方法的控制线路比同步停止法的复杂，可靠性也低一些。

炉排的连锁保护方法也有两种：一种是停止运行法，即让炉排停止运行，不再增添新的燃料，达到降负荷的目的。这种方法是在送、引风机停止运行之后，燃料的燃烧状况已明显减弱，锅炉内的余热对锅炉的安全已影响不大的情况下采取的连锁方法。此法控制线路很简单，实现起来比较容易，尤其是对连锁保护之后恢复运行很方便，但是对于低水位连锁保护不够彻底，炉膛的余热还可能使缺水事故继续扩大。另一种是快速运行法，即让炉排快速运转，将燃煤尽快地带出炉膛，降低炉膛温度，消除余热对安全的影响。采用这种方法，保护比较彻底，尤其对低水位连锁保护效果较好。但是连锁保护之后，需要重新点火或接续炉火方可继续运行。

（2）燃油、燃气锅炉的连锁保护装置

燃油、燃气锅炉的紧急停炉连锁保护，就是在水位、压力和温度达到极限值时，切断油、气供应，按程序进行吹扫并停炉。

1.4.10 熄火保护装置

炉膛熄火时,炉膛内光和热的辐射频率就会突然改变。利用装在炉膛壁上的检测元件,把光辐射的频率变化转换为电量,通过电气线路和继电器等带动执行机构来切断燃料供应,并发出相应的信号。燃油、燃气和煤粉炉,如果炉膛灭火,而燃料仍然供给,则会使炉膛内积存大量燃料,很可能造成爆炸事故。因此,对于燃烧这类燃料的锅炉,必须装设熄火保护装置。

火焰检测装置的检测元件,主要有光导管和紫外光敏管两种。火焰检测点的数量和位置,应保证炉膛一旦熄火能及时反应。通常装在火焰燃烧器上部看火孔附近。对于煤粉炉,一般还装有辅助油或气燃烧装置。因此,在煤粉炉的熄火保护装置上,还应有燃油或燃气的点火控制系统。一旦炉膛燃烧不正常而发暗时,能投入辅助的燃油或燃气。

课题2 空调与制冷系统的电气控制及安装调试

为了满足生活和生产活动对环境的要求,人们往往采用空调制冷装置对某一空间的空气进行适当处理,以使空气内的温度、相对湿度、压力洁净度和气流等多项参数保持在一定的范围内,根据使用要求的不同,空调制冷技术分制冷和空调两大领域。空调领域的主要任务是以室内人员或工艺过程为对象,着眼于制造使人感到舒适的室内气候环境以及制造符合工艺过程所要求的生产环境,制冷领域的主要任务是实现某一空间的温度和湿度目标,以及生产对工艺介质的温度要求。

2.1 概 述

2.1.1 空调系统的分类
(1) 按功能分类
1) 单冷型(冷风型)空调器:只能在环境温度18°以上时使用,具有结构简单的特点。主要由压缩机、冷凝器、干燥过滤器、毛细管以及蒸发器组成,如图5-14所示。蒸发器在室内侧吸收热量,冷凝器在室外将室内的热量散发出去。

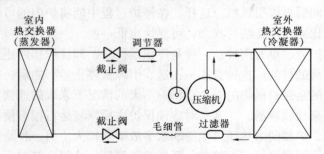

图5-14 单冷型空调器制冷系统

2) 冷热两用型空调器:这种空调器又分为三种:A. 电热型空调器:电热器安装在蒸发器与离心风扇之间。夏季将冷热转换开关拨向冷风位置,冬季开关置于热风位置。B. 热泵型空调器:通过压缩机驱动,将低温区(蒸发器)的热量输送到高温区(冷凝器),把冷凝气排放出的热量用于室内供暖的空调器。其室内制冷或供热,是通过四通换向阀改变制冷剂的流向实现的,如图 5-15 所示。其特点是:当环境温度低于 5℃时不能使用,但供热效率高。C. 热泵辅助电热型空调器:它是在热泵型空调器的基础上增设了电加热器,是电热型与热泵型相结合的产物。

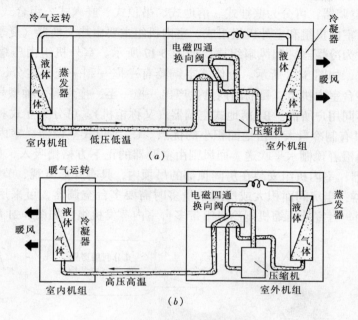

图 5-15 制冷与供热运行状态
(a) 制冷过程;(b) 制热过程

(2) 按结构分类

1) 整体式空调器:可分为窗式空调器、移动式空调器和台式空调器。A. 窗式空调器:又分为卧式和竖式两种。其特点是:结构简单、价格低廉、安装及维修方便、故障率

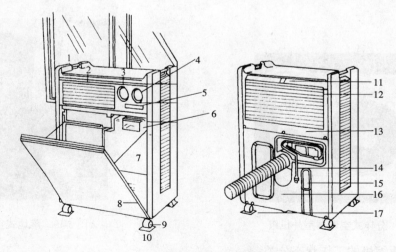

图 5-16 移动式空调器
1—空气出口盖;2—空气出口;3—定时器;4—选择开关;5—温控器;6—高压开关;7—水箱;8—前门;9—脚轮;10—脚轮座;11—空气过滤器;12—空气入口;13—接线盒;14—电源线;15—排水管;16—排气管盖;17—排气管

165

低,但不美观、影响采光、噪声较大。B. 移动式空调器:移动式空调器结构如图 5-16 所示,是落地式的,其底部由四个脚轮支撑,具有移动方便、使用灵活、节省电能的优点。C. 台式空调器:这种空调器的冷凝器排放的热量也是通过排气软管排出室外。

2) 分体式空调器:可分为壁挂式、落地式、吊顶式、嵌入式、组合式空调器。A. 壁挂式空调器:由室内机组和室外机组组成。室内机组主要由热交换器(夏季制冷时为蒸发器,冬季制热时为冷凝器)和风扇组成。如图 5-17 所示。室外机组由压缩机、冷凝器和冷却风扇等组成,如图 5-18 所示。分体式空调器有一拖一和一拖多之分,即一台室外机组带动一台或多台室内机组。目前国内已生产出一拖一至一拖六等多种型号的分体式空调器,可以满足不同用户所需。B. 落地式空调器(又称柜机):可分为立式和卧式两种,如图 5-19 所示,具有制冷量大、占地面积小的优点。C. 吊顶式空调器:室内机组安装在顶棚下,风由侧面沿着顶棚水平吹送,回风则由空调器的正下方格栅吸入,如图 5-20 所示。D. 嵌入式空调器:室内机组安装在房间顶部的吊顶内,具有外形美观、节省空间的特点。E. 组合式空调器:当房间面积大或房间数量多时需要多台空调器,可采用一拖多的组合式空调器,即用一台室外压缩机制冷机组带多台室内蒸发机组,如图 5-21 所示。

图 5-17 分体式空调室内机组

图 5-18 分体式空调器室外机组

图 5-19 落地式空调器

(3) 按压缩机的工作状态分类

1) 定频(定速)式空调器:这种空调器的压缩机只能输入固定频率和大小的电压,压缩机的转速和输出功率是不可改变的。

图 5-20 吊顶式空调器
(a) 普通型；(b) 豪华型

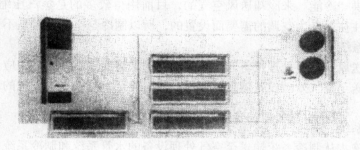

图 5-21 组合式空调器

2) 变频式空调器：这种空调器采用电子变频技术和微电脑控制技术，使压缩机实现了自动无级变速。

(4) 按空气处理设备的设置情况分类

1) 集中式空调系统：将空气处理设备（过滤、冷却、加热、加湿设备和风机等）集中设置在空调机房内，空气处理后，由风管送入各房间的系统。这种空调系统应设置集中控制室，如图 5-22 所示。

2) 分散式空调（也称局部空调）：将整体组装的空调器（带冷冻机的空调机组、热泵机组等）直接放在空调房间内或放在空调房间附近，每个机组只供一个或几个小房间，或者一个房间内放几个机组的系统。

3) 半集中式空调系统：集中处理部分或全部风量，然后送往各房间（或各区），在各房间（或各区）再进行处理的系统。

2.1.2 空调系统的设备组成

空调器一般由制冷系统、电气控制系统和通风系统等几部分组成。

典型的空调方法是将经过空调设备处理而得到一定参数的空气送入室内（送风），同时从室内排除相应量的空气（排风）。在送排风的同时作用下，就能使室内空气保持要求的状态。以图 5-22 为例，空调系统一般由以下几个组成部分：

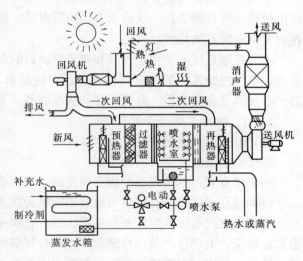

图 5-22 集中空调系统示意

(1) 空气处理设备

其作用是将送风空气处理到一定的状态。主要由空气过滤器、表面式冷却器（或喷水冷却室）、加热器、加湿器等设备组成。

(2) 冷源和热源

这是空气处理过程中所必需的。热源是用来提供"热能"来加热送风的。常用的热源有提供蒸汽（或热水）的锅炉或直接加热空气的电热设备。一般向空调建筑物（或建筑群）供热的锅炉，同时也向生产工艺设备和生活设施供热，所以它不是专为空调配套的。冷源则是用来提供"冷能"来冷却送风空气的，目前用得较多的是蒸汽压缩式制冷装置，而这些制冷装置往往是专为空调的需要而设置的，所以制冷与空调常常是不可分的。

(3) 空调风系统

其作用是将送风从空气处理设备通过风管送到空调房间内，同时将相应量的排风从室内通过另一风管送至空气处理设备做重复使用，或者排至室外。输送空气的动力设备是通风机。

(4) 空调水系统

它包括将冷冻水从制冷系统输送至空气处理设备的水管系统和制冷系统的冷却水系统（包括冷却塔和冷却水水管系统）。输送水的动力设备是水泵。

(5) 控制、调节装置

由于空调、制冷系统的工况应随室外空气状态和室内情况的变化而变化，所以要经常对它们的有关装置进行调节。这一调节过程可以是人工进行的，也可以是自动控制的，不论是哪一种方式，都要配备一定的设备和调节装置。

只有通过正确的设计、安装和调试上述五个部分的装置，而且能科学地进行运行管理这一空调、制冷系统才能取得满意的工作效果。

2.2 空调电气系统常用器件

空调系统的运行需要进行自动控制和调节时，一般由自动调节装置实现。自动调节装置由敏感元件、调节器、执行调节机构等组成。但各种器件种类很多，这里仅介绍与电气控制实例有联系的几种。

电气控制系统的作用是控制和调节空调器的运行状态，并且具有多种保护功能。一般而言，电气控制系统的组成部件有：温度控制器、压力继电器、启动继电器、过载保护器、电加热（加湿）器、开关元件和遥控器等。下面分别进行说明。

2.2.1 敏感元件（检测元件）

(1) 电接点水银温度计（干球温度计）

电接点水银温度计有两种类型：

固定接点式：其接点温度值是固定的，结构简单；

可调接点式：其接点位置可通过给定机构在表的量限内调整。

可调接点式水银温度计外形见图5-23，它和一般水银温度计不同处在于毛细管上部有扁形玻璃管，玻璃管内装一根螺丝杆，丝杆顶端固定着一块扁铁，丝杆上装有一只扁形螺母，螺母上焊有一根细钨丝通到毛细管里，温度计顶端装有永久磁铁调节帽，有两根导线从顶端引出，一根导线与水银相连，另一根导线与钨丝相连。它的刻度分上下两段，上段用作调整整定值,由扁形螺母指示;下段为水银柱的实际读数。进行调整时,可转动调节帽,则固定扁铁被吸引而旋转,丝杆也随着转动,扁形螺母因为受到扁形玻璃管的约束不能转动,只能沿着丝杆上下移动。扁形螺母在上段刻度指示的位置即是所需整定的温度值,此时钨丝下端在毛细管中的位置刚好与扁形螺母指示位置对应。当温包受热时,水银柱上升,与钨丝接触后,即电接点接通。

电接点若通过稍大电流时,不仅水银柱本身发热影响到测温、调温的准确性,而且在接点断开时所产生的电弧,将烧坏水银柱面和玻璃管内壁。因此,为了降低水银柱的电流负荷,将其电接点接在晶体三极管的基极回路,利用晶体三极管的电流放大作用来解决上述问题。

(2) 湿球温度计

将电接点水银温度计的温包包上细纱布,纱布的末端浸在水里,由于毛细管的作用,纱布将水吸上来,使温包周围经常处于湿润状态,此种温度计称为湿球温度计。

当使用干、湿球温度计同时去测空调房间空气状态时,在两支温度计的指示值稳定以后,同时读出干球温度计和湿球温度计的读数。由于湿球上水分蒸发吸收热量,湿球表面空气层的温度下降,因此,湿球温度一般总是低于干球温度。干球温度与湿球温度之差叫做干湿球温度差,它的大小与被测空气的相对湿度有关,空气越干燥,干、湿球温度差就越大;反之,相对湿度越大,干、湿球温度差就越小。若处于饱和空气中,则干、湿球温度差等于零。所以,在某一温度下,干、湿球温度差也就对应了被测房间的相对湿度。

图 5-23 电接点水银温度计

(3) 热敏电阻

半导体热敏电阻是由某些金属(如镁、镍、铜、钴等)的氧化物的混合物烧结而成的。它具有很高的负电阻温度系数,即当温度升高时,其阻值急剧减小。其优点是温度系数比铂、铜等电阻大 10~15 倍。一个热敏电阻元件的阻值也较大,达数千欧,故可产生较大的信号。

热敏电阻具有体积小、热惯性小、坚固等优点。目前 RC-4 型热敏电阻较稳定,广泛应用于室温的测定。

(4) 湿敏电阻

湿敏电阻从机理上可分为两类:第一类是随着吸湿、放湿的过程,其本身的离子发生变化而使其阻值发生变化,属于这类的有吸湿性盐(如氯化锂)、半导体等;第二类是依靠吸附在物质表面的水分子改变其表面的能量状态,从而使内部电子的传导状态发生变化,最终也反映在电阻阻值变化上,属于这一类的有镍铁以及高分子化合物等。

下面着重介绍氯化锂湿敏电阻。它是目前应用较多的一种高灵敏的感湿元件,具有很强的吸湿性能,而且吸湿后的导电性与空气湿度之间存在着一定的函数关系。

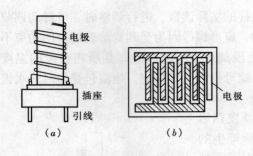

图 5-24 湿敏电阻外形
(a) 柱状；(b) 梳状

湿敏电阻可制成柱状和梳状（板状），如图 5-24 所示。柱状是利用两根直径 0.1mm 的铂丝，平行绕在玻璃骨架上形成的；梳状是用印刷电路板制成两个梳状电极，将吸湿剂氯化锂均匀地混合在水溶性粘合剂中，组成感湿物质，并把它均匀地涂敷在柱状（或梳状）电极体的骨架（或基板）上，做成一个氯化锂湿敏电阻测头。

将测头置于被测空气中，当空气的相对湿度发生变化时，柱状电极体上的平行铂丝（或梳状电极）间氯化锂电阻随之发生改变。用测量电阻的调节器测出其变化值就可以反映其湿度值。

2.2.2 温度控制器（又称温度开关）

它是一种可以根据温度的变化进行调整控制的自动开关元件。根据用途不同，温度控制器可分为普通温控器和专用温控器两种。普通型温控器的作用是控制压缩机的运转和停机，专用温控器的作用是去除室外热交换器盘管的霜层（又叫化霜控制器）。

普通温度控制器又分为机械压力式和电子式两大类。机械压力式温控器有波纹管式和膜盒式温控器两种，这里仅介绍膜盒式温控器。

(1) 膜盒式温控器构造

由感温系统、调节机构和执行机构组成，如图 5-25 所示。感温系统由测温管、毛细管和密封的膜盒组成；调节机构由凸轮和转轴组成；执行机构则由弹簧、压板和微动开关组成。膜盒的一端通过毛细管接在测温管上，内充感温剂，另一端与压板接触。

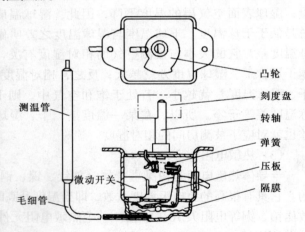

图 5-25 膜盒式温控器构造

(2) 膜盒式温控器原理

当被调房间室内温度变化时，膜盒内部的压力也随之变化，于是压板一端的顶杆推动串联在电路中的开关触点接通或断开，从而控制压缩机的启动和停止，达到温度控制的目的。

2.2.3 化霜控制器

(1) 作用及类型

化霜控制器是利用温度变化控制触头动作的一种开关元件，用来执行暂时延缓加热并转换到除霜动作。

其常用的类型有：电子式、波纹管式、微差压计、微电除霜控制器等，这里仅介绍电子式化霜控制器。

(2) 电子式化霜控制器

它由化霜控制器和定时器组成,如图 5-26 所示。其原理是:当压缩机制热达到一定时间或室外热交换器上的热敏电阻检测温度降为一定值(如 -5℃)时,电子开关切断电磁换向阀电源,使空调器运行状态变为制冷循环或利用电加热器对室外热交换器进行加热。一般的空调器在除霜时室内外风扇均处于停止状态。而热泵辅助电热型空调器则不同,除霜时,只有压缩机和室外风扇停止,而电加热器和室内风扇仍处于工作状态,不停地为室内送热风。

图 5-26 电子化霜控制器

2.2.4 压力控制器(压力继电器)

空调器常用的压力控制器有波纹管式和薄壳式两种。波纹管式压力控制器的外形和结构如图 5-27 所示,薄壳式压力控制器外形及结构如图 5-28 所示。压力控制器分为高压和

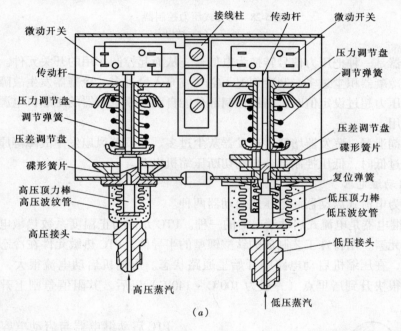

(a)

(b)

图 5-27 波纹管式压力控制器
(a)结构;(b)外形

低压控制。高压控制部分通过螺纹接口和压缩机高压排气管连接；低压控制部分通过螺丝接口和压缩机低压进气管连接。

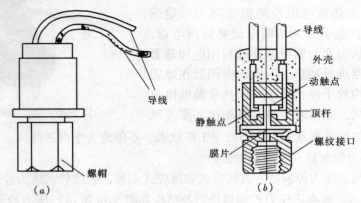

图 5-28 薄壳式压力控制器
(a) 外形；(b) 结构

压力控制器是一种把压力信号转换为电信号，从而起控制作用的开关元件。当外界环境温度过高、冷凝器积尘过多、制冷剂混入空气或充入量过多、冷凝器发生故障等原因使制冷系统高压压力超过设定值时，高压控制部分能自动切断空调器的压缩机电源，起到保护压缩机的作用。

当因制冷剂泄漏、蒸发器堵塞、蒸发器灰尘过多、蒸发器风扇发生故障等原因引起压缩机吸气压力过低时，低压控制部分自动切断压缩机电源。

2.2.5 启动继电器

启动器分为电流式启动器和电压式启动器两种。

PTC 启动继电器是电流式启动继电器的一种。PTC 元件为正温度系数热敏电阻，它是掺入微量稀土元素，用特殊工艺制成的钛酸钡型的半导体。PTC 热敏元件在冷态时的阻值只有十几欧姆，在压缩机启动电路中开始呈通路状态。压缩机启动电流很大，使 PTC 热敏元件的温度很快升到居里点（一般为 100℃～140℃）以后，其阻值急剧上升呈断路状态。

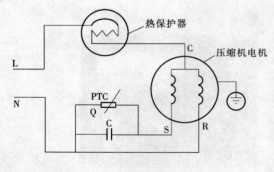

PTC 启动继电器与启动电容并联后再与压缩机启动绕组串联，其接线如图 5-29 所示。

当压缩机通电之初，PTC 阻值很小，在电路中呈通路状态，启动绕组通过很大电流，使压缩机产生很大的启动转矩。由于 PTC 阻值急剧上升，切断启动绕组，使压缩机进入正常工作状态。

图 5-29 PTC 启动继电器接线图

2.2.6 电加热器

电加热器按其构造不同可分为裸线式电加热器和管式电加热器。裸线式电加热器见图 5-30，它具有热惯性小、加热迅速、结构简单等优点，但其安全性差。管式电加热器如图 5-31 所示，具有加热均匀、热量稳定、耐用和安全等优点，但其加热热惯性大，结构复杂。

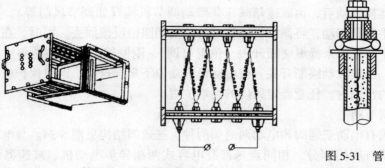

图 5-30 裸线式电加热器　　图 5-31 管式电加热器

电加热器是利用电流通过电阻丝会产生热量而制成的加热空气的设备。电加热器具有加热均匀、热量稳定、效率高、结构紧凑且易于实现自动控制等优点，因此在小型空调系统中应用广泛。对于温度控制精度要求较高的大型系统，有时也将电加热器装在各送风支管中以实现温度的分区控制。

2.2.7 电加湿器

电加湿器有电极加湿器，也有管状加热元件，产生蒸汽所用的加热设备电极式加湿器如图 5-32 所示。电加湿器是用电能直接加热水以产生蒸汽。用短管将蒸汽喷入空气中或将电加湿装置直接装在风道内，使蒸汽直接混入流过的空气。

2.2.8 执行调节机构

凡是接受调节器输出信号而动作，再控制风门或阀门的部件称为执行机构，如接触器、电动阀门的电动机等部件。而对于管道上的阀门、风道上的风门等称为调节机构。执行机构与调节机构组装在一起，成为一个设备，这种设备可称为执行调节机构，如电磁阀、电动阀等。

（1）电动执行机构

电动执行机构接受调节器送来的信号，并去改变调节机构的位置。电动执行机构不但可实现远距离操纵，还可以利用反馈电位器实现比例调节和位置（开度）指示。

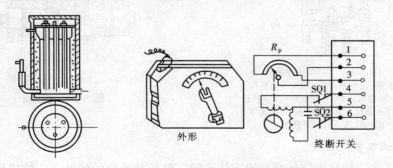

图 5-32 电加湿器　　图 5-33 SM$_2$-120 电动执行机构

电动执行机构的型号虽有数种，但其结构大同小异，现以 SM$_2$-120 型为例：由电容式两相异步电动机、减速箱、终断开关和反馈电位器组成。电路见图5-33,图中1、2、3接点接反馈电位器,如采用简单位式调节时,则可不用此电位器。4、5、6与调节器有关点相接,当4、5两点间加220V交流电时,电动机正转,当5、6两点加220V交流电时,电动机反转。电动机转动后,由减速箱减速并带动调节机构(如调节风门等),另外还能带动反馈电位器中间臂移动,将调节机构移动的角度用阻值反馈回去。同时,在减速箱的输出轴上装有两个凸轮用来操纵终断开关(位置可调),限制输出轴转动的角度。即在达到要求的转角时,凸轮拨动终断开关,使电动机自动停下来,这样,既可保护电动机,又可以在风门转动的范围内,任意确定风门的终端位置。

(2) 电动调节阀

电动调节阀有电动三通阀和电动两通阀两种,三通阀结构见图5-34。与电动执行机构不同点是本身具有阀门部分,相同点是都有电容式两相异步电动机、减速器、终断开关等。

当接通电源后,电动机通过减速机构、传动机构将电动机的转动变成阀芯的直线运动,随着电动机转向的改变,使阀门向开启或关闭方向运动。当阀芯处于全开或全闭位置时,通过终断开关自动切断执行电动机的电源,同时接通指示灯以显示阀门的极端位置。

(3) 电磁阀

电磁阀与电动调节阀不同点是,它的阀门只有开和关两种状态,没有中间状态。一般应用在制冷系统和蒸汽加湿系统。

电磁阀的结构见图5-35,其工作原理是利用电磁线圈通电产生的电磁吸力将阀芯提起,而当电磁线圈断电时,阀芯在其本身的自重作用下自行关闭,因此,电磁阀只能垂直安装。

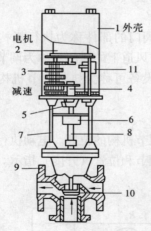

图 5-34 电动三通阀
1—机壳;2—电动机;3—传动机构;4—主轴螺母;5—主轴;6—弹簧联轴节;7—支柱;8—阀主体;9—阀体;10—阀芯;11—终断开关

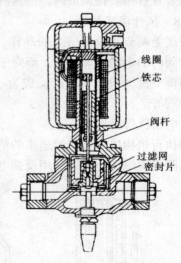

图 5-35 电磁阀

2.2.9 调节器

接受敏感元件的输出信号并与给定值比较,然后将测出的偏差变为输出信号,指挥执行调节机构,对调节对象起调节作用,并保持调节参数不变或在给定范围内变化的这种装置称为调节器,又称二次仪表或调节仪表。

(1) SY-105 型晶体管式调节器

SY-105 型晶体管位式调节器由两组电子继电器组成，由同一电源变压器供电，其电路见图 5-36。上部为第一组，电接点水银温度计接在 1、2 两点上。当被测温度等于或超过给定温度时，敏感元件的电接点水银温度计接通 1、2 两点，V1 处于饱和导通状态，使集电极电位提高，故 V2 管处于截止状态，继电器 KE1（灵敏继电器）释放；而当温度低于给定值时，1、2 两点断开，V1 管处于截止状态，V2 管基极电位较低，V2 管工作在导通状态，继电器 KE1 吸合，利用继电器 KE1 的触点去控制执行调节机构（如电加热管或电磁阀），就可实现温度的自动调节。

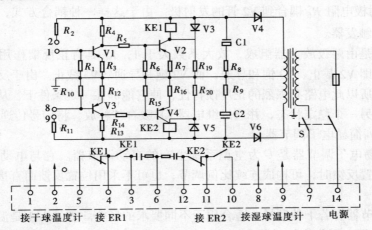

图 5-36　SY-105 调节器电路图

图中下面部分为第二组，8、9 两点间接湿球电接点温球计，其工作原理与上部相同。两组配合，可在恒温恒湿机组中实现恒温恒湿控制。

(2) RS 型室温调节器

RS 型室温调节器可用于控制风机盘管、诱导器等空调末端装置，按双位调节规律控制恒温。调节器电路见图 5-37，由晶体三极管 V1 构成测量放大电路，V2、V3 组成典型的双稳态触发电路。

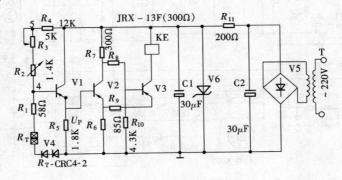

图 5-37　RS 调节器

1) 测量放大电路

敏感元件是热敏电阻 R_T，它与电阻 R_1、R_2、R_3、R_4 组成 V1 的分压式偏置电路。当室温变化时，R_T 阻值就发生变化，因而可改变 V1 基极电位，进而使 V1 发射极电位 U_p 发生变化，U_p 用来控制下面的双稳态触发器。R_2 是改变温度给定值的电位器，改变其阻值可使调节器的动作温度改变。

【例】 当 R_T 处温度降低时，R_T 阻值增加，V1 管基极电流 I_{b1} 增加，使 V1 管发射极电流增加，则电阻 R_5 电压降增加，发射极电位 U_p 降低。反之，当 R_T 处温度增加时，R_T 阻值减小，V1 基极电流小，发射极电流也减小，使 U_p 上升。

2）双稳态触发电路

V2 管的集电极电位通过 R_8、R_{10} 分压支路耦合到 V3 管的基极，而 V3 管的发射极经 R_9 和共用发射极电阻 R_6 耦合到 V2 管的发射极。由于这样一种耦合方式，故称为发射极耦合的双稳态触发器。

触发电路是由两级放大器组成，放大系数大于 1，R_6 具有正反馈作用。电路具有两个稳定状态：即 V2 截止、V3 饱和导通，而 V2 饱和导通、V3 截止。由于反馈回路有一定的放大系数，所以此电路有强烈的正反馈特性，使它能够在一定条件下，从一个稳定状态迅速地转换到另一个稳定状态，并通过继电器 KE 吸合与释放，将信号传递出去。

(3) P 系列简易电子调节器

P 系列简易电子调节器是专为空调系统生产的自动调节器。它与电动调节阀配套使用，在取得位置反馈时，可构成连续比例调节，也可不采用位置反馈而直接控制接触器或电磁阀等。

该系列调节器有若干种型号，适合用于不同要求的场合。如 P-4A1 是温度调节器，P-4B 是温差调节器，可作为相对湿度调节；P-5A 是带温度补偿的调节器。P 系列各型调节器除测量电桥稍有不同外，其他大体相同。故下面仅对图 5-38 所示 P-4A1 型调节器电路进行分析。

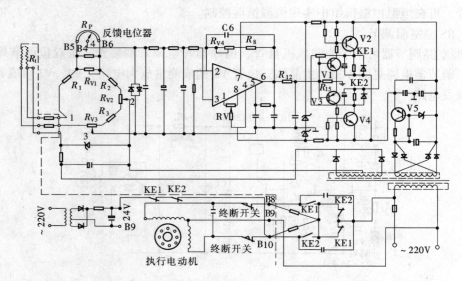

图 5-38　P-4A1 型调节器电路

1）直流测量电桥

电桥 1、2 两点的电源是由整流器供给的直流电，电桥的作用是：A. 通过电位器 R_{V3}

完成调整温度给定值。由于采用了同时改变两相邻臂电阻的方法，所以可减少因滑动点接触电阻的不稳定对给定值带来的误差。R_{V3}安装在仪表板上，其上刻有给定的温度，比如(12~32)℃量限，可在(12~32)℃之间任意给定。B. 通过镍电阻R_t（敏感元件）与给定电阻相比较测量偏差信号（约$200\mu V/0.07℃$）。这是由于当不能满足相对臂乘积相等的条件，使电桥成为不平衡工作状态时，就会输出一偏差信号。此信号由电桥3、4两点输出，再经阻容滤波滤去交流干扰信号后送入运算放大电路放大。C. 在电桥上接入了位置反馈，可完成比例调节作用，以加强调节系统的稳定性。位置反馈信号是由R_P完成的，而反馈量的大小，可由电位器R_{V1}来调整。R_P与执行机构联动，因此两者位置相对应，当电桥不平衡时，执行机构动作，对被测量进行调节，同时带动R_P，令电桥处于新的平衡状态，执行机构电动机于是停止转动，不至于过调。

此外，镍电阻是采用三线接法使连接线路的电阻属于电桥的两个臂，以消除线路电阻随温度变化而造成的测量误差。

2）运算放大电路

运算放大电路采用集成电路，不但可以缩小体积，减轻重量，同时由于电路连线缩短，焊点减少，从而提高了仪表的可靠性。该放大电路利用R_8和R_{V4}构成负反馈式比例放大器，放大倍数虽然降低了，但却增大了调节器的稳定性，同时通过改变放大倍数可以改变调节器的灵敏度，电容 C6 可提高系统的抗干扰能力，这是因为交流干扰信号易通过 C6 反馈到原端，最大限度地压低了干扰。电位器 RV 为放大器的校零电位器。

3）输出电路

输出电路由晶体三极管 V1、V2、V3、V4 组成，它将直流放大器输出渐变的电压信号，转变为一个跳变的电压信号，使两个灵敏继电器工作在开关状态。其工作过程是前级输出电压加在R_{15}上，其电压极性和数值大小由直流放大器的输出决定，即是由温度偏差的方向和大小来决定。

当R_{15}上的电压具有一定的极性又具有一定数值时，就会使 V1 或 V3 处于导通状态。例如，被测温度低于给定值时，R_{15}上电压使 V1 的基极和发射极处于正向导通状态，V1 管导通，通过电阻R_{21}使 V2 基极电位下降，V2 管也处于导通状态，此时灵敏继电器 KE1 吸合，并通过其触点使电动执行机构向某一方向转动进行调节。若被测温度高于给定值时，R_{15}上电压使 V3 管处于导通状态，V3 管发射集与集电极间电压降减少，使 V4 管处于导通状态，灵敏继电器 KE2 吸合，并通过其触点 KE2 使电动执行机构向与前述相反的方向转动，以进行相应的调节。

2.3 分散式空调系统电气控制实例

在建筑物的空调设计和选择中，究竟用哪种空调合适应根据情况考虑确定。当一个大的建筑物中，只有少数房间需要空调，或者要求空调的房间虽多，但却很分散，彼此相距较远，采用分散式空调较为合适，确保了运行管理的方便，造价便宜。

分散式空调有许多种类型，这里仅以较为典型的恒温恒湿机组为例进行分析。

2.3.1 系统的组成

KD10/I-L 型空调机组主要由制冷、空气处理设备和电气控制三部分组成，如图 5-39 所示。

(1) 制冷部分

制冷部分是机组的冷源，主要由压缩机、冷凝器、膨胀阀和蒸发器等组成。该系统应用的蒸发器是风冷式表面冷却器，为了调节系统所需的冷负荷，将冷却器制冷剂管路分成两条，利用两个电磁阀分别控制两条管路的通和断，在冷却器的蒸发面积全部或部分使用上，来调节系统所需的冷负荷量。分油器、滤污器为辅助设备。

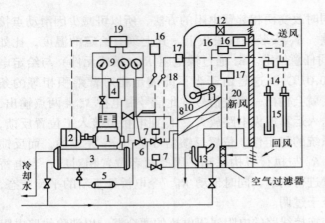

图 5-39 KD10/I-L 型空调机组控制系统组成

1—压缩机；2—电动机；3—冷凝器；4—分油器；5—滤污器；6—膨胀阀；7—电磁阀；8—蒸发器；9—压力表；10—风机；11—风机电动机；12—电加热器；13—电加湿器；14—调节器；15—电接点干湿球温度计；16—接触器触点；17—继电器触点；18—选择开关；19—压力继电器触点；20—开关

(2) 空气处理部分

空气处理部分主要由新风采集口、自风口、空气过滤器、电加热器、电加湿器和通风机等设备组成。空气处理设备的主要任务是：将新风和回风经过空气过滤器过滤后，处理成所需要的温度和相对湿度，以满足房间空调要求。

(3) 电气控制部分

这部分的作用是实现恒温恒湿的自动调节，主要设备有电接点干、湿球温度计及 SY-105 晶体管调节器、变压器、信号灯、继电器、接触器、开关等以实现对风机和压缩机的启、停控制。

2.3.2 电气控制电路分析

KD10/I-L 型恒温恒湿机组的电气控制如图 5-40 所示。

(1) 运行前的准备

合上电源开关 QS，主电路及辅助电路均有电。合上开关 S1，接触器 KM1 线圈通电，其触头动作，使通风机电动机 M1 启动运转，同时辅助触点 $KM1_{1,2}$ 闭合，指示灯 HL1 亮，$KM1_{3,4}$ 闭合，为温湿度自动调节做好准备，此触点的作用是：通风机未启动前，电加热器、电加湿器等都不能投入运行，起到安全保护作用，故将此触点称为连锁保护触点。

冷源由制冷压缩机供给。开关 S2 是控制压缩机电动机 M2 的，制冷量的大小由能量调节电磁阀 YV1、YV2 来调节蒸发器的蒸发面积实现。其是否全部投入由选择开关 SA 控制。

热源由电加热器供给。将电加热器分为三组，由开关 S3、S4、S5 分别控制。

(2) 夏季运行的温湿度调节

夏季主要是降温减湿，压缩机需投入运行，将开关 SA 至"Ⅱ"档，为了精加热将电加热器投入一组，将开关 S5 至"自动"位，S3、S4、至"停止"位，合上开关 S2，接触器 KM2 线圈通电，其触头动作，此时压缩机 M2 处于无保护的抽真空、充灌制冷剂运转状态，同时压缩机运行指示灯 HL2 亮，制冷系统供液电磁阀 YV1 通电打开，蒸发器有 2/3 面积投入运行。

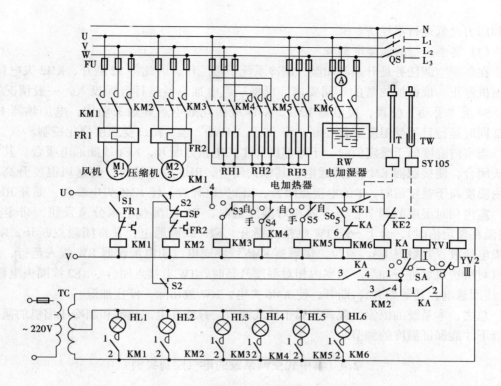

图 5-40 KD10/I-L 型空调机组电路

在刚开机时，室内的温度较高，敏感元件干球温度计和湿球温度计 TW 接点都是接通的（T 的整定值比 TW 的整定值稍高），与其相连的调节器 SY-105 中的继电器 KE1 和 KE2 均不得电，KE2 的常闭触点使中间继电器 KA 得电吸合，供液电磁阀 YV2 通电打开，蒸发器由两只膨胀阀供液，蒸发器全部面积投入运行，空调机组向室内送入冷风，实现对新空气进行降温和冷却减湿。

当室内温度下降到 T 的整定值以下，其电接点断开，使 KE1 的线圈通电，KE1 常开触点闭合使接触器 KM5 线圈通电，其主触头闭合后，使电加热器 RH3 通电，对风道中被降温和减湿后的冷风进行精加热，使其温度相对提高。

当室内的相对湿度低于 T 和 TW 整定值的温度差时，TW 上的水分蒸发过快而带走热量，使 TW 电接点断开，KE2 线圈通电，其常闭触点断开，使中间继电器 KA 线圈失电，其触点 $KA_{1,2}$ 复位，电磁阀 YV2 线圈失电关闭，蒸发器只有 2/3 面积投入运行，制冷量减少而使相对湿度上升。

在春秋交界或夏秋交界，需制冷量小时，将开关 SA 至"I"位置，只有电磁阀 YV1 受控，而电磁阀 YV2 不投入运行，动作原理同上。

综上分析可知：当房间内干、湿球温度一定时，其相对湿度就被确定了。每一个干、湿球温度差就对应一个湿度差。若干球温度保持不变，则湿球温度的变化就表示了房间内相对湿度的变化，只要能控制住湿球温度不变就能维持房间相对湿度恒定。

图中高低压力继电器 SP 的作用是：当发生高压（超高压）或压力过低时 SP 断开，KM2 线圈失电释放，M2 停止运行。此时 $KA_{3,4}$ 号触头仍使电磁阀受控。当蒸发器吸气压力恢复正常时 SP 复位，M2 又自行启动，从而防止了制冷系统压缩机吸气压力过高运行不安全和压力过低运行不经济。

(3) 冬季运行的温湿度调节

在冬季空调任务是升温和加湿，制冷系统不需工作，因此将 S2 断开，KM2 失电释放，压缩机停止。根据加热量的不同要求，可将三组电加热器进行合理投入。一般情况下将 S3、S4 至"手动"位置，接触器 KM3、KM4 线圈均通电、其触头动作，电加热器 RH1、RH2 同时运行且不受温度变化控制。将 S5 至"自动"位，RH3 受温度变化控制。

当室内温度低于整定值时，干球温度计 T 的电接点断开，KE1 线圈通电吸合，其常开触头闭合，使接触器 KM5 线圈通电，其触头闭合，RH3 投入运行，使送风温度升高。当室内温度高于整定值时，T 的电接点闭合，KE1 失电释放，使 KM5 失电释放，断开 RH3。

室内相对湿度的调节：当室内相对湿度低时，TW 的温包上水分蒸发快而带走热量（室温在整定值时），合上 S6，TW 电接点断开，KE2 线圈通电，其常闭触点断开，KA 线圈失电释放，其触点 $KA_{5,6}$ 复位，接触器 KM6 线圈通电，使电加湿器 RW 投入运行，产生蒸汽对所送风量进行加湿。当室内相对湿度升高时，TW 电接点闭合，KE2 线圈失电释放，KA 线圈通电，其触点 $KA_{5,6}$ 断开，使 KM6 失电，RW 被切除，停止加湿。

总之，本系统的恒温恒湿调节属于位式调节，只能在电加热器和制冷压缩机的额定负荷以下才能保证温度的调节。

2.4 集中式空调系统的电气控制实例

2.4.1 集中式空调系统的电气控制特点和要求

(1) 电气控制特点

该系统能自动地调节温、湿度和自动地进行季节工况的自动转换，做到全年自动化。开机时，只需按一下风机启动按钮，整个空调系统就自动投入正常运行（包括各设备间的程序控制、调节和季节的转换）；停机时，只要按一下风机停止按钮，就可以按一定程序停机。

空调系统自控原理图见图 5-41。系统在室内放有两个敏感元件，其一是温度敏感元件 RT（室内型镍电阻），其二是相对湿度敏感元件 RH 和 RT 组成的温差发送器。

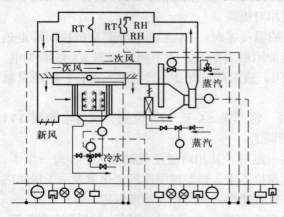

图 5-41 空调自控原理示意图

(2) 控制要求

1) 保证温度自动控制：PT 接在 P-4A1 型调节器上，调节器则根据室内实际温度与给定值的偏差对执行机构按比例规律进行控制。当处于夏季时，控制一、二次回风风门来维持恒温（当一次风门关小时，二次风门开大，既防止风门振动，又加快调节速度）。当处于冬季时，控制二次加热器（表面式蒸汽加热器）的电动两通阀实现恒温。

2) 能实现温度控制的季节转换：夏转冬：随着天气变冷，室温信号使二次风门开大升温，如果还达不到给定值，则将二次风门开到极限，碰撞风门执行机构的中断开关发出信号，使中间继电器动作，从而过渡到冬季运行工况。为了防止因干扰信号而使转换频繁，转换时应通过延时，如果在延时整定时间内恢复了原状态即终断开关复位，转换继电器还没动作，则不进行转换。冬转夏：利用加热器的电动两通阀关足时碰终断开关后送出信号，经延时后自动转换到夏季运行工况。

3) 相对湿度控制：采用 RH 和 RT 组成的温差发送器，来反映房间内相对湿度的变化，将此信号送至冬、夏共用的 P-4B1 型温差调节器。调节器按比例规律控制执行机构，实现对相对湿度的自动控制。

当处于夏季时，控制喷淋水的温度实现降温，如相对湿度较高时，通过调节电动三通阀而改变冷冻水与循环水的比例，实现冷却减湿。当处于冬季时，采用表面式蒸汽加热器升温，相对湿度较低时，采用喷蒸汽加湿。

4) 湿度控制的季节转换：夏转冬：当相对湿度较低时，采用电动三通阀的冷水端全关足时送出一电信号，经延时使转换继电器动作，转入冬季运行工况；冬转夏：当相对湿度较高时，采用 P-4B1 型调节器上限电接点送出一电信号，延时后，转入夏季运行工况。

2.4.2 电气控制线路分析

集中式空调系统由风机、喷淋泵控制线路，温度自动调节与季节转换电路，湿度自动调节与季节转换电路三部分组成，如图 5-42~图 5-44 所示。

(1) 风机、水泵控制电路分析。

合上电源开关 QS，将选择开关 SA2~SA7 至"自"位。做好启动前的准备。

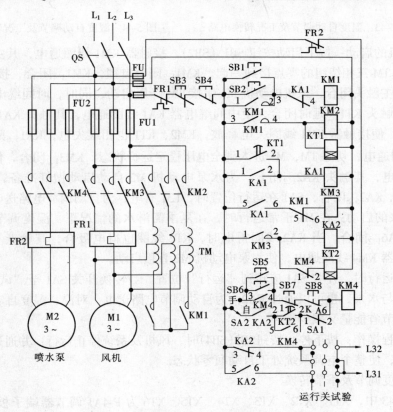

图 5-42 风机、水泵电动机的控制电路

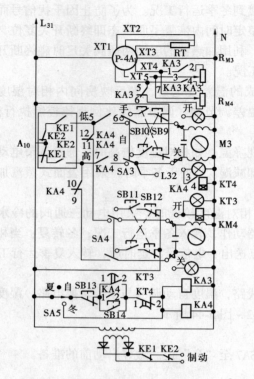
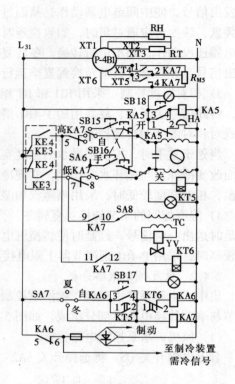

图 5-43 温度自动调节及工况转换电路　　图 5-44 湿度自动调节及工况转换电路

1) 风机的启动：按下启动按钮 SB1（SB2），接触器 KM1 线圈通电，其主触头闭合将自耦变压器 TM 三相绕组的零点接到一起，$KM1_{1,2}$ 闭合自锁，$KM1_{3,4}$ 闭合，接触器 KM2 线圈通电，其主触头闭合，风机电动机 M1 串接 TM 降压启动，同时，时间继电器 KT1 也得电吸合，其触头 $KT1_{1,2}$ 延时闭合，使中间继电器 KA1 线圈通电，其触头 $KA1_{1,2}$ 闭合自锁，$KA1_{3,4}$ 断开，使接触器 KM1 线圈失电释放，KM2、KT1 也相继失电，$KA1_{5,6}$ 闭合，使接触器 KM3 线圈通电，切除 TM，M1 进入到全电压稳定运行状态。$KM3_{1,2}$ 闭合，使中间继电器 KA2 线圈通电，其触头 $KA2_{1,2}$ 闭合，为水泵电动机 M2 自动启动做好准备，$KA2_{3,4}$ 断开，使 L32 无电，$KA2_{5,6}$ 闭合，SA1 在运行位置时，L31 有电，为自动调节电路送电。

2) 水泵的启动：在 M1 正常运行时，在夏季需淋水的情况下，湿度调节电路中的中间继电器 $KA6_{1,2}$ 闭合，当 KA2 线圈得电时，KT2 线圈也得电吸合，其触点 $KT2_{1,2}$ 延时闭合，使接触器 KM4 线圈通电，使水泵电动机 M2 直接启动。

在正常运行时，开关 SA1 应转到"运行"位置。当转换开关 SA1 至"试验"位置时，不启动风机与水泵，也可以通过 $KA2_{3,4}$ 为自动调节电路送电，对温、湿度自动电路进行调节，这样即节省能量又减少噪声。

停止过程操作：按下停止按钮 SB3（SB4）时，风机及系统停止运行；并通过 $KA2_{3,4}$ 触头为 L32 送电，使整个空调系统处于自动回零状态。

（2）温度调节及季节转换

在图 5-43 中，XT1、XT2、XT3、XT4、XT5、XT6 为 P-4A1 调节器端子板，KE1、KE2 为 P-4AI 调节器中继电器的对应触点。

1) 夏季温度自动调节：开关 SA5 已至"自"位，如正是夏季，二次风门一般处于不开足状态，时间继电器 KT3、中间继电器 KA3、KA4 线圈不通电，此时，一、二次风门的执行机构电机 M4 通过 $KA4_{9,10}$ 和 $KA4_{11,12}$ 常闭触头处于受控状态，通过 RT 检测室温，再经调节器自动调节一、二次风门的开度。

当实际温度低于给定值时，经 RT 检测并与给定电阻值比较，使调节器中的继电器 KE1 线圈通电吸合，其触点动作，M4 经 KE1 常开触点和 $KA4_{11,12}$ 触点通电转动，将二次风门开大，一次风门关小。利用二次回风量的增加来提高被冷却后的新风温度，使室温上升到接近于给定值。同时，采用电动执行机构的反馈电阻 R_{M4} 成比例地调节一、二次风门开度。当 R_{M4}、RT 与给定电阻值平衡时，KE1 失电，一、二次风门调节停止。如室温高于给定值，P-4A1 中的继电器 KE2 线圈通电，其触点动作，发出关小二次风门的信号，于是 M4 反转，关小二次风门。

2) 夏转冬工况：随着室外气温降低，需热量逐渐增加，将二次风门不断开大，直到二次风门开足时，终断开关动作并发信号，使时间继电器 KT3 线圈通电，$KT3_{1,2}$ 延时 4min 闭合，使中间继电器 KA3、KA4 线圈通电，$KA4_{1,2}$ 闭合自锁，$KA4_{9,10}$、$KA4_{11,12}$ 断开，使一、二次风门不受控，$KA3_{5,6}$、$KA3_{7,8}$ 断开，切除 R_{M4}，$KA3_{1,2}$、$KA3_{3,4}$ 闭合，将 RM3 接入 P-4A1 回路，$KA4_{5,6}$、$KA4_{7,8}$ 闭合，使加热器电动两通阀电机 M3 受控，空调系统由夏季转入冬季运行工况。

3) 秋季运行工况：将开关 SA3 至"手"位，按下按钮 SB9，使蒸汽两通阀电动执行机构 M3 得电，将蒸汽两通阀稍打开一定角度（开度小于 60° 为好）后，再将 SA3 扳回"自"位，系统重新回到自动调节转换工况。这种手动与自动相结合的运行工况最适于蒸汽用量少的秋季。避开了二次风门在接近全开下调节，从而增加了调节阀的线性度，改善了调节性能。

4) 冬季温度控制：通过 RT 检测，P-4A1 中的 KE1 或 KE2 触点的通断，使 M3 正（或反）转，使两通阀开大或关小。用 R_{M3} 按比例规律调整蒸汽量的大小。

例如：冬季天冷，室温低于给定值时，RT 检测后与给定电阻值比较，使 P-4A1 中 KE1 线圈通电，M3 正转，两通阀打开，蒸汽量增加，室温升高。当室温高于给定值时，PT 检测后，使 P-4A1 中 KE2 通电吸合（KE1 失电释放），M3 反转，将两通阀关小，蒸汽量减小，室温逐渐下降，如此进行自动调节。

5) 冬转夏工况：当室外气温渐升，两通阀逐渐关小，当关足时，碰终断开关使之动作，送出一信号，使时间继电器 KT4 线圈通电，$KT4_{1,2}$ 延时（约 1h～1.5h）断开，使 KA3、KA4 线圈失电释放，此时一、二次风门受控，而两通阀不受控，系统由冬季转入夏季运行工况。分析知：KA3、KA4 是工况转换用的继电器。

另外，无论什么季节，开机时系统总处于夏季运行工况。如果是在冬季开机，可按下按钮 SB14，使 KA3、KA4 通电，强行转入冬季运行工况。

(3) 湿度调节及季节转换

图 5-44 中：由 RT、RH 组成温差发送器，接在 P-4B1 调节器 XT1、XT2、XT3 端子上，通过 P-4B1 调节器中的继电器 KE3、KE4 触点的通断，夏季时控制喷淋水的电动三通阀电机 M5，并用位置反馈 R_{M5} 电位器构成比例调节。冬季控制喷蒸汽用的电磁阀或电动两通阀，实行双位调节。

1）夏季相对湿度控制：当室内湿度较高时，由 RH、RT 发出一温差信号，通过 P-4B1 调节器放大，使继电器 KE4 线圈通电，控制三通阀的电动机 M5 得电，将三通阀冷水端开大，循环水关小。喷淋水温度降低，进行冷却减湿，利用 R_{M5} 按比例调节。当室内相对湿度低于整定值时，RT、RH 检测后，由 P-4B1 放大，调节器中的继电器 KE3 线圈通电，M5 反转，将电动三通阀冷水端关小，循环水开大，使喷淋水温度提高，室内湿度增加。

2）夏转冬工况：当天气变冷时，相对湿度也下降，使喷淋水的电动三通阀冷水端逐渐关小，当关足时，碰撞终断开关，使时间继电器 KT5 线圈通电，$KT5_{1,2}$ 延时 4min 闭合，中间继电器 KA6、KA7 线圈通电，$KA6_{1,2}$ 断开，使 KM4 线圈失电释放，水泵电动机 M2 停止。$KA6_{3,4}$ 闭合自锁，$KA6_{5,6}$ 断开，向制冷装置发出不需冷信号，$KA7_{1,2}$、$KA7_{3,4}$ 闭合，切除 R_{M5}，$KA7_{5,6}$、$KA7_{7,8}$ 断开，使 M5 不受控，$KA7_{9,10}$ 闭合，喷蒸汽加湿用的电磁阀 YV 受控，$KA7_{11,12}$ 闭合，使时间继电器 KT6 受控，转入冬季运行工况。

3）冬季相对湿度控制：当室内湿度低于整定值时，RT、RH 检测后经 P-4B1 放大，KE3 线圈通电，降压变压器 TC（220/36V）通电，高温电磁阀 YV 线圈通电，将阀门打开喷蒸汽加湿。当室内湿度高于整定值时，RT、RH 检测经 P-4B1 放大后，KE3 线圈断电释放，YV 失电关阀，停止加湿。

4）冬转夏工况：进入夏季，温度逐渐升高，新风与一次回风的混合空气相对湿度也较高，不加湿湿度就超过整定值，被敏感元件检测经调节器放大后，KE4 线圈通电，使时间继电器 KT6 线圈通电，$KT6_{1,2}$ 经延时（1h～1.5h）后，使 KA6、KA7 线圈失电释放，表示长期存在高湿信号，自动转入夏季运行工况。如在延时时间内 $KT6_{1,2}$ 不断开，KE4 失电释放，则不能转入夏季运行工况。由此可见，湿度控制的工况转换是通过 KA6、KA7 实现的。另外，无论何时，开机时系统均处于夏季运行工况，只有经延时后才能转入冬季工况。如按强转冬按钮 SB17 则可立即进入冬季运行工况。

2.5 制冷系统的电气控制

在空调工程中，常用两种冷源，一种为天然冷源，一种为人工冷源。人工制冷的方法很多，目前广泛使用的是利用液体在低压下汽化时需吸收热量这一特性来制冷的。属于这种类型的制冷装置有：蒸汽喷射式、溴化锂吸收式、压缩式制冷等。这里主要介绍压缩式制冷的基本原理和元部件及与集中式空调配套的制冷系统的电气控制。

2.5.1 制冷系统的元部件

（1）压缩机

压缩机是制冷系统的动力核心，它可将吸入的低温、低压制冷剂蒸气通过压缩提高温度和压力，并通过热功转换达到制冷目的。

压缩机有活塞式、离心式、旋转式、涡旋式等几种形式。常用的活塞式压缩机如图 5-45 所示。其主要由以下几部分组成：

1）机体：是压缩机的机身，用来安装和支承其他零部件以及容纳润滑油。
2）传动机构：由曲轴、连杆、活塞组成，其作用是传递动力，对气体作功。
3）配气系统：由气缸、吸气阀、排气阀等组成，气缸的数目有双缸、三缸、四缸、六缸、八缸等。它是保证压缩机实现吸气、压缩、排气过程的配气部件。
4）润滑油系统：由油泵、油过滤器和油压调节部件组成。其作用是对压缩机各传动、

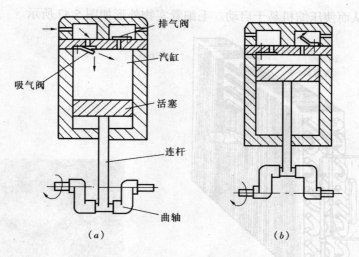

图 5-45 活塞式压缩机结构与原理
(a) 膨胀、吸气；(b) 压缩、排气

摩擦、耦合件进行润滑的输油系统。

5) 卸载装置：由卸载油缸、油活塞等组成。其作用是对压缩机进行卸载，调节制冷量。

压缩机的工作原理是：曲轴由电动机带动旋转，并通过连杆使活塞在气缸中做上下往复运动。压缩机完成一次吸、排气循环，相当于曲轴旋转一周，依次进行一次压缩、排气、膨胀和吸气过程。压缩机在电动机驱动下连续运转，活塞便不断地在汽缸中作往复运动。

(2) 热交换器

蒸发器和冷凝器统称为热交换器，也称换热器。

1) 蒸发器（冷却器）：它是制冷循环中直接制冷的器件，一般装在室内机组中。蒸发器结构如图 5-46 所示。制冷剂液体经毛细管节流后进入蒸发器蛇形紫铜管，管外是强迫流动的空气。压缩机制冷工作时，吸收室内空气中的热量，使制冷剂液体蒸发为气体，带走室内空气中的热量，使房间冷却。它同时还能将蒸发器周围流动的空气冷却到低于露点温度，去除空气中的水分进行减湿。

2) 冷凝器：空调中冷凝器的结构与蒸发器基本相同。其作用是：由压缩机送出的高温、高压制冷剂气体冷却液化。当压缩机制冷工作时，压缩机排出的过热、高压制冷剂气体由进气口进入多排并行的冷凝管后，通过管外的翅片向外散热，管内的制冷剂由气态变为液态流出。

(3) 节流元件

节流元件包括毛细管和膨胀阀两种。

1) 毛细管：毛细管是一根孔径很小的细长的紫铜管，其内径为 (1～1.6)mm，长度为 (500～1000)mm。作为一种节流元件，焊接在冷凝器输液管与蒸发器进口之间，起降压节流作用，可阻止在冷凝器中被液化的常温高压液态制冷剂直接进入蒸发器，降低蒸发器内的压力，有利于制冷剂的蒸发。当压缩机停止时，能通过毛细管使低压部分与高压部分的压力保持平衡，从而使压缩机易于启动。毛细管实物外形如图 5-47 所示。

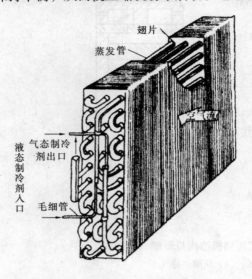

图 5-46 蒸发器的结构示意图

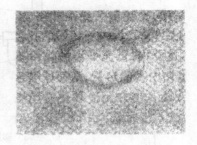

图 5-47 毛细管实物外形

2）膨胀阀：有热力膨胀阀和电子膨胀阀两种。A. 热力膨胀阀（又称感温式膨胀阀）：膨胀阀接在蒸发器的进口管上，其感温包紧贴在蒸发器的出口管上。它是根据蒸发器出口处制冷剂气体的压力变化和过热度变化来自动调节供给蒸发器的制冷剂流量的节流元件。根据蒸发压力引出点不同，热力膨胀阀分为内平衡式与外平衡式两种。其结构如图 5-48 所示。B. 电子膨胀阀：主要由步进电机和针形阀组成。针型阀由阀杆、阀针和节流孔组成。阀体中与阀杆接触处布有内螺纹。电机直接驱动转轴，改变针形阀开度以实现流量调节，如图 5-49 所示。

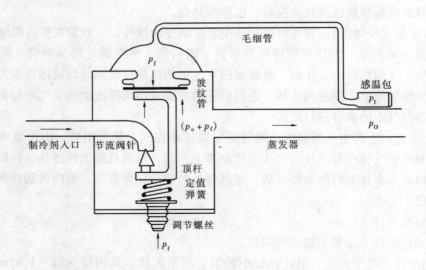

图 5-48 热力膨胀阀结构示意图

总之制冷系统元部件很多，这里不一一叙之。

2.5.2 压缩式制冷的工作原理

压缩式制冷系统由压缩机、冷凝器、膨胀阀和蒸发器四大主件以及管路等构成,如图5-50所示。

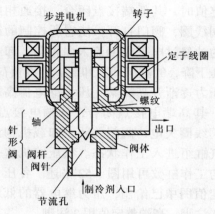

图5-49 电子膨胀阀结构

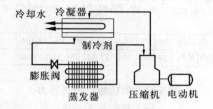

图5-50 压缩式制冷循环图

压缩式制冷工作原理:当压缩机在电动机驱动下运行时,就能从蒸发器中将温度较低的低压制冷剂气体吸入气缸内,经过压缩后成为压力、温度较高的气体被排入冷凝器,在冷凝器内,高压高温的制冷气体与常温条件的水(或空气)进行热交换,把热量传给冷却水(或空气),而使本身由气体凝结为液体;当冷凝后的液态制冷剂流经膨胀阀时,由于该阀的孔径极小,使液态制冷剂在阀中由高压节流至低压进入蒸发器;在蒸发器内,低压低温的制冷剂液体的状态是很不稳定的,立即进行汽化(蒸发)并吸收蒸发器水箱中水的热量,从而使喷水室回水重新得到冷却,蒸发器所产生的制冷剂气体又被压缩机吸走。这样制冷剂在系统中要经过压缩、冷凝、节流和蒸发等过程才完成一个制冷循环。

由上述制冷剂的流动过程可知,只要制冷装置正常运行,在蒸发器周围就能获得连续和稳定的冷量,而这些冷量的取得必须以消耗能量(例如电动机耗电)作为补偿。

2.5.3 制冷系统的电气控制

这里以与前面集中式空调系统配套的制冷系统为例进行介绍。

(1) 制冷系统的组成

1)组成概况:在制冷装置中用来实现制冷的工作物质称为制冷剂或工质。常用的制冷剂有氨和氟利昂等。本文介绍的制冷系统由两台氨制冷压缩机(一台工作,一台备用)组成。自控部分有电动机(95kW)及频敏变阻器启动设备、氨压缩机附带的ZK-Ⅱ型自控台(具有自动调缸电气控制装置)及新设计的自控柜,组成一个整体,实现对空调自动系统发来的需冷信号的控制要求,如图5-51所示。

2)能量调节:由压力继电器、电

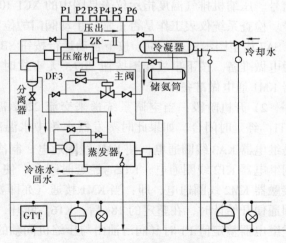

图5-51 制冷系统组成示意图

磁阀和卸载机构组成能量调节部分。本压缩机有六个气缸，每一对气缸配一个压力继电器和一个电磁阀。压力继电器有高端和低端两对电接点，其动作压力都是预先整定的。当冷负荷降低，吸气压力降到某一压力继电器的低端整定值时，其低端接点闭合，接通相配套的电磁阀线圈，阀门打开，使它所控制的卸载机构中的油经过电磁阀回流入曲轴箱，卸载机构的油压下降，气缸组即行卸载。当冷负荷增加，吸气压力逐渐升高到某一压力继电器高端整定值时，其高端电接点闭合，低端电接点断开，电磁阀线圈失电，阀门关闭，卸载机构油压上升，气缸组进入工作状态。氨压缩机这一吸气压力与工作缸数可用图5-52描述。各压力继电器整定值图中已给出，压力继电器的低端整定值用1注脚，高端整定值用2注脚。

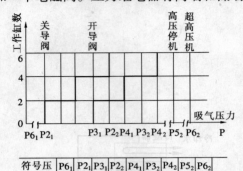

图 5-52　氨压缩机吸气压力与工作缸数关系图

符号压力(MPa)	$P6_1$	$P2_1$	$P3_1$	$P2_2$	$P4_1$	$P3_2$	$P4_2$	$P5_2$	$P6_2$
	28	30	32	33	34	35	37	120	140

3) 系统应用仪表：本系统采用三块 XCT 系列仪表，分别作为本系统的冷冻水水温、压缩机油温和排气温度的指示与保护。

(2) 制冷系统的电气控制

与前述集中式空调系统相配套的制冷系统的电气控制如图 5-53 所示。图中仅需冷信号来自空调指令，其余均自成体系，因此图中符号均自行编排。下面分环节叙述其工作原理。

1) 制冷系统投入前的准备：合上电源开关 QS、SA1、SA2，按下启动按钮 SB1，使失(欠)压保护继电器 KA1 线圈通电，$KA1_{1,2}$ 闭合，自锁并给控制电路提供通电路径，同时 $KA1_{3,4}$ 闭合，为事故保护用继电器 KA10 通电做准备。另外图中三块 XCT 系列仪表的状态是：蒸发器水箱水温指示仪表是图中的 XCT-112，有两对电接点，一对高-总触点作为当冷水温度高于 8℃时接通的开机信号，另一对低-总触点作为当冷水温度低于 1℃时的低温停机信号。压缩机润滑油的油温指示仪表是图中的 XCT-122，其输出触点作为油温过高停机信号。压缩机排气温度指示仪表是图中的 XCT-101，其输出触点作为排气温度过高停机信号。检查系统仪表工作是否正常、手动阀门的位置是否符合运行需要等，然后将开关 SA3～SA7 均至图示 "自" 位，按下自动运行按钮 SB3，继电器 KA2 线圈通电，为继电器 KA3 通电做准备。按下事故连锁按钮 SB9，无事故时，KA10 线圈通电，其触头动作，为接触器 KM1 通电做准备。

2) 开机阶段：当空调系统送来交流 220V 需冷信号后，时间继电器 KT1 线圈通电，$KT1_{1,2}$ 经延时闭合。如果此时蒸发器水箱中水温高于 8℃，XCT-112 的高-总触点闭合，于是继电器 KA3 线圈通电，使 KM1 线圈通电，制冷压缩机转子串频敏变阻器启动，同时时间继电器 KT2 线圈通电，$KT2_{1,2}$ 经延时闭合，使中间继电器 KA4 线圈通电，$KA4_{1,2}$ 闭合，接触器 KM2 线圈通电，即：当 KM1 接通（亦即氨压机启动开始）时，时间继电器 KT6 线圈通便开始计时，在整定的 18s 后，$KT6_{1,2}$ 断开，如果此时润滑系统油压差未能升到油压差继电器整定值 P1 时（润滑油由与压缩机同轴的机械泵供电），则油压差继电器触点 SP1 不闭合，中间继电器 KA8 线圈不通电，于是 KA10 线圈失电释放，氨压机启动失败。如果

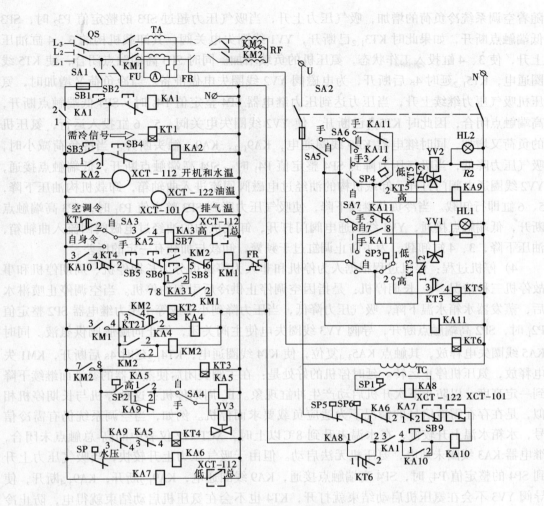

图 5-53 制冷系统的电气控制

$$KM2\uparrow \begin{cases} \rightarrow 主触头\uparrow \rightarrow 切除频敏变阻器,氨压机全电压稳定运行 \\ \rightarrow KM2_{1,2}\uparrow \rightarrow 自锁 \\ \rightarrow KM2_{3,4}\uparrow \rightarrow KT2\uparrow,为下次启动做准备 \\ \rightarrow KM2_{5,6}\uparrow \rightarrow 为下次启动做准备 \\ \rightarrow KM2_{7,8}\rightarrow KT3\uparrow \begin{cases} KM3_{1,2}延时4min断开,为YV1\downarrow 做准备 \\ KT3_{3,4}延时4min闭合,为KT5\uparrow 做准备 \end{cases} \end{cases}$$

润滑系统正常,则在 18s 内,SP1 闭合,KA8 线圈通电,KA8$_{1,2}$ 闭合,KA10 线圈通电,使氨压机能正常启动。润滑油油压上升,将 1、2 缸气缸打开,1、2 缸自动投入运行,有利于氨压机启动之初为空载。

3) 运行阶段:当氨压机正常启动后,KM2$_{7,8}$ 闭合,使时间继电器 KT4 线圈通电,延时 4s 后 KT4$_{1,2}$ 断开,使 KM1 线圈失电释放,氨压机停止,证明冷负荷较轻,不需氨压机工作;如果在 4s 之内氨压机吸气压力超过压力继电器 SP2 的整定值 P2$_2$ 时,SP2 高端触点接通,使电磁导阀 YV3 通电,打开电磁阀 YV3 及主阀,由储氨筒向膨胀阀供氨液,同时继电器 KA$_5$ 线圈通电,KA5$_{1,2}$ 闭合自锁,KA5$_{3,4}$ 断开,KT4 失电释放,氨压机需正常运行。

189

随着空调系统冷负荷的增加，吸气压力上升，当吸气压力超过 SP3 的整定值 $P3_2$ 时，SP3 低端触点断开，如果此时 $KT3_{1,2}$ 已断开，YV1 线圈失电关阀，其卸载机构的 3、4 缸油压上升，使 3、4 缸投入工作状态，氨压机的负载增加。同时 SP3 高端触点闭合，使 KT5 线圈通电，$KT5_{1,2}$ 延时 4s 后断开，为电磁阀 YV2 线圈失电做准备。当冷负荷又增加时，氨压机吸气压力继续上升，当压力达到压力继电器 SP4 整定值 $P4_2$ 时，SP4 低端触点断开，高端触点闭合，因此时 $KT5_{1,2}$ 已断开，使 YV2 线圈失电关阀，5、6 缸投入运行，氨压机的负荷又增加，同时继电器 KA9 线圈通电，$KA9_{1,2}$、$KA9_{3,4}$ 触头断开。当冷负荷减小时，吸气压力降低，当吸气压力降到 SP4 整定值 $P4_1$ 时，SP4 高端触点断开，低端触点接通，YV2 线圈通电阀门打开，卸载机构的油经过电磁阀回流进入曲轴箱，卸载机构油压下降，5、6 缸即行卸载。当冷负荷继续下降，使吸气压力降到 SP3 整定值 $P3_1$ 时，SP3 高端触点断开，低端触点接通，YV1 线圈通电阀门打开，卸载机构的油经过电磁阀回流入曲轴箱，油压下降，3、4 缸卸载。为了防止调缸过于频繁，卸载与加载有一定的压差。

4）停机过程：停机过程根据人为停机和非人为停机可分为长期停机、周期停机和事故停机三种情况。A．长期停机：是指因空调停止供冷后引起的停机。当空调停止喷淋水后，蒸发器水箱水温下降，吸气压力降低，当压力降到小于或等于压力继电器 SP2 整定值 $P2_1$ 时，SP2 高端触点断开，导阀 YV3 线圈失电使主阀关闭，停止向膨胀阀供氨液。同时 KA5 线圈失电释放，其触点 $KA5_{3,4}$ 复位，使 KT4 线圈通电，$KT4_{1,2}$ 延时 4s 后断开，KM1 失电释放，氨压机停止运转。延时停机的好处是：在主阀关闭后使蒸发器的氨液面继续下降到一定高度，以防止下次开机启动产生冲缸现象。B．周期停机：这种停机与长期停机相似，是在存在需冷信号的情况下为适应负载要求而停机。例如，当空调系统仍有需冷信号，水箱水温上升较慢，在水温未升到 8℃ 以上时，XCT-112 仪表中的高-总触点未闭合，继电器 KA3 线圈未通电，氨压机无法启动。但由于吸气压力上升较快，当吸气压力上升到 SP4 的整定值 $P4_2$ 时，SP4 高端触点接通，KA9 线圈通电，$KA9_{1,2}$ 断开，$KA9_{3,4}$ 断开，使导阀 YV3 不会在氨压机启动结束就打开，KT4 也不会在氨压机启动结束就得电，防止冷负荷较轻而频繁启动氨压机。当水温上升到 8℃ 时，XCT-112 仪表中的高总触点闭合，KA3 线圈通电，KM1 线圈通电，氨压机串频敏变阻器重新启动。只要吸气压力高于 SP4 整定值 $P4_2$ 时，导阀 YV3 无法通电打开而供氨液，只有当吸气压力降到 $P4_1$ 时，SP4 高端触点断开，使 KA9 线圈失电释放，YV3 和 KA5 线圈才通电，氨压机气缸的投入仍根据冷负荷需要按时间和压力原则分期进行，以避免氨压机重载启动。C．事故停机：这种停机是由于突发事故而造成的停机，均是通过切断 KA10 线圈通路使 KM1 线圈失电所停机。如当压缩机排气温度过高使 XCT-101 触点断开；当润滑油油温过高使 XCT-122 触点断开；出现失（欠）压时，KA1 失电使 $KA1_{3,4}$ 断开；当冷冻水水温过低时，XCT-112 低-总闭合，KA7 线圈通电，$KA7_{1,2}$ 断开；当冷冻水压力过低时，SP 闭合，KA6 线圈通电，$KA6_{1,2}$ 断开；当吸气压力超过 $P5_2$ 时使 SP5 断开；当吸气压力超过 $P6_2$ 时使 SP6 断开均可使 KA10 线圈失电，$KA10_{3,4}$ 断开，KM1 线圈失电释放，氨压机停止。事故停机后想重新开机，须经检查排出故障后，按下事故连锁按钮 SB9 方可实现。

综上可知：制冷系统的工作状态分为四个阶段，即投入前的准备阶段、开机阶段、运行阶段和停机阶段。掌握了各阶段的主要器件的动作规律便能较好地分析其原理。

2.6 制冷空调系统自控部件的安装与调试

2.6.1 电接点水银温度计的安装和调试

（1）安装

1）电接点水银温度计的接点额定电流一般为 20mA，电压为 36V，需经电子继电器放大后才能控制电磁阀、电磁继电器等。

2）必须按照浸没长度把温度计垂直安装在仪器设备上，标尺部位不应浸入介质，以免损坏。用于控制库房温度时，应垂直安装在能代表库内平均温度的地方，并设保护罩。

3）电子继电器可安装在控制室内，温度计导线应按接线图良好地接在其接线柱上。

（2）调试

1）调整触点温度时，先拧松调节帽上的固定螺丝，然后利用磁力转动调温螺杆，顺时针转动使接点温度升高，逆时针转动使接点温度下降，当调整到控温点时，应把调节帽上的固定螺丝旋紧。

2）调节温度时，切勿把指示铁旋到上标尺刻度之外，以免造成调节失灵。储藏时，应把指示铁旋到室温以上，以免水银中断。

2.6.2 压力式温度控制器的安装和调整

（1）安装

1）温度控制器应垂直安装在仪表板上，温包必须放在被控对象温度场中最有代表性的地方。

2）棒形温包需要固定，不得任其自由摆动。长 2m 的毛细管应卷成圆圈状，用几圈放几圈。安装时，毛细管弯曲圆弧半径不得小于 50mm，且每相距 300mm 应用卡子将其固定。

3）防潮密封胶木壳的盖板下有一层橡胶垫片，应注意垫好，以防失去密封作用。

4）当检测管道内工质温度时，最好在管道上焊一测温套管，将感温元件插入套管，并在套管内灌入冷冻油，以增强传导。也可以把感温包扎紧在管壁上，但此种方式，必须保证感温包与管子表面接触良好。

（2）压力式温度控制器的调节包括刻度调节与幅度调节，应参照说明书进行。

2.6.3 电子温度检测仪表及调节器的安装与调试

安装：

1）检查感温元件的型号、分度号与所配的二次仪表是否相符；感温元件的外观是否完好；热电阻丝是否有错乱、短路和断路现象。

2）热电阻的特性试验。

热电阻在投入使用之前需要校验，在投入使用后也要定期校验，以便检查和确定热电阻的准确度。工业用热电阻常用比较法进行校验。

2.6.4 压力控制器的安装和调试

YWK 系列压力控制器的安装和调试：

1）安装

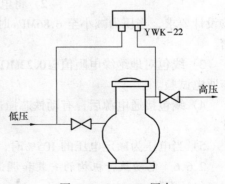

图 5-54 YWK-22 压力控制器的接口

YWK-22型压力控制器的高压气源必须从制冷压缩机高压排气阀前接出，低压气源必须从低压进气阀前接入，如图5-54所示。

2) 调整

A. 压力控制器主刻度的调整应先取下防松螺钉，然后转动调节花盘，调节主弹簧的预紧力，从主刻度盘上读出设定值。幅差调节也须转动幅差调节花盘来实现。

B. 对压力控制器的特性调试，可以与压力控制器并联接上一只标准压力表，该压力表的量程要包括这个压力控制器的控制范围。为取得压力控制器的实际控制压力值，可在压力控制器的控制电路中接上指示灯。当指示灯的"亮"和"熄"的时候，从标准压力表上读得压力控制器的实际控制值，检查动作的灵敏度及控制误差值。其压力控制器的压力源可以是气压源，也可以是液压源。

2.6.5 电磁阀的安装和调试

(1) 安装

1) 电磁阀和（水）电磁阀必须垂直安装在水平管路上，阀体上箭头应与工质流向一致。焊接时应先点焊定位后拆下阀体再继续烧焊，防止内部零件因受热损坏。焊好以后要立即清除焊渣、氧化皮等杂物，防止通道阻塞及损坏密封面。焊接时两端导管要对准，法兰端面要平行，否则难以密封。

2) 组装时不能漏装或错装，否则阀门会失灵或损坏。

3) 电磁导阀与主阀连接处，中间夹有软铝垫片，不要用大扳手强行加力，否则软铝片被压扁，使通孔变小或封死，甚至造成滑丝。

4) （水）电磁阀前应加装过滤器，以免水中杂物影响阀芯密封。

(2) 调试

使用单位需对电磁阀作性能试验，以确定电磁阀能否灵活开启，能否关严，有无异声等。具体步骤如下：

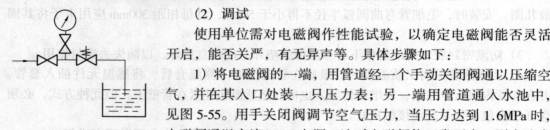

图5-55 电磁阀调试时管道接法

1) 将电磁阀的一端，用管道经一个手动关闭阀通以压缩空气，并在其入口处装一只压力表；另一端用管道通入水池中，见图5-55。用手关闭阀调节空气压力，当压力达到1.6MPa时，电磁阀通以交流220V电源，这时电磁阀能正常开启，则水池中大量气泡冒出。

2) 将电磁阀断电，这时电磁阀关闭，水池中无气泡冒出，按设计要求，当压力减小至6.86MPa时，持续3分钟水池中无气泡冒出，则电磁阀关闭严密。

3) 线包对地绝缘电阻值≥0.22MΩ，则可通电试验；否则，说明其受潮，需烘干后再作通电试验。

4) 线包接通电源后，有动铁芯撞击的"答"声，断电后有较轻的"扑"声，即为正常。

5) 当电压为额定电压的105%时，线圈连续通电，温升不超过60℃，即为合格。

2.6.6 电动执行机构的安装和调试

(1) 安装

1) 测量电动机线圈与外壳间的绝缘电阻应不低于0.5MΩ。

2) 电动机转向应与开度指示的开关方向一致。
3) 传动装置应加适量的润滑油。
(2) 检查调试
1) 接通电源，用秒表测出执行机构正向和反向移动时通过全行程的时间。
2) 检查执行机构在上、下限位置时，调节阀门是否在相应的极限位置上，如不合适，用手拨动调节阀传动齿轮，使阀杆上升或下降直到不能转动为止以确定阀门已到极端状态，以此来调整相应的中断开关位置。
3) 对和电动执行机构配用的阀门和风门等，应检查密封性和灵活性等。

2.6.7 热力膨胀阀的安装和调试

(1) 安装
1) 阀体应垂直安装，不允许倒置。
2) 感温包安装在蒸发器出口的一段吸气管上，紧贴包缠在水平无积液的管路上，外加隔热材料缠包，或插入吸气管上的感温套管内，而且毛细管的位置应比感温包高些，以利于温包、毛细管系统压力的传递。
3) 当管径小于25mm时，感温包可扎在管顶部；当管径大于25mm时，可扎在回气管水平轴线以下与水平线成30°左右的位置上，以保证感温包正确感温。
4) 外平衡膨胀阀的平衡管应接在感温包后100mm处的回气管上，从管顶部引出，以防平衡管中积油。
5) 一个系统中有多个膨胀阀时，外平衡管应接到各自蒸发器的出口。
6) 在可能发生振动时，阀体应固定在支架上。

(2) 调试

热力膨胀阀的调试是通过调节杆实现的。一般可分为两步进行，开始是粗调，即每次调节时可旋转一圈左右；当设备接近其运行工况时，要进行细调，每次旋转半圈至1/4圈。每调一次后，应使系统运转几分钟或十几分钟，并观察膨胀阀结霜或凝露情况，同时观察低压表的变化来决定下一次的调整，直至合适为止。

2.6.8 电加热器的安装和校验

(1) 安装要求
1) 测量电阻丝与外壳间的绝缘电阻值，应不低于0.5兆欧。
2) 其电气线路需装设熔断器，其熔体额定电流应等于或稍大于电加热器的工作电流，以便电路发生过载或短路故障时起保护作用。
3) 电加热设备或装置必须可靠接地，在空调系统中应与风机联锁。
4) 对靠近电加热器的一段风管的保温材料和保温外壳，最好采用耐火材料。

(2) 校验
1) 将电加热器加上额定电压，测量电加热器的功率，如其功率下降3%~5%时应更换。
2) 检查电加热器同系统送、回风机的安全联锁，只有在送、回风机启动后，电加热器才能投入运行。

2.6.9 电气方面的准备

在调试前对电气需做全面，认真的检查。先按设计图纸复查实际线路，确保电气设备的装接无差错。在检查接线时，还需对电机、电器、电缆等外观检查，看有无损坏情况；对各电气设备和元件的外壳以及其他电气设备要求的保护接地，检查是否安装接妥；对有绝缘要求的，再次用摇表测定绝缘电阻值；对裸带电体检查其他带电体的安全距离是否符合要求，及各种熔断器是否完好。

单 元 小 结

本单元分两部分的内容，第一部分主要介绍了锅炉设备的组成及其自动控制任务，锅炉的运行工况。锅炉由锅炉本体和锅炉房辅助设备组成，其自动控制任务是：给水系统的自动调节、锅炉蒸汽过热系统的自动调节及锅炉燃烧系统的自动调节。通过实例详细讨论了给水泵、引风机、炉排电机、锅炉停炉、声光报警保护的电气控制线路，并通过本单元的实训内容更进一步的掌握锅炉的安装与调试。

第二部分主要讲解了空调与制冷系统的组成与分类。通过分散式与集中式空调系统的电气控制实例的介绍，对夏季与冬季空调系统温湿度调节的控制电路给予了详细的分析。压缩式制冷系统的工作原理，电气控制系统的认识，使我们对制冷空调系统自动控制部件的安装与调试、电气方面的准备工作更加的完善了。

习题与能力训练

【习题部分】

1. 锅炉本体和锅炉房辅助设备各由哪些设备组成？
2. 锅炉的工作过程有哪三个同时进行的过程？并简单叙述。
3. 锅炉给水系统自动调节任务是什么？自动调节有哪几种类型？
4. 蒸汽过热系统自动调节任务是什么？自动调节有哪几种类型？
5. 锅炉燃烧过程自动调节的任务是什么？
6. SHL10-2.45/400℃-AⅢ型号意义是什么？
7. 该型号锅炉动力电路控制特点？
8. 该型号锅炉自动调节特点？
9. 该型号锅炉是怎样实现按顺序启动与停止的？
10. 该型号锅炉有哪几项声光报警？有哪几个触点动作实现？
11. 该型号锅炉的蒸汽流量信号是通过什么方法检测的？
12. 该型号锅炉的汽包水位信号是通过什么方法检测的？
13. 过热蒸汽温度自动调节是怎样实现的？
14. 锅炉启动过程为什么要先启动引风机，后启动一、二次送风机和炉排电机，停止时相反？
15. 叙述锅炉上煤过程的工作原理。
16. 空调系统有哪些类型？
17. 空调系统有哪些设备组成？其作用如何？
18. 敏感元件有几种？其作用和特点是什么？

19. 压力控制器和起动继电器有何区别？
20. 电加热器和电加湿器的作用是什么？
21. 电动执行机构的作用是什么？
22. 集中式空调系统的电气控制特点和要求是什么？
23. 如果在冬季才用空调，开机是空调处于什么状态？采用什么方法转入冬季工况？
24. 压缩机有哪几部分组成？其作用是什么？
25. 简单叙述压缩式制冷的工作原理。
26. 常用的制冷剂是什么？
27. 压缩机开机时，各汽缸在什么情况下投入？什么情况下卸载？
28. 制冷系统中采用哪几种保护？
29. 制冷系统中有几种停机方式？其特点是什么？
30. 制冷系统的能量是怎么调节的？

【能力训练】

【实训项目1】 锅炉系统的安装与调试

目的：掌握系统的电气控制原理，并能够进行安装与调试。

准备：1. 去正在安装的锅炉房或使用的锅炉房。
      2. 熟悉锅炉设备的组成。
      3. 熟悉锅炉的动力设备及自动控制系统的安装。

步骤：

1. 根据看到的设备填写表5-3。

表 5-3

主要设备	功　能	辅助设备	功　能

2. 进行锅炉房的运行实验。

（1）首先进行的是对锅炉点火前对锅炉锅筒、炉膛、烟道水冷壁管、省煤器、安全阀、压力表、水位表进行检查，然后对燃烧及辅助设备检查（包括输煤系统、除灰系统），对风机、水泵等转动设备的检查。

（2）锅炉进行上水，上水时水位不宜太高，当锅炉内水位上升至水位表的最低水位线与正常水位线之间即可停止上水。

（3）点火前将各阀门调整到点火要求的位置，并起动引风机进行炉内通风。

（4）锅炉点火后，随着燃烧加强，开始升温，升压。升温期间可适当在下锅排水，并相应补充给水，促进上下锅筒的水循环。

（5）观看锅炉房运煤系统的工作情况，并记录工作过程。

（6）按下按钮，控制引风机及鼓风机的工作，并写出控制过程。

讨论：炉排液压传动机构的控制情况。

【实训项目 2】 空调系统的组成与安装调试

目的：了解空调系统的组成，及其电气控制原理，为从事空调系统电气控制的安装与调试打基础。

准备：1. 熟悉空调系统的各种设备。
　　　2. 熟悉空调电气控制系统的常用器件。

步骤：1. 去大型的公共场所，参观其中央空调的自动控制运行情况，并对空调系统进行监控，监控内容如表 5-4 所示。

表 5-4

项　目	新风机组	空调机组	室外环境
过滤器压差	＊	＊	
送风温度	＊	＊	
回风温度		＊	
回风湿度		＊	
开关状态	＊	＊	
故障报警		＊	
手动、自动状态	＊		
新风温度			＊
新风湿度			＊
启、停	＊	＊	
冷、热水盘管阀门	＊	＊	
新风阀门	＊	＊	
回风阀门		＊	

2. 通过实训中心或空调安装或维修部门了解空调系统的组成，并填写表 5-5。

表 5-5

空调系统设备组成	功　能	空调电气系统器件	功　能

3. 进行温度自动控制电气线路的实际连接。电气连接图见 5-43。

分析运行工况，编写实验报告。

【实训项目 3】 了解制冷系统组成与电气控制过程

目的：了解制冷系统的自动控制的运行情况，了解制冷系统电气控制部件的安装、调试与维护。

准备：熟悉制冷系统的组成设备；

了解制冷系统电气控制部件的安装。

步骤：1. 去中型冷藏库了解制冷系统的运行情况；

2. 填写表 5-6 列出制冷系统的元部件。

表 5-6

制冷系统元部件	作　用	电气控制部件	功　能

3. 进行制冷系统投入前的准备工作，合上电源开关，检查蒸发器水箱水温指示仪表、检查油温指示仪表、压缩机排气温度指示仪表，手动阀门的位置是否符合运行需要。

4. 启动氨压缩机，记录运行情况，写出工作过程。

讨论：制冷系统的控制电路共有哪几种保护？

197

单元 6 电梯的电气控制与调试

知 识 点：电梯的分类；电梯的基本构造；电梯电气控制系统中的主要专用器件；电梯的电力拖动；交流双速、轿厢内按钮控制电梯；变频调速及其控制。

教学目标：通过对电梯的组成及其控制线路的分析，掌握电梯的电气控制原理，并对电梯进行安装与调试。

随着建筑业的迅猛发展，为建筑物内提供上下交通运输的电梯技术也日新月异地发展着。在现代化的今天，电梯已不仅是一种生产环节中的重要设备，更是一种工作和生活中的必须设备，电梯已像轮船、汽车一样，成为人们频繁乘用的交通运输设备。电梯是一种相当复杂的机电综合设备，技术上又较难全面掌握，为了使从事楼宇电气控制人员对电梯技术有一定的了解，本章对电梯的机械部分仅作简单介绍，重点是通过实例对电梯的电气控制进行分析，使之掌握电梯的安装、调试及维护。

课题 1 概　　述

电梯的电气控制系统决定着电梯的性能、自动程度和运行可靠性。电梯控制方式有电气控制、可编程序控制器控制、晶闸管控制和微机控制。随着控制技术的提高，电梯的安全、可靠性得到了更大保障，使人乘坐更加舒适。

1.1 电梯的分类

1.1.1 按用途分类

（1）乘客电梯：为运送乘客而设计的电梯。主要应用在宾馆、饭店、办公楼、百货商场等客流量大的场所。其特点是：运行速度快、自动化程度高、安全可靠、乘坐舒适、装饰美观等。

（2）货梯：为运送货物而设计的并常有人伴随的电梯。主要应用在两层楼以上的车间和各类仓库等场合。其特点是：运行速度和自动化程度低，其装潢不太讲究和舒适感不强。

（3）客货两用电梯：既可运送乘客又可运送货物。它与乘客电梯的区别在于轿厢内部装饰结构不同。

（4）住宅电梯：供住宅使用的电梯。

（5）杂物电梯（服务电梯）：为图书馆、办公楼、饭店运送图书、文件、食品等。其特点是：由门外按钮操纵，安全设施不齐全，禁止人乘。

（6）病床电梯：为医院运送病人和医疗器械而设计的电梯。其特点是：轿厢窄而深，有专职司机操纵，运行比较平稳。

(7) 特种电梯：为特殊环境、特殊要求、特殊条件而设计的电梯。如观光电梯、车辆电梯、船舶电梯、防爆电梯、防腐电梯等等。

1.1.2 按运行速度分类

(1) 低速梯：速度 $V \leqslant 1\text{m/s}$ 的电梯。

(2) 快速电梯：速度 $1.0\text{m/s} < V < 2.01\text{m/s}$ 的电梯。

(3) 高速电梯：速度 $V \geqslant 2.01\text{m/s}$ 的电梯。

1.1.3 按拖动方式分类

(1) 交流电梯：包括采用单速交流电动机拖动、交流异步双速电机变极调速电机拖动（简称交流双速电梯；速度一般小于 1.0m/s）；交流异步双绕组双速电机调压调速拖动的电梯（俗称 ACVV 拖动电梯）；交流异步单绕组单速电机调压调速拖动的电梯（俗称 VVVF 拖动）。

(2) 直流电梯：包括采用直流发电机—电动机组拖动；直流晶闸管励磁拖动；晶闸管整流器供电的直流拖动，这在 20 世纪 80 年代中期前用在中、高档乘客电梯上，以后不再生产。

1.1.4 按驱动方式分类

(1) 钢丝绳式：曳引电动机通过蜗杆、蜗轮、曳引绳轮驱动曳引钢丝绳两端的轿厢和对重装置做上下运动的电梯。

(2) 液压式：电动机通过液压系统驱动轿厢上下运行的电梯。

1.1.5 按曳引机房的位置分类

(1) 机房位于井道上部的电梯；

(2) 机房位于井道下部的电梯。近年来也有无机房电梯。

1.1.6 按控制方式分类

(1) 手柄操纵控制电梯

由电梯司机操纵轿厢内的手柄开关，实行轿厢运行控制的电梯。

司机用手柄开关操纵电梯的启动、上、下和停层。在停靠站楼板上、下 0.5～1m 之内有平层区域，停站时司机只需在到达该区域时，将手柄扳回零位，电梯就会以慢速自动到达楼层停止。有手动开、关门和自动门两种，自动门电梯停层后，门将自动打开。手柄操纵方式一般应在低楼层的货梯控制。

(2) 按钮控制电梯

操纵层门外侧按钮或轿厢内按钮，均可使轿厢停靠层站的控制。

1) 轿内按钮控制按钮箱安装在轿厢内，由司机进行操纵。电梯只接受轿内按钮的指令，厅门上的召唤按钮只能以燃亮轿厢内召唤指示灯的方式发出召唤信号，不能截停和操纵电梯，多用于客货两用梯。

2) 轿外按钮控制由安装在各楼层厅门口的按钮箱进行操纵。操纵内容通常为召唤电梯、指令运行方向和停靠楼层。电梯一旦接受了某一层的操纵指令，在完成前不接受其他楼层的操纵指令，一般用在杂物梯上。

(3) 信号控制电梯

将层门外上下召唤信号、轿厢内选层信号和其他专用信号加以综合分析判断，由电梯司机操纵控制轿厢的运行。

电梯除了具有自动平层和自动门功能外，还具有轿厢命令登记、厅外召唤登记、自动停层、顺向截停和自动换向等功能。这种电梯司机操作简单，只需将需要停站的楼层按钮逐一按下，再按下启动按钮，电梯就能自动关门启动运行，并按预先登记的楼层逐一自动停靠、自动开门。在这中间司机只需操纵启动按钮。当一个方向的预先登记指令完成后，司机只需再按下启动按钮，电梯就能自动换向，执行另一个方向的预先登记指令。在运行中，电梯能被符合运行方向的厅外召唤信号截停。采用这种控制方式的多为住宅梯和客梯。

(4) 集选控制电梯

将各种信号加以综合分析，自动决定轿厢运行的无司机控制。

乘客在进入轿厢后，只需按一下层楼按钮，电梯在等到预定的停站时间时，便自动关门启动运行，并在运行中逐一登记各楼层召唤信号，对符合运行方向的召唤信号，逐一自动停靠应答，在完成全部顺向指令后，自动换向应答反向召唤信号。当无召唤信号时，电梯自动关门停机或自动驶回基站关门待命。当某一层有召唤信号时，再自动启动前往应答。由于是无司机操纵，轿厢需安装超载装置。采用这控制方式的，常为宾馆、办公大楼中的客梯。集选控制电梯一般都设有有/无司机操纵转换开关。实行有司机操纵时，与信号控制电梯功能相同。

(5) 群控电梯：对集中排列的多台电梯，公用层门外按钮，按规定程序的集中调度和控制，利用微机进行集中能够管理的电梯。

(6) 并联控制电梯：2~3 台集中排列的电梯，公用层门外召唤信号，按规定顺序自动调度，确定其运行状态的控制，电梯本身具有自选功能。

1.2 电梯的基本构造

电梯是机、电合一的大型复杂产品，电梯由机械和电气两大系统组成。机械部分相当于人的躯体，电气部分相当于人的神经，机与电的高度合一，使电梯成了现代科学技术的综合产品。

机械系统由曳引系统、导向系统、轿厢和对重装置、门系统和安全保护系统组成。电气控制系统主要由控制柜、操纵箱等十多个部件和几十个分别装在各有关电梯部件上的电气元件组成。机电系统的主要部件分别装在机房、井道、厅门及底坑中，其基本结构如图6-1所示。为了分析电气线路时对其各部分的机械配合有所了解，下面就机械系统作简单介绍。

1.2.1 曳引系统

组成：主要由曳引机、曳引钢丝绳、导向轮、电磁制动器等组成。

功能：输出与传递动力，使电梯运行。

(1) 曳引机：它是电梯的动力源，由电动机、曳引轮等组成。以电动机与曳引轮之间有无减速箱，曳引机又可分为无齿曳引机和有齿曳引机。

无齿曳引机由电动机直接驱动曳引轮，一般以直流电动机为动力。由于无减速箱为中间传递环节，它具有传递效率高、噪声小、传动平稳等优点。但存在体积大、造价高等缺点，一般用于 2m/s 以上的高速电梯。

有齿曳引机的减速箱具有降低电动机输出转速，提高输出力矩的作用。减速箱多采用蜗轮蜗杆传动减速，其特点是启动传动平稳、噪声小，运行停止时根据蜗杆头数的不同起到不同程度的自锁作用。曳引机安装在机房中的承重梁上。

曳引轮是曳引机的工作部分，安装在曳引机的主轴上，轮缘上开有若干条绳槽，利用两端悬挂重物的钢丝绳与曳引轮槽间的静摩擦力，提高电梯上升、下降的牵引力。

(2) 曳引钢丝绳：连接轿厢和对重（也称平衡重），靠与曳引轮间的摩擦力来传递动力，驱动轿厢升降。钢丝绳一般有 4~6 根，其常见的绕绳方式有半绕式和全绕式，见图 6-2 所示。

(3) 导向轮：因为电梯轿厢一般尺寸比较大，轿厢悬挂中心和对重悬挂中心之间距离往往大于设计上所允许的曳引轮直径，所以要设置导向轮，使轿厢和对重相对运动时不互相碰撞，安装在承重梁下部。

(4) 电磁制动器：是曳引机的制动抱闸。当电动机通电时松闸，电动机断电时将闸抱紧，使曳引机制动停止，由制动电磁铁、制动臂、制动瓦块等组成。制动电磁铁一般采用结构简单、噪声小的直流电磁铁。电磁制动器安装在电动机轴与减速器相连的制动一轮处。

1.2.2 导向系统

组成：由导轨、导靴、和导轨架组成。

功能：限制轿厢和对重的活动自由度，使轿厢和对重只能沿着导轨作升降运动。

(1) 导轨：在井道中确定轿厢和对重的相互位置，并对它们的运动起导向作用的组件。导轨分轿厢导轨和对重导轨两种，对重导轨一般采用 75mm×75mm (8~10) mm 的角钢制成，而轿厢导轨则多采用普通碳素钢轧制成 T 字形截面的专用导轨。每根导轨的长度一般为 (3~5) m，其两端分别加工成凹凸形状榫槽，安装时将凹凸形状榫槽互相对接合好后，再用连接板将两根导轨紧固成一体。

(2) 导靴：装在轿厢和对重架上，与导轨配合，是强制轿厢和对重的运动服从于导轨的部件。导靴分滑动导靴和滚动导靴。滑动导靴主要由两个侧面导轮和一个端面导轮构成。三个滚轮从三个方面卡住导轨，使轿厢沿着大导轨上下运行，并能提高乘坐舒适感，多用在高速电梯中。

(3) 导轨架：是支承导轨的组件，固定在井壁上。导轨固定在导轨架上的方法有螺栓固定法和压板固定法两种。

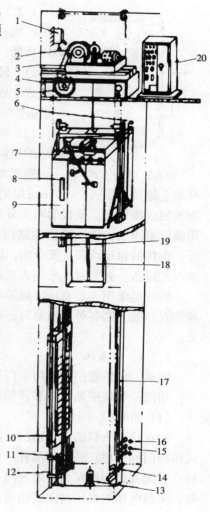

图 6-1 电梯结构安装示意图
1—极限开关；2—曳引机；3—承重梁；4—限速器；5—导向轮；6—换速平层传感器；7—开门机；8—操纵箱；9—轿厢；10—对重装置；11—防护栅栏；12—对重导轨；13—缓冲器；14—限速器张紧装置；15—基站厅外开关门控制开关；16—限位开关；17—轿厢导轨；18—厅门；19—召唤按钮箱；20—控制柜

201

1.2.3 轿厢

组成：由轿厢架和轿厢体组成。

功能：用以运送乘客或货物的电梯组件，是电梯的工作部分。

(1) 轿厢架：是固定轿厢体的承重构架。由上梁、立柱、底梁等组成。底梁和上梁多采用16～30号槽钢和角钢制成，也可以用(3～8)mm厚的钢板压制而成。立柱用槽钢或角钢制成。

(2) 轿厢体：是轿厢的工作容体，具有与载重量和服务对象相适应的空间，由轿底、轿壁和轿顶等组成。

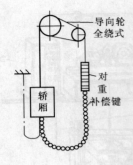

图6-2 绕绳方式

轿底由6～10号槽钢和角钢按设计要求尺寸焊接框架，然后在框架上铺设一层（3～4）mm厚的钢板或木板而成。轿壁多采用厚度为(1.2～1.5)mm的薄钢板制成槽钢形，壁板的两头分别焊一根角钢作头。轿壁间以及轿壁与轿顶、轿底间多采用螺钉紧固成一体。轿顶的结构与轿壁相仿。轿顶装有照明灯，电风扇等。除杂物电梯外，电梯的轿顶均设置安全窗，以便在发生事故或故障时，司机或检修人员上轿顶检修井道内的设备。必要时，乘用人员还可以通过安全窗撤离轿厢。

轿厢是乘用人员直接接触的电梯部件，各电梯制造厂对轿厢的装潢是比较重视的，一般均在轿壁上贴各种装潢材料，在轿顶下面加各种各样的吊顶等，给人以豪华、舒适的感觉。

1.2.4 门系统

组成：由轿厢门、层门、门锁装置、自动门拖动装置等组成。

功能：封住层站入口和轿厢入口。

(1) 轿厢门

设在轿厢入口的门，由门、门导轨、轿厢地坎等组成。轿厢门按结构形式可分为封闭式轿厢门和栅栏式轿厢门两种。如按开门方向分，栅栏式轿厢门可分为左开门和右开门两种。封闭式轿厢门可分为左开门、右开门和中开门三种。除一般的货梯轿厢门采用栅栏门外，多数电梯均采用封闭式轿厢门。

(2) 层门

层门也称厅门，设在各层停靠站通向井道入口处的门。由门、门导轨架、层门地坎、层门联动机构等组成。门扇的结构和运动方式与轿门相对应。

(3) 门锁装置

设置在层门内侧，门关闭后，将门锁紧，同时接通门电连锁电路，使电梯方能启动运行的机电连锁安全装置。轿门应能在轿内和轿外手动打开，而层门只能在井道内为人解脱门锁后打开，厅外只能用专用钥匙打开。

(4) 开关门机

是轿门、层门开启或关闭的装置。开关门电动机多采用直流分激式电动机作原动力，并利用改变电枢回路电阻的方法来调节开、关门过程中的不同速度要求。轿门的启闭均由开关门机直接驱动，而厅门的启闭则由轿门间接带动。为此，厅门与轿门之间需有系合装置。

为了防止电梯在关门过程中将人夹住，带有自动门的电梯常设有关门安全装置，在关门过程中，只要受到人或物的阻挡，便能自动退回，常见的是安全触板。

1.2.5 重量平衡系统

组成：由对重和重量补偿装置组成。

功能：相对平衡轿厢重量，在电梯工作中能使轿厢与对重间的重量差保持在某一个限额之内，保证电梯的曳引传动正常。

(1) 对重

由对重架和对重块组成，其重量与轿厢满载时的重量成一定比例，与轿厢间的重量差具有一个恒定的最大值，又称平衡重。

为了使对重装置能对轿厢起最佳的平衡作用，必须正确计算对重装置的总重量。对重装置的总重量与电梯轿厢本身的净重和轿厢的额定载重有关，它们之间的关系常用下式来决定：

$$P = G + QK \tag{6-1}$$

式中　P——对重装置的总重量（kg）；
　　　G——轿厢净重（kg）；
　　　Q——电梯额定载重量（kg）；
　　　K——平衡系数（一般取 0.45~0.5）。

(2) 重量补偿装置

在高层电梯中，补偿轿厢侧与对重侧曳引钢丝绳长度变化对电梯平衡设计影响的装置，分为补偿链和补偿钢丝绳两种形式。补偿装置的链条（或钢丝绳）一端悬挂在轿厢下面，另一端挂在对重下面，并安装有张紧轮及张紧行程开关。当轿厢墩底时，张紧轮被提升，使行程开关动作，切断控制电源，使电梯停驶。

1.2.6 安全保护系统

组成：分为机械安全保护系统和机电连锁安全保护系统两大类。机械部分主要有：限速装置、缓冲器等。机电连锁部分主要有终端保护装置和各种连锁开关等。

功能：保证电梯安全使用，防止一切危及人身安全的事故发生。

(1) 限速装置

限速装置由安全钳和限速器组成。其主要作用是限制电梯轿厢运行速度。当轿厢超过设计的额定速度运行处于危险状态时，限速器就会立即动作，并通过其传动机构——钢丝绳、拉杆等，促进（提起）安全钳动作抱住（卡住）导轨，使轿厢停止运行，同时切断电气控制回路，达到及时停车，保证乘客安全的目的。

1) 限速器：限速器是安装在电梯机房楼板上，其位置在曳引机一侧。限速器的绳轮垂直于轿厢的侧面，绳轮上的钢丝绳引下井道与轿厢连接后再通过井道底坑的张紧绳轮返回到限速器绳轮上，这样，限速器的绳轮就随轿厢运行而转动。

限速器有甩球限速器和甩块限速器两种。甩球限速器的球轴突出在限速器的顶部，并与拉杆弹簧连接，随轿厢运行而转动，利用离心力甩起球体控制限速器的动作，结构图见图 6-3。甩块限速器的块体装在心轴转盘上，原理与甩球相同。如果轿厢向下超速行驶时，超过了额定速度的 15%，限速器的甩球或甩块的离心力就会加大，通过拉杆和弹簧装置卡住钢丝绳，制止钢丝绳移动。但若轿厢仍向下移动，这时，钢丝绳就会通过传动装置把轿厢两侧的安全钳提起，将轿厢制停在导轨上。

2) 安全钳：安全钳安装在轿厢的底梁上，即底梁两端各装一副，其位置和导靴相似，轿厢沿导轨运行,见图 6-4 所示。安全钳楔块有拉杆、弹簧等传动机构与轿厢限速器钢丝绳连接,组成一套限速装置。

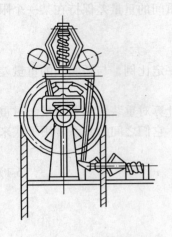

图 6-3 甩球式限速器

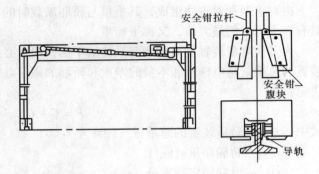

图 6-4 安全钳

当电梯轿厢超速时,限速器钢丝绳被卡住,轿厢再运行,安全钳将被提起。安全钳是有角度的斜形楔块并受斜形外套限制,所以向上提起时必然要向导轨夹靠而卡住导靴,制止轿厢向下滑动,同时安全钳开关动作,切断电梯的控制电路。

(2) 缓冲器

缓冲器安装在井道底坑的地面上。若由于某种原因,当轿厢或对重装置超越极限位置发生墩底时,它是用来吸收轿厢或对重装置动能的制停装置。

缓冲器按结构分,有弹簧缓冲器和油压缓冲器两种。弹簧缓冲器是依靠弹簧的变形来吸收轿厢或对重装置的动能,多用在低速电梯中。油压缓冲器以油作为介质来吸收轿厢或对重的动能,多用在快速梯和高速梯中。

(3) 端站保护装置

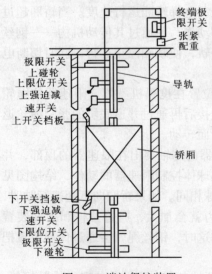

图 6-5 端站保护装置

是一组防止电梯超越上、下端站的开关,能在轿厢或对重碰到缓冲器前,切断控制电路或总电源,使电梯被曳引机上电磁制动器所制动。常设有强迫减速开关、终端极限位置开关和极限开关,见图 6-5 所示。

1) 强迫减速开关:是防止电梯失控造成冲顶或墩底的第一道防线,由上、下两个极限位置开关组成,一般安装在井道的顶端和底部。当电梯失控,轿厢行至顶层或底层而又不能换速停止时,轿厢首先要经过强迫减速开关,这时,装在轿厢上的碰块与强迫减速开关碰轮相接触,使强迫减速开关动作,迫使轿厢减速。

2) 终端极限位开关:是防止电梯失控造成冲顶或墩底的第二道防线,由上、下两个极限位开关组成，分别安装在井道的顶部或底部。当电梯失控后，经过减速开关而又未能使轿厢减速行驶，轿厢上的碰铁与极限位开关相碰，使电梯的控制电路断电，轿厢停驶。

3) 极限开关：极限开关由特制的铁壳开关和上、下碰轮及传动钢丝绳组成。钢丝绳的一端绕在装于机房内的特制的铁壳开关闸柄驱动轮上，并由张紧配重拉紧。另一端与上、下碰轮架相接。

当轿厢超越端站碰撞强迫减速开关和终端极限位开关仍失控时（如接触器断电不释放），在轿厢或对重未接触缓冲器之前，装在轿厢上的碰铁接触极限位开关的碰轮牵动与极限位开关相连的钢丝绳，使只有人工才能复位的极限位开关拉闸动作，从而切断主回路电源，迫使轿厢停止运动。

4) 钢丝绳张紧开关：电梯的限速装置、重量补偿装置、机械选层器等的钢绳或钢带都有张紧装置。如发生断绳或拉长变形等，其张紧开关将断开，切断电梯的控制电路等待检修。

5) 安全窗开关：轿厢的顶棚设有一个安全窗，便于轿顶检修和断电中途停梯而脱离轿厢的通道。电梯运行时，必须将打开的安全窗关好后，安全窗开关才能使控制电路接通。

6) 手动盘车：当电梯运行在两层中间突然停电时，为了尽快解脱轿厢内乘坐人员的处境而设置的装置。手动盘轮安装在机房曳引电动机轴端部，停电时，人力打开电磁抱闸，用手转动盘轮，使轿厢移动。

课题 2　电梯电气控制系统中的主要专用器件

2.1　换速平层装置（又称井道信息装置）

2.1.1　功能

当电梯要达到预定站时，为人乘坐舒适应从高速换成低速，此时的换速平衡装置起换速指令作用；而当电梯到预定站时为确保轿厢准确就位，应由换速平层装置发出平层停车指令。

2.1.2　构造

换速平层装置（也称永磁传感器或干簧继电器）主要由 U 形永磁钢、干簧管、盒体组成。干簧管中装有既能导电又能导磁的金属簧片制成的动触头，并装有两个静触头，一个由导磁材料制成，与动触头组成一对常开触点（永磁感应器的图形符号就是按此状态画出的），结构见图 6-6。

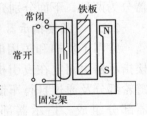

图 6-6　永磁感应器

2.1.3　原理及应用

把干簧管和永磁钢安放在 U 形结构的盒体对侧上，中间一般相距（20～40）mm。在永磁钢磁场的吸引下，两个导磁材料触点被磁化，相互吸引而闭合，常闭触点断开，若有感应铁板插入 U 形盒体结构中时，永磁钢的磁场通过铁板而组成回路（称磁短路或旁路），金属簧片失去吸引力而在本身的弹性作用下复位，其常闭触点恢复。

当用于换速时,永磁感应器安装在井道中停层区适当位置,每层楼安装一个,并带动一个继电器,然后经过继电器组成的逻辑电路,有顺序的反映出电梯的位置信号,再与各层楼的内外召唤信号进行比较而定出电梯运行方向。感应铁板固定在轿厢侧面,长约1.2m,当轿厢停层时,永磁感应器应处于感应铁板正中间。轿厢运行时,到达平层区停车位置前约0.6m处(开始减速区),感应铁板便进入永磁感应器的U形结构中起磁短路作用,永磁感应器的触点复位,与其组合的继电器通电吸合,发出楼层转换的换速信号。

另外,永磁感应器还广泛应用于电梯的平层停车和自动开门控制,作为为平层停车和自动开门的永磁感应器安装在轿厢顶部的支架上,有上升平层感应器、开门感应器、下降平层感应器三个或其中两个(无开门感应器)。每层楼平层区井道中装有平层感应铁板,长度为600mm,当轿厢停靠在某层站时,平层铁板应全部插入三个永磁感应器的空隙中,见图6-7所示。

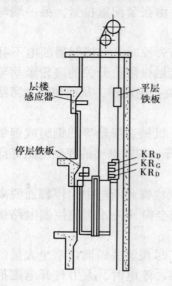

图6-7 电梯平层时示意图

当轿厢达到需要停的楼层并转为慢速运行进入平层区时,平层铁板插入永磁感应器中,永久磁钢的磁场被铁板短路,干簧管中的常闭触点复位,使与其串联的平层控制继电器得电吸合,其触点切断方向接触器的电源,使电动机失电停车,同时,开门感应器常闭触点接通开门电路,实现自动开门控制。

此种定向装置组成的控制电路简单,但在使用过程中有撞击现象,容易损坏,仅用在低层楼的杂物梯和货梯中。

20世纪80年代中期还出现了一种新型的换速平层用的器件,即双稳态磁性开关,在电梯控制中经常被使用,这里不作介绍。

2.2 选层器

选层器的作用是:模拟电梯运行状态,向电气控制系统发出相应电信号的装置。选层器分为两种,下面分别介绍。

2.2.1 层楼指示器

常用于货梯和医用电梯控制中,层楼指示器由固定在曳引机主轴上的主动链轮部分及通过自行车链条带动的指示器部分组成。指示器部分由自行车链条,减速牙轮,动、静触头,塑料固定板及其固定架组成,如图6-8所示。

其工作原理是:当电梯作上、下运行时,固定在曳引机主轴上的主动链轮随之转动,主动链轮通过自行车链条、减速牙轮带动指示器的三只动触点,在

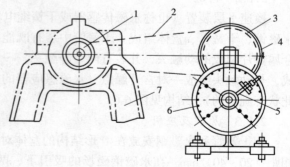

图6-8 层楼指示器
1—主动链轮;2—自行车链条;3—减速链轮;4—减速牙轮;5—动触点;6—定触点;7—曳引机轴架

270°的范围内往返转动,三只动触点与对应的三组定触点配合,向电气控制系统发出三个电信号,通过这三个电信号实现轿厢位置自动显示,自动消除厅外上、下召唤记忆指示灯信号。

2.2.2 机械选层器

主要用于客梯的控制中。

机械选层器实质上是按一定比例(如 60∶1)缩小了的电梯井道,由定滑板、动滑板、钢架、传动齿轮箱等组成。动滑板由链条和变速链轮带动,链轮又和钢带轮相接,钢带轮的钢带(或链带)深入井道,通过张紧轮张紧,钢带中间接头处固定在轿厢架上。电梯运行时,动滑板和轿厢作同步运动,如图 6-9 所示。

在选层器中,对应每层楼有一个定滑板,在定滑板上安装有多组静触头和微动开关(或干簧继电器),在动滑板上安装有多组动触头和碰块(或感应铁板)。当滑板运行到对应楼层时,该层的定滑板上的静触头与滑板上的动触头相接触,其微动开关也因碰块的碰撞发生相应的变化。当动滑板离开对应的楼层时,其触头组又恢复原状态。

利用选层器中的多组触头可实现定向、选层消号、位置显示、发出减速信号等,功能越多,其触头组越多,也可使继电线路结构简化,可靠性提高。但因其按电梯井道比例缩小,对选层器的机械制造精度要求较高,目前多用于快速电梯的控制。近几年还生产有数字选层器、微机选层器等先进产品,主要用于微机控制的电梯。选层器设置在机房或隔声层内。

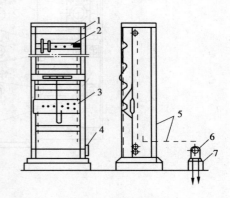

图 6-9 选层器
1—机架;2—层站定滑板;3—动滑板;4—减速箱;5—传动链条;6—钢带牙轮;7—冲孔钢带

2.3 操 纵 箱

2.3.1 操纵箱的作用

控制电梯上、下运行的操作中心,安装在轿厢内。

操纵箱上的电器元件与电梯的控制方式和停站层数有关。其组成如图 6-10 所示。

2.3.2 操纵箱电气元件组成

(1) 发指令的轿内手柄控制电梯的手柄开关;
(2) 轿内指令按钮;
(3) 控制电梯工作状态的手指开关或钥匙开关;
(4) 控制开关;
(5) 轿内照明开关及电风扇开关;
(6) 外呼梯人员所在的位置指示灯;
(7) 呼梯人员要求前往方向信号灯;
(8) 急停和应急按钮;
(9) 点动开关门按钮等。

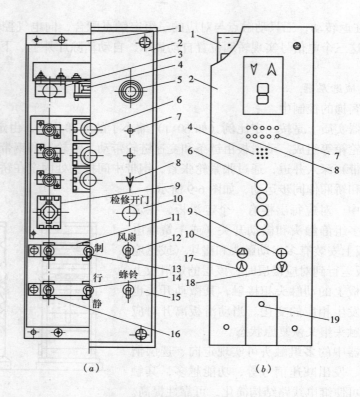

图 6-10 轿内操纵箱

(a) 老式轿内按钮操纵箱；(b) 新式轿内按钮操纵箱

1—盒；2—面板；3—急停按钮；4—蜂鸣器；5—应急按钮；6—轿内指令按钮；7—外召唤下行位置灯；8—外召唤下行箭头；9—关门按钮；10—开门按钮；11—照明开关；12—风扇开关；13—控制开关；14—运、检转换开关；15—蜂鸣器控制开关；16—召唤信号控制开关；17—慢上按钮；18—慢下按钮；19—暗盒

2.4 指层灯箱

功能：给司机、轿内、外乘坐人员提供电梯运行方向和所在位置指示灯信号。

指层灯箱分为厅外和轿内两种，但结构相同，如图 6-11 (a) 所示，新型采用数码显示的指层灯箱如图 6-11 (b)。

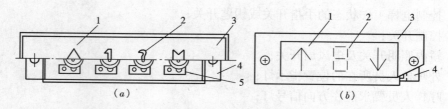

图 6-11 指层灯箱外形图

(a) 老式指层灯箱；(b) 新式指层灯箱

1—上行箭头；2—层楼数；3—面板；4—盒；5—指示灯

2.5 召唤按钮箱

(1) 功能

供乘用人员召唤电梯用。

(2) 设置情况

有单按钮召唤箱和双按钮召唤箱,安装在电梯停靠站厅门外侧。单按钮召唤箱在每层厅门外只安装一个召唤按钮,无论想上行还是想下行均用此按钮召唤。双按钮召唤箱在每层厅门外只安装两个召唤按钮,下行时按下面的召唤按钮,上行时按上面的召唤按钮。这里仅给出老式的单按钮召唤箱和新式的能显示电梯运行位置和方向的单按钮召唤箱,如图6-12所示。

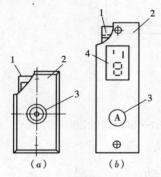

图 6-12 单按钮召唤箱
(a) 老式单钮召唤箱;
(b) 新式单钮召唤指层箱
1—盒;2—面板;3—辉光按钮;4—位置、方向显示

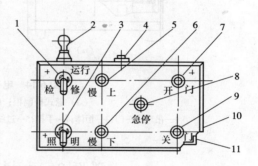

图 6-13 轿顶检修箱
1—运行检修转换开关;2—检修照明灯;3—检修照明灯开关;4—电源插座;5—慢上按钮;6—慢下按钮;7—开门按钮;8—急停按钮;9—关门按钮;10—面板;11—盒

2.6 轿顶检修箱

(1) 功能

对电梯进行安全、可靠、方便地检修,安装在轿厢顶上。

(2) 构造

由控制电梯的慢上、慢下按钮(不受平层限制,随处都可停车),点动急停按钮,轿顶检修灯,急停按钮,运行检修转换开关等组成,如图6-13所示。

2.7 控制柜

(1) 功能

是控制电梯电气控制系统完成各种主要任务、实现各种性能的控制中心。

(2) 控制柜由柜体和各种控制元件组成

控制元件的数量和规格主要与电梯的停层站数、额定载荷、速度、控制方式、曳引电动机类别等参数有关,不同参数的电梯,其设计的电气线路不同,采用的控制柜也不同。电梯控制柜如图6-14所示。

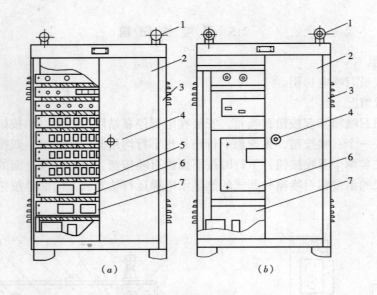

图 6-14 电梯控制柜
（a）老式控制柜；（b）新式控制柜
1—吊环；2—门；3—柜体；4—手把；5—过线板；6—电气元件；7—电气元件固定板

课题3 电梯的电力拖动

3.1 电梯的电力拖动方式

（1）拖动方式

电梯的电力拖动方式经历了从简单到复杂的过程。目前，用于电梯的拖动系统主要有：交流单速电动机拖动系统；交流调压调速拖动系统；交流变频调压调速拖动系统；直流发电机—电动机晶闸管励磁拖动系统；晶闸管直流电动机拖动系统等。

（2）不同拖动方式比较

采用不同的拖动方式，具有不同的特点，如表 6-1 所示。

不同拖动方式比较　　表 6-1

序号	拖动方式	特点
1	交流单速电动机	由于舒适感差，仅用在杂物电梯上
2	交流双速电动机	具有结构紧凑，维护简单的特点，广泛应用于低速电梯中
3	交流调压调速拖动系统（多采用闭环系统，加上能耗制动或涡流制动等方式）	具有舒适性好、平层准确度高、结构简单等优点，使它所控制的电梯在快、低速范围内大量取代直流快速和交流双速电梯
4	直流发电机—电动机晶闸管励磁拖动系统	具有调速性能好、调速范围大等优点，在70年代以前得到广泛的应用。但其机组结构体积大、耗电大、造价高等缺点，已经逐渐被性能与其相同的交流调速电梯所取代
5	晶闸管直流电动机拖动系统	在工业上早有应用，但用于电梯上却要解决低速时的舒适感问题，因此应用较晚，它几乎与微机同时应用在电梯上，目前世界上最高速度（10m/s）的电梯就是采用这种系统
6	交流变频调压拖动系统	可以包括上述各种拖动系统的所有优点，已经成为世界上最新的电梯拖动系统，目前速度已达 6 m/s

从理论上讲，电梯是垂直运动的运输工具，无需旋转机构来拖动，更新的电梯拖动系统可能是直流电机拖动系统。

3.2 交流双速电动机拖动系统主回路

（1）电梯用交流电动机

电梯能准确地停止于楼层平面上，就需要使停车前的速度愈低愈好。这就要求电动机有多种转速。交流双速电动机的变速是利用变极的方法实现的，变极调速只应用在鼠笼式电动机上。为了提高电动机的启动转矩，降低启动电流，其转子要有较大的电阻，这就出现了专用于电梯的 JTD 和 YTD 系列交流电动机。

双速电动机分双绕组双速和单绕组双速电动机。双绕组双速（JTD 系列）电动机是在定子内安放两套独立的绕组，极数一般为 6 极和 24 极。单绕组双速（YTD 系列）电动机是通过改变定子绕组的接线来改变极数进行调速。根据电机学常识，变速时要注意相序的配合。

电梯用双速电动机，高速绕组用于启动、运行。为了限制启动电流，通常在定子回路中串入电抗或电阻来得到启动速度的变化。低速绕组用于电梯减速、平层过程和检修时的慢速运行。电梯减速时，由高速绕组切换成低速绕组，转换初始时电动机转速高于低速绕组的同步转速，电动机处于再生发电制动状态，转速将迅速下降，为了避免过大的减速度，在切换时应串入电抗和电阻并分级切除，直至以慢速绕组（速度）进行低速稳定运行到平层停车。

（2）交流双速电动机的主回路

图 6-15 是常见的低速电梯拖动电动机主电路，电动机为单绕组双速鼠笼式异步电动机，与双绕组双速电动机的主要区别是增加了虚线部分和辅助接触器 KM_{FR}。

电路中的接触器 KM_U 和 KM_D 分别控制电动机的正转、反转。接触器 KM_F 和 KM_S 分别控制电动机的快速和慢速接法。快速接法的启动电抗 L 由快速运行接触器 KM_{FR} 控制切除。慢速接法的启动、制动电抗 L 和启动、制动电阻 R 由接触器 KM_{B1} 和 KM_{B2} 分两次切除，均按时间原则控制。

电动机正常工作的工艺过程是：接触器 KM_U 和 KM_D 通电吸合，选择好方向；快速接触器 KM_F 和快速辅助接

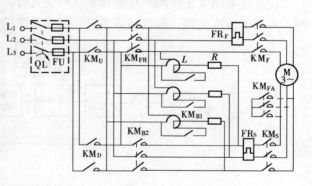

图 6-15 交流双速电梯的主回路

触器 KM_{FA} 通电吸合，电动机定子绕组接成 6 极接法，串入电抗 L 启动，经过延时，快速运行接触器 KM_{FR} 通电吸合，短接电抗 L，电动机稳速运行，电梯运行到需停的层楼区时，由停层装置控制使 KM_F、KM_{FA} 和 KM_{FR} 失电，又使慢速接触器 KM_S 通电吸合，电动机接成 24 极接法，串入电抗 L 和电阻 R 进入再生发电制动状态，电梯减速，经过延时，制动接触器 KM_{B1} 通电吸合，切除 L，电梯继续减速；又经延时，制动接触器 KM_{B2} 通电吸合，切除 R 电阻，电动机进入稳定的慢速运行；当电梯运行到平层时，由平层控制装置使 KM_S、

KM_{B1}，KM_{B2}失电，电动机由电磁制动器制动停车。

3.3 交流调压调速电梯的主电路

交流调压调速电梯在快速梯中已广泛应用，但其主电路的控制方式差别较大，此处仅以天津奥梯斯快速梯为例进行简单介绍。

(1) 系统组成特点

该系统采用双绕组双速鼠笼式异步电动机。高速绕组由三相对称反并联的晶闸管交流调压装置供电，以使电动机启动、稳速运行。低速绕组由单相半控桥式晶闸管整流电路供电，以使电梯停层时处于能耗制动状态，系统能按实际情况实现自动控制。主电路如图6-16所示。

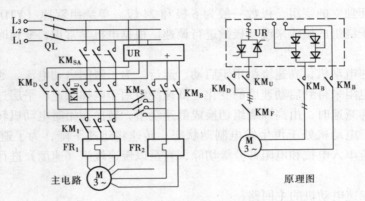

图6-16 交流调压调速电梯主电路

该系统采用了正反两个接触器实现可逆运行。为了扩大调速范围和获得较好的机械特性，采用了速度反馈，构成闭环系统，闭环系统结构见图6-17。

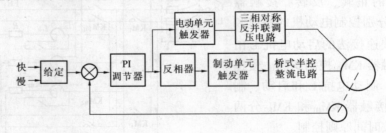

图6-17 交流调压调速电梯闭环结构图

此速度反馈是按给定与速度比信号的正负差值来控制调节器输出的极性，或通过电动单元触发控制器控制三相反并联的晶闸管调节三相电动机定子上的高速绕组电压以获得电动工作状态；或经反相器通过制动单元触发器，控制单相半控桥式整流器调节该电动机定子上低速绕组的直流电压以获得制动工作状态。无需逻辑开关，也无需两组调节器，便可依照轿厢内乘客多寡以及电梯的运行方向使电梯电动机工作在不同状态。

(2) 运行状态分析

以轿厢满载上升为例，此时电机负载最大，启动和稳定运行时，给定信号大于速度反馈信号，比较信号极性为正，调节器输出为正，使电动单元触发器工作，而使反向器封锁制动单元触发器，于是电动机工作在电动状态；当需要停层时，由停层装置发出减速信号，其给定信号减小（慢速），但电动机速度来不及降低，调节器输出为负，将电动单元触发器关闭，经过反向器将制动单元触发器开启，电动机进入能耗制动进行减速；当速度降到平层给定速度时，给定信号大于速度反馈信号，电动机又进入电动状态；平层时，为了防止电磁制动器抱住电动机轴上的制动轮引起的不适，电机还需按给定曲线减速，直至速度为零，电磁制动器释放为止。速度给定电压曲线见图6-18所示。

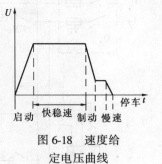

图 6-18　速度给定电压曲线

该系统无论是交流调压电路，还是整流电路都受速度反馈系统控制和自动调节，如电梯满载向上运行时，系统处于电动状态，其负荷比半载时大，电动机速度要降低，速度反馈与给定的差值很大，调节器输出增大，脉冲前移，三相反并联的晶闸管的导通角变大，加在电动机高速绕组上的交流电压增加，电动机转速也相应增加，故可使电动机速度不因负荷的变化而变化。

电梯检修运行时，该系统的慢速绕组通过接触器 KM_S 和慢速辅助接触器 KM_{SA} 直接接通三相交流电源实现慢速运行，方向由上升接触器 KM_U 或由下降接触器 KM_D 控制实现。

课题4　交流双速、轿内按钮控制电梯

4.1　交流双速、轿内按钮继电器控制电梯的电路组成

按钮控制电梯由拖动电路（即主电路）；自动开关门电路，选层、定向电路，启动、运行电路，停层减速电路，平层停车电路，厅门停车电路，厅门召唤电路，位置、方向显示电路，安全保护电路等组成，如图6-19所示。

4.2　主拖动部分

交流双速曳引电动机 YD 由两种不同的结构形式。一种电动机的快、慢速定子绕组是两个独立绕组。快速绕组通电时，电动机以 1000r/min 同步转速快速运行；慢速绕组通电时，电动机以 250r/min 同步转速作慢速运行。另一种电动机的快、慢速绕组是同一绕组，依靠控制系统改变绕组接法，实现一个绕组具有两个不同速度的目的。当绕组 YY 连接时，电动机的同步转速为 1000r/min。当绕组为 Y 连接时，电动机的同步转速为 250r/min。绕组的接线原理如图6-20所示。

快速运行时，快速接触器 KM_F 触点动作，向电动机引出线 D_4、D_5、D_6 提供交流电源，快速辅助接触器 KM_{FA} 触点动作，把电动机引出线 D_1、D_2、D_3 短接，于是，绕组形成 YY 连接。

慢速运行时，KM_F 和 KM_{FA} 复位，慢速接触器 KM_S 动作，交流电源经 D_1、D_2、D_3 端引入电动机，电机绕组变为 Y 连接。

为了使乘用人员有舒适感，高速换低速较平稳，电路中串有电阻和电抗。

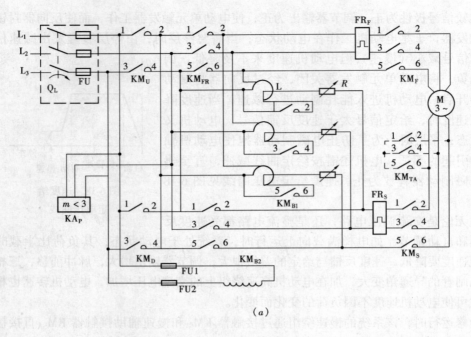

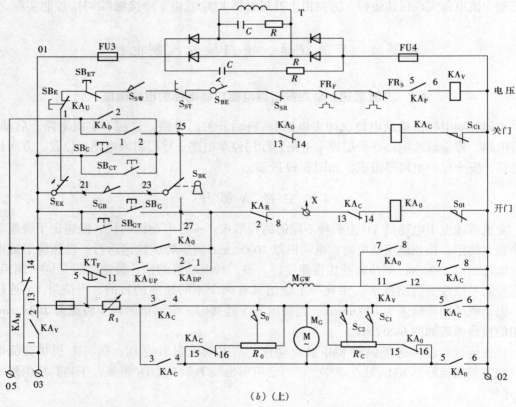

图 6-19 交流、双速、轿内按钮控制电梯电路（一）
(a) 主拖动；(b)（上）直流控制电路

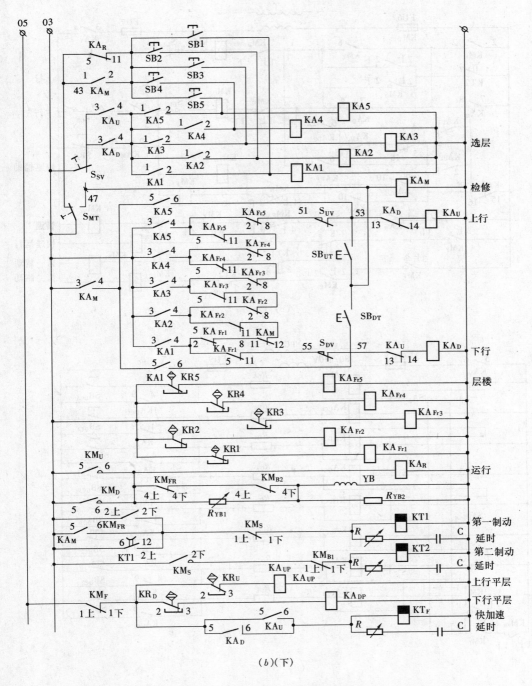

图 6-19 交流、双速、轿内按钮控制电梯电路（二）
(b)（下）直流控制电路

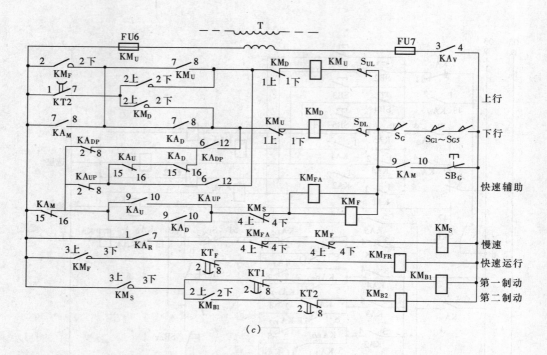

(c)

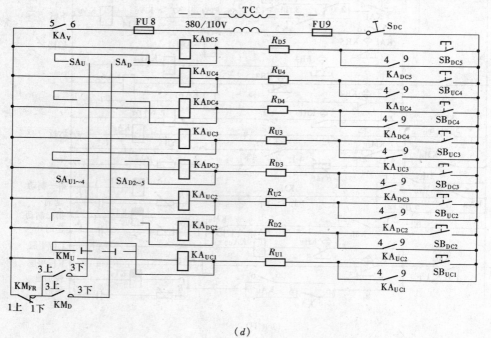

(d)

图 6-19 交流、双速、轿内按钮控制电梯电路（三）
(c) 交流控制电路；(d) 召唤控制电路

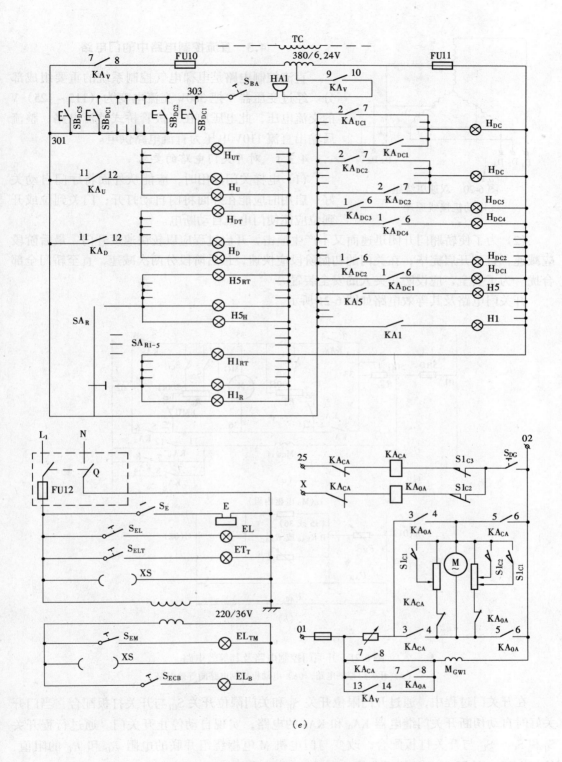

图 6-19 交流、双速、轿内按钮控制电梯电路(四)
(e) 信号显示、照明、后门电路

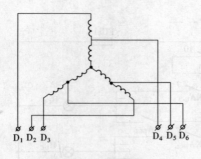

图 6-20 双速单绕组电动机接线原理

4.3 直流控制电路中的门电路

直流控制电路是电梯电气控制系统的重要组成部分。经过变压器 T 把 380V 交流电变为 (115~125) V 的交流电压,此电压加在二极管桥式整流电路,整流后输出直流 110V 电压为直流电路供电。

4.3.1 对开关门电路的要求

(1) 电梯关门停用时,应能从外面将厅门自动关好;启用时应能在外面将门自动打开;门关到位或开到位应能使门电机自动断电。

(2) 为了使轿厢门开闭迅速而又不产生撞击,开启过程应以较快速度开门,最后阶段应减速,直到开启完毕;在关门的初始阶段应快速,最后阶段分两次减速,直至轿门全部合拢。为了安全,应设防止夹人的安全装置。

开关门电路及其等效电路如图 6-21 所示。

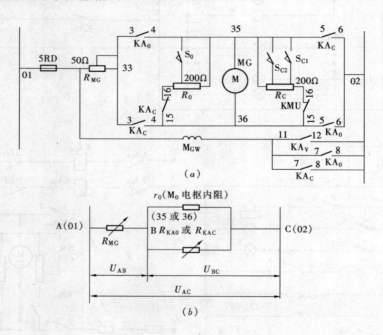

图 6-21 开关门控制电路及其等效电路
(a) 开关门控制电路;(b) 电动机控制电路的等效电路

在开关门过程中,通过开门限位开关 S_{O1} 和关门限位开关 S_{C1} 与开关打板配合,当门关好时自动切断开关门继电器 KA_O 和 KA_C 的电路,实现自动停止开关门。通过行程开关 S_O 和 S_{C2}—S_{C3} 与开关打板配合,改变与门电机 M 电枢绕组并联的电阻 R_O 和 R_C 的阻值,使门电机 M 按图 6-22 的速度曲线运行,把开关门过程中的噪声降低到最低水平。

门电机 M 的容量为 120W~170W,额定电压为直流 110V,转速为 1000r/min,是直流电动机。因为转速与电枢端电压成正比,转向随电枢端电压的极性改变而改变,所以对于

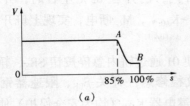
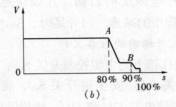

(a)　　　　　　　　　　　(b)

图 6-22　开关门速度曲线

(a) 开门速度曲线；(b) 关门速度曲线

6-21 (b) 中电路中有：

$$R_{AC} = R_{AB} + R_{BC} = R_{MG} + \frac{r_0 \times R_{KA_0}（或 R_{KA_C}）}{r_0 + R_{KA_0}（或 R_{KA_C}）}$$

$$U_{AC} = U_{AB} + U_{BC} \quad U_{BC} = U_{AC} - U_{AB}$$

当 R_{MG} 增大时，U_{AB} 增加，U_{BC} 减小，门电机 M 速度降低，开关门速度就慢。反之则速度加快。由此可见，调 R_{MG} 大小，可以改变开关门速度，进行总体调节称之为粗调。

另外，$R_{BC} = [r_0 \times R_{KA0}（或 R_{KAC}）]/[r_0 + R_{KA0}（或 R_{KAC}）]$，可见 R_{BC} 随 R_{KA0}（或 R_{KAC}）的阻值大小而改变，当 R_1 不变时，改变 R_{KA0}（或 R_{KAC}）阻值，也就改变了 R_{BC} 和 U_{BC} 的数值分配，使 U_{BC} 增大或减小，也调整了开关门速度。这种调整称为细调。R_{MG} 一般调整为 30Ω 左右，R_{KA0} 或 R_{KAC} 被 S_0 或 S_{C3} 短接后剩余阻值一般应在 20Ω 左右。门电路的具体分析过程如下：

4.3.2　停梯关门的操作顺序

(1) 把电梯开到基站，固定在轿厢架上的限位开关打板碰压固定在轿厢导轨上的厅外开关门控制行程开关 S_{GB}，使 21 和 31 号线接通。

(2) 关闭照明灯等。扳动电源控制开关 S_{EK}，使 01 和 21 接通，并切断电压继电器 KA_V 电路，KA_V 失电复位，被 KA_V 触点控制的电路失电。

(3) 司机离开轿厢后，用专用钥匙扭动基站厅外召唤箱上的开关门钥匙开关 S_{BK}，使 23 和 25 接通，关门继电器 KA_C 通过 01 至 02 获得 110V 直流电源，KA_C 吸合（以下用 ↑ 表示继电器、接触器、限位开关等吸合或动作，用 ↓ 表示释放或复位）：

$$KA_C \uparrow \begin{cases} KA_{C7,8} \uparrow \to M_{CW} \text{ 励磁绕组得电} \\ KA_{C3,4} \uparrow \text{、} KA_{C5,6} \uparrow \to M_C \text{ 电枢绕组得电} \end{cases}$$

M_G 启动运行，开始快速关门，门关至 75% ~ 80% 时，压动关门行程开关 $S_{C3} \uparrow$，做关门过程中的第一次减速，门关至 90% 左右时，压动关门行程开关 $S_{C2} \uparrow$，做关门过程中的第二次减速，门关好时，行程开关 $S_{C1} \uparrow \to KA_C \downarrow$，$M_G$ 失电，实现下班关门。

4.3.3　司机开门的操作过程

由于电梯停靠在基站，S_{GB} 处于使 21 和 23 接通状态，S_{EK} 处于使 01 和 21 接通状态。因此，司机用钥匙扭动钥匙开关 S_{BK}，使 23 和 27 接通，开门继电器 KA_0 经 01 至 02 获得 110V 直流电源，于是 KA_0 线圈通电吸合：

$$KA_0 \uparrow \begin{cases} KA_{C7,8} \uparrow \to M_{CW} \text{ 励磁绕组得电} \\ KA_{C3,4} \uparrow \text{、} KA_{C5,6} \uparrow \to M_G \text{ 电枢绕组得电} \end{cases}$$

M_G 接反极性电源反向启动,开始快速开门,门开至 85% 左右时,开门行程开关 $S_{O2}\uparrow$,做开门过程中的减速,门开足时,$S_{O1}\uparrow \rightarrow K_{A0}\downarrow$,$M_G$ 断电,实现上班开门。

4.3.4 司机开梯前的准备工作

司机搬动操作箱上的电源控制开关 S_{EK},使 01 通过轿内急停按钮 SB_E、轿顶急停按钮 SB_{ET}、安全窗开关 S_{SW}、安全钳开关 S_{ST}、底坑检修急停开关 S_{BE}、限速器钢绳张紧开关 S_{SR}、过载保护热继电器 FR_F 和 FR_S、缺相保护继电器 KA_P(均为安全保护)使电压继电器 KA_V 与 02 接通,KA_V 吸合:

$$KA_V\uparrow \begin{cases} KA_{V1,2}\uparrow \rightarrow 03、05 \text{ 与 01 接通,直流控制电路得电} \\ KA_{V3,4}\uparrow \rightarrow \text{交流控制电路得电} \\ KA_{V5,6}\uparrow \rightarrow \text{召唤控制电路得电} \\ KA_{V7,8}\uparrow、KA_{V9,10}\uparrow \rightarrow \text{召唤指示灯电路,电梯位置指示灯电路} \\ \text{及蜂鸣器控制电路得电} \end{cases}$$

4.4 呼梯、信号及其他电路

4.4.1 呼梯及信号电路

呼梯部分的厅门召唤按钮有单召唤按钮和双召唤按钮之分。单召唤按钮是在每层厅门旁装一召唤按钮,无论是上行还是下行都按此按钮进行呼梯。本例中采用的是双召唤按钮,即分为向上召唤按钮和向下召唤按钮,而顶层只设向下召唤按钮,最低层只设向上召唤按钮。如图 6-19(d)图中,每个召唤按钮均对应一只召唤继电器,且召唤按钮均采用双联式的,其中一对常开触头接通对应的召唤继电器,而另一对常开触头对应接在蜂鸣器回路图 6-19(e)图中。

如果四楼有人要下行,呼梯过程是:按下四楼厅门召唤按钮 SB_{DC4},召唤继电器 KA_{DC4} 线圈通电,其触点 $KA_{DC4(4-9)}$ 号触头闭合自锁,$KA_{DC4(1-6)}$ 号触头闭合,厅门 SB_{DC4} 所带信号灯 H_{DC2} 亮,表示呼梯信号已成功发出,$KA_{DC4(2-7)}$ 号触头闭合,轿内操纵箱上下行呼梯信号灯 H_{DC} 亮,同时蜂鸣器 HA 响,松开按钮后,声信号消失,光信号保持。本例仅显示上、下行信号,具体到哪层需乘客进轿箱后说明。

层楼召唤信号的消除是利用层楼指示器的动、静触点实现的。三个活动电刷组分别对应共有三圈的触头盘。

当轿箱位于任何一站时,指示灯电刷 SA_R 与第一圈相应的触头组 SA_{R1-5} 接通,使轿内层楼指示灯 $H1_R \sim H5_{RT}$ 中相对应该站的数字灯点亮,指示出轿箱运行到几层。

触头盘上另两圈触头作为上、下召唤继电器复位用,其数量与位置各对应于层楼数和停站位置。当轿箱位于各层站位置时,复位电刷应与其相应的触头接触。图 6-19(d)中,SA_U 为向上运行复位电刷,SA_D 为向下运行复位电刷,SA_{U1-4} 为上行各站触头组,SA_{D2-5} 为下行各站触头组。例如,当轿箱下行到四层时,电刷 SA_D 与触头组 SA_{D4} 接触,使 KA_{DC4} 线圈被短接,KA_{DC4} 失电释放,完成呼梯后的复位。

4.4.2 其他电路

(1)轿箱后门自动门电路:如果电梯轿厢需要前后都有门称串通门。后门也可以自动开、关。其控制线路如图 6-19(e)中所示,与前门的控制电路相同,在线路增设了后门开关 SB_G。当需要前、后门同时开与关时,只要将 SB_G 合上便能实现。

(2) 保护电路：过载保护由热继电器实现；短路保护由熔断器实现；缺相保护 KA_P、轿内急停用 SB_E、轿顶急停用 SB_{ET}、安全窗开关 S_{SW}、安全钳开关 S_{ST}、底坑检修急停开关 S_{BE}、限速器钢绳张紧开关 S_{SR} 任何一个不闭合都使失（欠）压继电器 KA_V 线圈失电，起到保护作用。另外还设有三道限位保护，以防止电梯失控造成冲顶或蹾底。第一道开关受到碰撞应发出减速信号，第二道开关受碰撞应发出停止信号，第三道开关受碰撞应切断电源。

4.5 选层定向及启动运行

(1) 选层定向

当电梯停靠在基站的平层位置时，安装在轿顶的上、下平层感应器 KR_U、KR_D 插入位于井道的平层铁板中，感应器内永久磁铁产生的磁场被平层铁板短路，KR_U 和 KR_D 触点复位，上升平层继电器 KA_{UP} 和下降平层继电器 KA_{DP} 均得电吸合。同时，位于轿顶实现换速的感应铁板插入位于井道的层楼感应器中。如果基站在一楼，一楼的层楼感应器 $KR1$ 触点复位，层楼继电器 KA_{Fr1} 通电吸合。发来的呼梯信号被接收且显示，轿内外指层灯、位置指示灯均亮，电梯做好选层，定向准备。

当司机发现四楼在呼梯时，司机按选层按钮 $SB4$，选层继电器 $KA3$ 线圈通电，$KA3_{3-4}$ 号触头闭合，经层楼继电器 $KA_{Fr3,2-8}\downarrow$、$KA_{Fr4,5-11}\downarrow$、$KA_{Fr4,2-8}\downarrow$、$KA_{F5,5-11}\downarrow$、$KA_{F5,2-8}\downarrow$ 等触点使上行方向继电器 KA_U 吸合，即选了四层又确定了上行方向。

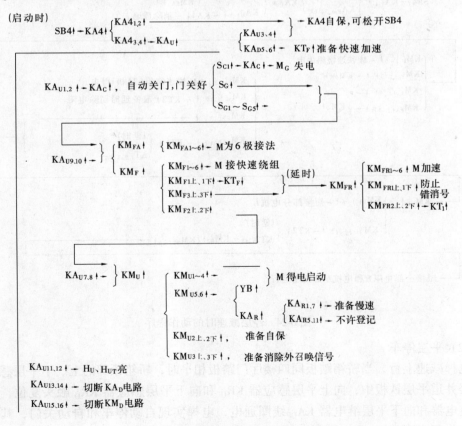

图 6-23 启动运行时电气元件动作程序图

(2) 启动运行过程

当司机按 SB4 后，上行方向接触器 KA_U 线圈通电，电梯自动关门后，启动、加速运行，这一过程的工作原理用动作程序图 6-23 所示。

经过对启动、运行过程分析可知：电梯曳引电动机与电磁制动器进行全电压控制。当电磁制动器打开以后，为了减少能耗，应串入经济电阻 R_{YB1}，而 R_{YB2} 的作用是：当 YB 失电时，通过放电电阻 R_{YB2} 放电，确保电磁制动器不突然抱紧而引起乘客的不良感觉。

4.6 减速和平层停车

(1) 减速过程

当电梯启动运行后，从一楼出发到达具有内指令登记信号的四楼过程中，位于轿顶的层楼感应器铁板分别插入二、三、四楼井道减速区的层楼感应器中，使层楼感应器 KR2、KR3、KR4 触点先后复位，层楼继电器 KA_{Fr2}、KA_{Fr3}、KA_{Fr4} 的线圈先后吸合。但因二、三楼无轿内指令登记信号，虽然 KA_{Fr2}、KA_{Fr3} 通电使其触点 $KA_{Fr2,2,8}$、$KA_{Fr3,2,8}$、$KA_{Fr2,5,11}$、$KA_{Fr3,5,11}$ 触点断开，但不能切断 KA_U 的电路，确保轿箱继续上行到四楼减速区，此时 KR4 触点复位，KA_{Fr4} 线圈得电，其触点 $KA_{Fr4,2,8}$、$KA_{F4,5,11}$ 断开，使 KA_U 线圈失电释放，电梯便由快速运行转入到减速运行，详细原理用动作程序图 6-24 描述。

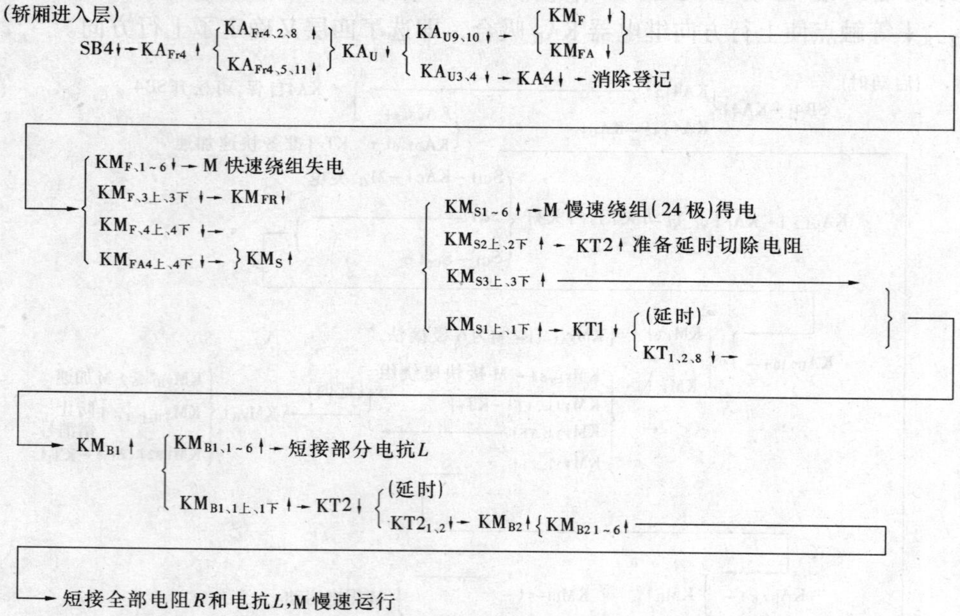

(轿厢进入层)
SB4↑—KA_{Fr4}↑ { $KA_{Fr4,2,8}$↓ / $KA_{Fr4,5,11}$↓ } KA_U↓ { $KA_{U9,10}$↓ { KM_F↓ / KM_{FA}↓ } / $KA_{U3,4}$↓ — KA4↓ — 消除登记 }

{ $KM_{F,1-6}$↓ — M 快速绕组失电
$KM_{F,3上,3下}$↓ — KM_{FR}↓
$KM_{F,4上,4下}$↓ —
$KM_{FA4上,4下}$↓ } KM_S↓

{ $KM_{S1~6}$↑ — M 慢速绕组 (24 极) 得电
$KM_{S2上,2下}$↑ — KT2 准备延时切除电阻
$KM_{S3上,3下}$↑
$KM_{S1上,1下}$↑ — KT1 { (延时) / $KT_{1,2,8}$↑ } }

→ KM_{B1}↑ { $KM_{B1,1~6}$↑ — 短接部分电抗 L
$KM_{B1,1上,1下}$↑ — KT2 (延时) / $KT2_{1,2}$ — KM_{B2}↑ { $KM_{B2,1~6}$↑ }

→ 短接全部电阻 R 和电抗 L，M 慢速运行

图 6-24 停层减速时的动作程序

(2) 平层停车

电梯减速上行，当轿箱踏板同四楼厅门踏板相平时，轿箱顶部的上、下平层感应器进入四楼井道平层铁板中，向上平层感应器 KR_U 和向下平层感应器 KR_D 触头复位，使向上平层继电器和向下平层继电器 KA_{DP} 线圈通电，电梯实现自动停车和自动关门，其详细原理如动作程序图 6-25 所示。

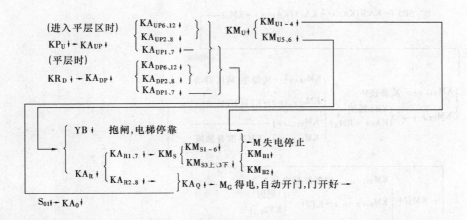

图 6-25 平层停车时的动作程序

当电梯轿厢停靠在四楼后，乘客进、出轿厢后，司机问明前往楼层后，点按操纵箱的选层按钮登记记忆，电梯通过定向电路自动控制上、下运行。

值得说明的是：这种控制电梯，每次只能选择一个楼层，因此操作时应注意。

4.7 检 修 控 制

当电梯出现故障时，检修人员或司机应控制电梯作上、下慢速运行，以实现到故障点处检修。检修有轿内检修、轿顶检修和开（关）门检修。

(1) 检修准备

检修人员扳动轿内操纵箱上的慢速运行开关 S_{SV}，使 03 和 47 接通，检修继电器线圈得电：

$KA_M \uparrow$
- $KA_{M1、2} \uparrow \rightarrow$ 电梯只能点动运行
- $KA_{M3、4} \uparrow \rightarrow$ 自动定向环节有故障，不影响开梯
- $KA_{M5、6} \uparrow \rightarrow$ 准备慢速加速
- $KA_{M7、8} \uparrow \rightarrow$ 准备慢速启动
- $KA_{M9、10} \uparrow \rightarrow$ 准备检修时开着门开动电梯，利于检查
- $KA_{M11、12} \uparrow \rightarrow$ 防止 KA_U 和 KA_D 互相争抢动作
- $KA_{M13、14} \uparrow \rightarrow$ 切除与检修运行无关的电路
- $KA_{M15、16} \uparrow \rightarrow$ 切断快速接触器电路

做好检修准备。

(2) 轿内检修

需要检修时，上行时应操纵最高选层按钮，下行时需操纵最低选层按钮。例如：电梯在三楼停靠，准备到四楼检修时：如关门检修，应按下操纵箱的关门按钮 SB_C，把门关好。如开门检修，应按下操纵箱的门连锁按钮 SB_G。然后按下最高层按钮 SB_5，电梯便能启动上行，其原理见动作图 6-26 所示。

当电梯到达位置时，把 SB_5 松开，电梯立即停靠。这种点动开梯不受平层限制，随处都可停梯，给检修带来了方便。电梯需要下行时，只需按最后底层 SB_1 即可。

(3) 轿顶检修

当需要在轿厢顶部检修时，可以通过轿顶检修箱上的慢上按钮 SB_{UT} 或慢下按钮 SB_{DT}，

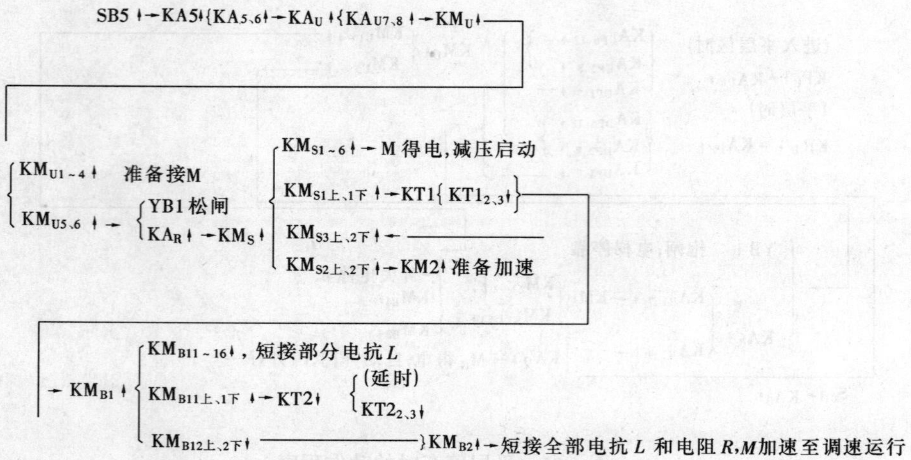

图 6-26 检修慢上程序图

点动控制实现上下慢速运行。

检修前，扳动轿顶检修箱上的开关 S_{MT}，使 03 和 47 接通，KA_M 得电吸合，当按下 SB_{UT} 或 SB_{DT} 时，轿厢便慢速上、下行。其动作情况与图 6-26 相似，这里不再重复。

课题 5 变频调速及其控制

5.1 变频调速

从电机原理知道，电动机定子绕组中的感应电动势为：

$$E_1 = 4.44 f_1 N_1 k_1 \Phi_m \tag{6-2}$$

式中，f_1 为电动机进线端的供电电源频率；N_1 为定子绕组每相匝数；k_1 为定子绕组基波绕组系数；Φ_m 为每极基波磁通的幅值。如果略去电动机定子绕组中的阻抗压降，则定子绕组进线端的端电压 U_1 近似等于定子绕组中的感应电动势，即

$$U_1 \approx E_1 = 4.44 f_1 N_1 k_1 \Phi_m \tag{6-3}$$

由上式可知，若 U_1 不变，则随 f_1 上升，将导致 Φ_m 下降。但交流电动机的转矩为：

$$M = C_{mj} \Phi_m I'_2 \cos\Phi'_2 \tag{6-4}$$

当外加负载转矩 M 不变时（电梯属恒转矩负载），Φ_m 随 f_1 的增加而减少，或随 f_1 的降低而增加。这样，将导致电动机转子电流的有功分量（$I'_2 \cos\Phi'_2$）的变化（增加或减少），使得电动机的效率降低。同时电动机的最大转矩 M_k 也将变化，严重时会使电动机堵转。或由于 f_1 的降低而使 Φ_m 增大，导致磁路饱和，使励磁电流 I_0 增大，即使得电动机的铁损和铜损增大。

因此在许多场合下，要求在调频调速的同时，也要求改变电动机定子绕组的进线端的电压 U_1，从而保持 Φ_m 接近不变。根据 U_1 和 f_1 的不同比例关系，有以下四种变频调速形式。

（1）保持 U_1/f_1 为常数的比例控制形式

式（6-4）中，在略去电动机定子绕组的阻抗压降后，近似地可以得出：

$$U_1/f_1 = C_1\Phi_m \qquad (6-5)$$

式中，C_1 为常数。

从式（6-5）可知，若要维持恒磁通，只要 U_1 和 f_1 成比例地变化即可。

（2）保持 M_k 为常数时的恒磁通控制方式

对于要求调速范围大、恒转矩的电梯负载，希望在整个调速范围内保持电动机的最大转矩 M_k 不变，即按式（6-2）中的 E_1/f_1 = 常数进行控制。也就是说，f_1 减少时，适当提高进线端电压 U_1 以补偿电动机定子绕组中的阻抗压降。显然，这与电动机的特征参数 $Q = x/r_1$ 有关，Q 越大，r_1 的影响就越少。按 M_k = 常数的恒磁通（Φ_m = 常数）控制方式，变频调速时电动机的机械特性正是电梯电力拖动控制系统所要求和希望的。

（3）保持 P_d 为常数时的恒功率控制方式

电梯不是恒功率负载，这种方法不适用于电梯拖动系统。

（4）恒电流控制方式

在变频调速时保持电动机定子绕组的电流为恒值，即通过 PI 调节器和电流闭环调节作用来实现。这种系统具有良好的特性、且安全可靠。但恒流控制时的最大转矩要比恒磁控制时小得多，电动机的过载能力也低，因此这种控制方式仅适用于负载变化不大的场合，而不适用于电梯负载变化。

5.2 变频器类型及其特点

变频调速系统的变频器可以分为交—交变频器和交—直—交变频器两大类。其原理框图如图 6-27 所示。下面分别介绍。

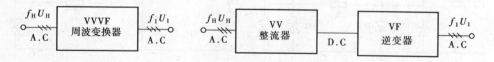

图 6-27 变频器原理框图

（1）交—交变频器

这种变频器是由两组反并联的变流器 P 和 N 组成，如图 6-28 所示。P 组和 N 组经适当的电子开关按一定的频率轮流向负载 R 供电，在负载 R 上就可以获得变化的输出电压 U_c。U_c 的幅值是由各组变流器的控制角 α 所决定的，U_c 的频率变化则由"电子开关"的切换频率所决定。"电子开关"由电源频率控制，U_c 的输出波形是由电源变流后得到的。这样输出频率就不可能高于电网频率，也就是说，交—交变频器的频率变化只能在电网频率以下的范围内变化。

（2）交—直—交变频器

如图 6-29 所示，变频器是先将三相交流电源整流得到幅值可变的直流电压 U_d，然后 U_d 经开关元件 1、3 和 2、4 轮流切换导通，则在负载 R 上就可获得幅值和频率均可变化的交流输出电压 U_c，即其幅值由整流器输出的直流电压 U_d 所决定；其频率由逆变器的开关元件切换频率所决定，即变频器的输出频率不受电网频率的限制。但为了提高电网的功率因数，也可采用不可控整流器再经斩波器或带有脉宽调制（简称 PWM）功能的逆变器来调频、调压。

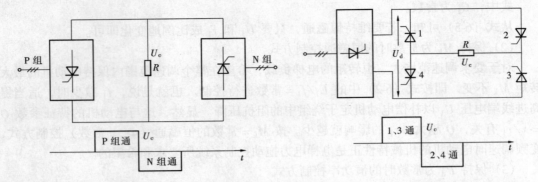

图 6-28 交—交变频器工作原理　　　　图 6-29 交—直—交变频器工作原理

(3) 电压源型和电流源型变频器

在变频调速系统中，按对无功分量的处理方式，变频器又可分为电压源型和电流源型两种，如图 6-30 所示，图中已省略整流器部分电路。在电梯的变频调速系统中，变频器的负载是三相交流异步电动机，其负载电流是滞后的。因此在直流环节和负载之间需设置储能元件，以缓冲无功分量。显然，前述两种变频器均可有电压源型和电流源型两种形式，这样共有四种类型的变频器：

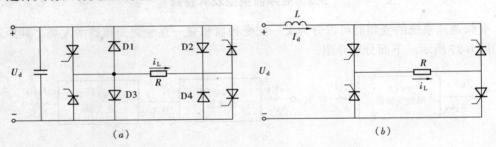

图 6-30 交—直—交电压源型和电流源型逆变器
(a) 电压源型逆变器；(b) 电流源型逆变器

1) 交—直—交电压源型；
2) 交—直—交电流源型；
3) 交—交电压源型；
4) 交—交电流源型。

在交—直—交的电压源型变频器中，在直流输出侧并联大电容以缓冲无功功率，如图 6-30 (a) 所示。另外，为滞后的负载电流 i_L 提供反馈到电源的通路，所有电压源型的变频器均应设有反馈二极管，如图 6-30 (a) 中的 D1—D4。例如，设置在晶闸管换流之前，负载电流如图 6-30 (a) 中所示方向流过，刚换流后，i_L 还未来得及改变方向时，可以经过二极管 D2、D3 将无功能量反馈至电源中去。

在电流源型逆变器中，由于直流中间回路电流 I_d 的方向是不变的，所以不需要设置反馈二极管。而在交—交型变频器中，虽无明显的直流环节，但也可以分为电压源型与电流源型两种，如图 6-31 所示。

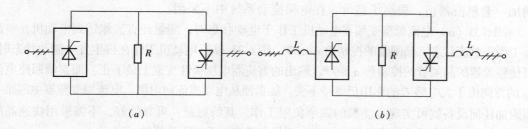

图 6-31 交—交电压源和电流源型变频器
(a) 电压源型；(b) 电流源型

交—交电压源型的逆变器不设滤波电容（如图 6-31a），两组变流器系直接反并联接到电网上。由于电网相对负载具有低阻抗，故属于电压强制性质，负载的无功功率由电源来缓冲。若两组变流器均经一大的电感线圈 L 接到电网（图 6-31b），则称之为交—交电流源型变频器。这时电源具有高阻抗，将输出电流强制为矩形波，而负载的无功功率则由滤波电感 L 来缓冲。

(4) 变频器在电动机为不同工作状态时的工作情况

电梯负载是一个位能负载和恒转矩负载，在电梯处于最高层或最低层区域内运行（启动加速和制动减速）时，曳引电动机经常工作在电动状态或再生发电状态，此时电压源型和电流源型的变频器工作情况分别如图 6-32 和图 6-33 所示。

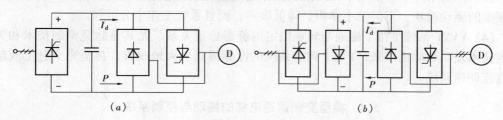

图 6-32 电压源型变频器在电动机为电动状态和再生发电状态时的工作情况
(a) 电动状态；(b) 再生状态

图 6-32 (a) 是电压源型变频器在电动机为电动状态时的工作情况。电能经整流器输出到交流电动机。图 6-32 (b) 为电动机工作在再生发电状态时，因直流侧并联着大电容，电压的极性难以改变，而整流器又只能单方向流过电流，必须增加一组反并联的整流器，使再生发电制动时经过反馈二极管的电流能反馈至电网中去。此时电动机的能量经反馈二极管、反向整流器组流入电网。由此可知，为了获得再生发电制动时的电流流动而需

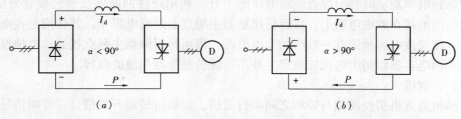

图 6-33 电流源型变频器在电动机为电动状态和再生发电状态时的工作情况
(a) 电动状态；(b) 再生状态

增加一套整流器组，提高了造价，在电梯拖动系统中不采用。

图6-33（a）电流源型变频器电动机工作于电动状态时，能量经直流侧送到电动机，整流器工作于整流状态，晶闸管的控制角 $\alpha < 90°$。图6-33（b）电动机工作在再生发电制动状态时，可使整流器的晶闸管的控制角 $\alpha > 90°$，输出的整流器电压极性变成上负下正。而直流回路电流 I_d 的方向由于大电感 L 的作用仍维持不变，能量便从电动机流向电源。电流型变频器主回路不需附加任何设备就可实现电动机的四个象限工作。其特点是：可靠性好、不需采用快速晶闸管，适用于对动态要求较高的场合。这也正是电梯拖动系统所希望的。

5.3 变压变频主驱动调速系统的主要性能与特点

变压变频（VVVF）主驱动调速系统的主要性能与特点如下：

（1）变频调速使电梯的启动加速和制动减速过程非常平稳、舒适。电梯按距离制动，直接停靠，平层准确度可保持在 ±5mm 之内。

（2）由于驱动系统不仅可以工作在电动状态（即工作在第Ⅰ、Ⅲ象限），也可以工作在再生发电状态（即工作在第Ⅱ、Ⅳ象限），因此可以说这种VVVF的主驱动调速系统可工作在"四个象限"内。这样使得系统的电能消耗进一步降低。再加上驱动系统完全用电力半导体器件，而使驱动系统工作在高效率状态。总之，VVVF系统是高效率、低损耗的电梯驱动系统。

（3）控制系统全部使用半导体集成器件或大规模集成电路、微机系统及大功率、高导通频率的驱动模块，不但缩小体积、降低噪声，而且系统工作十分可靠。

（4）VVVF系统维持了磁通与转矩恒定的静态稳定关系，尤其是脉宽调制技术和矢量控制技术发明和应用以来，VVVF调速系统的性能得到极大地改善，甚至完全赶上或超过了直流调速系统。

5.4 典型变频调速电梯的拖动与控制系统

5.4.1 系统构成

变频调速电梯主要由主回路、双微机、电流指令回路、电流控制回路、PWM脉宽调制控制电路、基极驱动电路、检测装置等部分组成。如图6-34所示。

5.4.2 各环节的作用

（1）主回路

主回路由三相整流器和逆变器组成。采用"交—直—交"变频器；桥式整流器上有大容量电容器和RC滤波回路，用于滤波和稳定直流电压。在直流侧设置了负反馈回路，主要是考虑到电梯制动时会引起直流端电压的上升，利用硬件回路使反馈三极管自动导通，把反馈电能消耗在放电电阻上；在运行接触器主触点上并有电阻 R，其作用是在电梯投入运行前，使滤波电容预先有一较小的充电电流。当运行接触器主触点接通，电梯投入运行时，避免因电容器瞬间大电流充电产生冲击，保护整流器和滤波电容。

（2）主微机

主微机负责机房控制柜与轿厢之间串行通信，以取得轿厢开关信号、呼叫信号、厅外呼叫登记、开关门控制、运行控制等。进行故障检测和记录。

（3）副微机

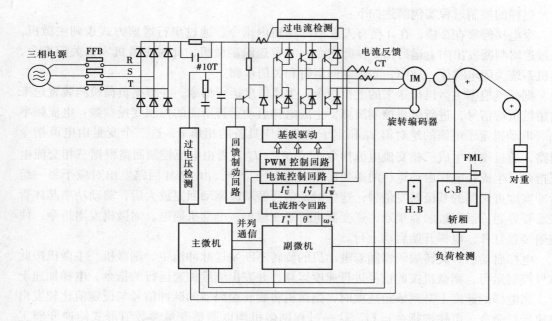

图 6-34 一种典型的电梯拖动与控制系统方框图

根据主微机的运行指令,负责数字选层器的运算、速度指令生成、矢量控制,进行故障检测和记录,负责信号器工作。主微机和副微机之间采用并联通信,共同控制,互相监控,形成了完整的电梯控制系统。

(4) 电流指令回路

电流指令回路根据副微机矢量控制演算结果,发出三相交流电流指令。

(5) 电流控制回路

电流控制回路通过将电流指令回路中三相交流电流指令与感应电动机电流反馈信号比较,发出逆变器输出电压指令,比较各种反馈信号,决定指令是否生成。

(6) PWM 脉宽调制控制电路

PWM 脉宽调制控制电路产生与逆变器输出三相电压指令对应的基极触发信号。

(7) 基极驱动电路

根据 PWM 信号,驱动主回路中逆变器内的大功率晶体管,使晶体管导通。

(8) 检测装置

检测轿厢负荷并输送负载信号给副微机,以进行启动力矩补偿,使电梯运行平稳舒适。

该电梯系统还包括:与感应电动机随动,可发送脉冲信号到主、副微机的旋转编码器;传递楼层位置信号的位置检测器 FML;可接受指令信号和开关输入信号的轿内操纵箱 C.B 和厅外召唤箱 H.B;以及系统各种保护回路等。

5.4.3 系统工作原理

电梯由三相交流 380V 电源供电,当运行接触器主触点接触后,三相交流 380V 电源经由整流器变换成直流电,输送到逆变器。逆变器中三对大功率晶体管受控导通,把直流电逆变成频率、电压可调的三相交流电,对感应电动机供电。电动机按指令运转,通过曳引机牵引电梯上下运行。

电梯的控制过程实例简述如下：

令电梯停靠在 2 楼，在 4 楼有人发出呼梯轿内指令，通过串行通信方式送到主微机，经过逻辑判断发出向上运行指令，此指令同时发送给副微机，此时主微机发出关门指令，门机系统关闭电梯厅、轿门，实现定向运行和关门步骤。

副微机根据主微机传送来的上行指令，生成速度运行指令，并根据负荷检测装置送来的轿厢负荷信号，进行矢量控制演算，生成电梯启动运行所需的控制变量参数：电流频率 ω_1、电动机定子电流的绝对值 I_1 和定子电流所应具备的相角 θ，这三个变量由电流指令回路，通过硬件生成三相交流电流指令 I_u^*、I_v^*、I_w^*，再由电流控制回路根据三相交流电流指令，生成让电梯启动运行的逆变器输出的电压指令，由 PWM 回路发出对应于每一组脉冲宽度可调制的基极触发信号，这些触发信号经基极驱动回路放大后，驱动功率晶体管按需要导通。运行接触器接通，逆变器进行逆变输出，电动机通电，向微机发出指令，使抱闸装置打开，电梯开始启动上行。

电梯启动后，旋转编码器随着电动机的旋转不断发送脉冲给主、副微机。主微机按此信号控制运行，副微机按此信号进行速度运算，并发出继续加速运行的指令，电梯加速上行。当电梯的速度上升到额定速度时，副微机将旋转编码器的脉冲信号与设定值比较发出匀速运行命令，电梯按指令运行。这一过程副微机均以调整变量参数值形式使逆变器工作，电梯完成加速运行步骤。

在电梯运行过程中，副微机根据编码器发送来的脉冲信号，通过数字选层器的信息运算，当电梯进入 4 楼层区时，副微机按生成的速度指令发出减速的信号，也就是通过矢量控制的演算，生成与减速指令曲线相对应的 ω_1，I_1，θ，控制逆变器输出，使电梯按照指令曲线上行。当电梯上行到进入 4 楼平层区域时，轿厢顶的位置检测器 FML 被 4 楼隔磁板插入，副微机发出电梯低速运行指令，并通过数字选层器的运算开始计算停车点。当计算到旋转编码器发送来的脉冲数值等于设定值时，副微机发出停车信号，逆变器中的大功率晶体管关闭，电动机失电停止运行，电梯在零速停车。同时，主微机得到副微机发送来的停车信号后，发出指令使制动器抱闸，并打开运行接触器主触点，电梯在 4 楼平层停车；此时电梯完成了减速平层的步骤。随后主微机发出开门指令，电梯门开启。从而完成了从启动到停车开门的运行全过程。这就是变频调速电梯的基本运行原理。

变频调速电梯，以其独特的优势受到了使用单位的一致好评并得到了广泛的应用。

课题 6　电梯的运行调试

随着智能化技术的发展，电梯正向着现代化的控制领域迈进，各种新技术的应用使电梯经历着一次次的革命，因此对于电梯的运行、调试知识必须掌握，才能适应从业需要。

6.1　电梯安装后的试运行和调整

6.1.1　试运行前的准备

（1）保持良好的工作环境：对机房、井道及各层站周围进行清扫；

（2）保证各器件的整洁：对电梯上的所有机、电部件进行检查、清理、打扫和擦洗；

（3）检查电器部件内外配接线的压紧螺钉有无松动，焊点是否牢靠，电器触点动作是否自如；

(4) 检查有关设备的润滑情况

1) 曳引机的工作环境温度应在 -5℃~40℃之间，减速箱应根据季节添足润滑剂，一般夏季用 HL-30 齿轴油（SYB1103-62S），冬季用 HL-20 齿轮油（SYB1103-62S）。油位高度按油位线所示。

2) 缓冲器采用油压缓冲器时，应按规定添足油料，如表 6-2 所示，注意油位高度应符合油位指示牌标出的要求。

3) 对于滑动导靴，导轨为人工润滑时，应在导轨上涂适量的钙基润滑脂（GB 491-87）；导靴上没有自动润滑装置时，在润滑装置内添足够的 HJ-40 机械油（GB 443-89）。

油压缓冲器用油　　　　　　　　表 6-2

额定载重量/kg	油号规格	粘度范围	额定载重量/kg	油号规格	粘度范围
500	高速机械油 HJ-5(GB 443—89)	1.29~1.40°E50	1000	机械油 HJ-10(GB 443—89)	1.57~2.15°E50
750	高速机械油 HJ-7(GB 443—89)	1.48~1.67°E50	1500	机械油 HJ-20(GB 443—89)	2.6~3.31°E50

(5) 对曳引轮和曳引绳等的油污进行认真清洗。

(6) 对具有转动摩擦部位的润滑情况进行检查以保正常工作。如对重轮、限速器、张紧装置、导向轮和轿顶轮等。

(7) 检查电气控制系统中的接线及动作程序是否正确，发现问题及时排除。为便于检查和安全这项工作应在挂曳引绳和拆除脚手架之前进行。已挂好曳引绳的一般应将曳引绳从曳引轮上摘下，摘绳之前应在井道底坑可靠地支起对重装置，在上端吊起轿厢，以便摘绳。采用机械选层器的电梯也应摘下钢带。若觉摘曳引绳麻烦，可不摘绳，采用甩开曳引电机电源引入线的方法解决。这样又带来了不能确定电机的转向是否与控制系统的上下控制程序一致的问题，因此检查后，应用手动盘车（盘车手轮）使轿厢移动一定距离，再通过慢速控制系统点动控制轿厢上、下移动，确认电机电源引入线的接法符合控制系统要求后，便可进入试运行。

对系统检查时，应有熟识电气控制系统的技工参加，在机房和轿厢均设有技工，轿厢内的技工按机房内机工发出的命令，模拟司机或乘用人员的操作程序逐一进行操作，机房人则根据轿内每一项操作，检查和观察控制柜内各电气元件的动作程序，分析是否符合电气控制说明书或电路原理图的要求，曳引电动机的运转情况是否良好、方向是否正确。

(8) 牵动轿顶上安全钳的绳头拉手，看安全钳动作是否正常，导轨的正工作面与安全嘴底面，导轨两侧的工作面与两楔块间的间隙是否符合要求。

做好上述准备后，将曳引绳挂好，放下轿厢，确保曳引绳均匀受力，并使轿厢下移一定距离后，拆去对重装置支撑架和脚手架，准备进入试运行阶段。

6.1.2 试运行和调整

试运行时应由具有丰富经验的安装人员在轿顶指挥，在机房、轿内、轿顶各有一技工，具体操作如下：

(1) 手动盘车后方可通电试运行。

(2) 通过操纵箱上的钥匙开关或手动开关，使系统处于慢速检修状态。试运行时，通过轿内操纵箱上的指令按钮和轿顶检修箱上的慢上或慢下按钮，分别控制电梯上、下往复

运行数次后,对下列项目逐层进行考核和校正:

1) 厅、轿门踏板的间隙,厅门锁滚轮和门刀与轿厢踏板和厅门踏板的间隙各层必须一致,而且符合随机技术文件的要求;

2) 干簧管平层传感器和换速传感器与轿厢的间隙、隔磁板与倍感器盒凹口底面及两侧的间隙、双稳态开关与磁豆的间隙应符合随机技术文件的要求;

3) 极限开关、上下端站限位开关等安全设施动作应灵活可靠,起安全保护作用。

4) 采用层楼指示器或机械选层器的电梯,在电梯试运行过程中,应借助轿厢能够上下运行之机,检查和校正三只动触头或拖板与各层站的定触头或固定板的位置。

(3) 经慢速试运行和对有关部件进行调整校正后,才能进行快速试运行和调试。作快速试运行时,先通过操纵箱上的钥匙开关,使电气控制系统由慢速检修运行状态,转换为额定快速运行状态。然后通过轿内操纵箱上的内指令按钮和厅外召唤箱上的外指令按钮控制电梯上下往复快速运行。对于有司机控制的电梯,有司机和无司机两种工作状态都需分别进行试运行。

在电梯的上下快速试运行过程中,通过往复启动、加速、平层、单层和多层运行、到站提前换速、在各层站平层停靠开门等过程,根据随机技术文件、电梯技术条件、电梯安装验收规范的要求,全面考核电梯的各项功能,反复调整电梯在关门启动、加速、换速、平层停靠、开门等过程的可靠性和舒适感,反复调整轿厢在各层站的平层准确度,自动开关门过程中的速度和噪声水平等。提高电梯在运行过程中的安全、可靠、舒适等综合技术指标。

6.2 电梯的调试

在试运行后,应根据电梯技术条件、安装规范、制造和安装安全规范的规定做以下调试。

6.2.1 空、半及满载试验

按空载、半载(额定载重量的50%)、满载(额定载重量的100%)等三种不同载荷,在通电持续率为40%的情况下,往复开梯各1.5h。电梯在启动、运行和停靠时,轿内应无剧烈的振动和冲击。制动器的动作应灵活可靠,运行时制动器闸瓦不应与制动轮摩擦,制动器线圈的温升不应超过60℃。减速器油的温升不应超过60℃,且温度不应高于85℃。电梯的全部零部件工作正常,元器件工作可靠,功能符合设计要求。主要技术指标符合有关文件的规定。

6.2.2 超载试验

在轿厢内装110%的额定载重量,在通电持续率为40%的情况下运行30min。

6.2.3 安全钳动作的检测

应使轿厢处于空载,以检修慢速下降,当轿厢运行到适当位置时,用手扳动限速器,使限速器和安全钳动作,应有下列情况产生:

(1) 安全嘴内的楔块应能可靠地夹住导轨;

(2) 轿厢停止运行;

(3) 安全钳的联动开关也应能可靠地切断控制电路,以实现保护。

6.2.4 对油压缓冲器缓冲动作试验

使轿厢处于空载并以检修速度下降,将缓冲器全压缩,然后使轿厢上升,从轿厢离开缓冲器开始,直到缓冲器全复原止,所需时间不应大于90min,否则不合格。

6.2.5 额定状态运行

让电梯在额定载重量情况下控制其运行,电梯实际升降速度的平均值与额定速度的差值,交流双速梯不大于±3%,直流梯不大于±2%,实际升降速度的平均值可按下式计算:

$$V_V = \frac{\pi D(n_s + n_x)}{2 \times 6 i_j i_y}$$

式中 V_v——实际升降速度的平均值(m/s);
$\quad\quad D$——曳引轮直径(m);
n_s、n_x——电梯在额定载重量升、降时电动机转速(r/min);
$\quad\quad i_j$——减速机减速比;
$\quad\quad i_y$——电梯的曳引比。

6.2.6 使轿厢分别在空载和满载状态运行,以检测其平层准确度

20世纪80年代中期前的电梯平层准确度如表6-3所示。而80年代中期后的电梯其平层精度都很高,如交流调压调速(ACVV)电梯平层允差为±10%,交流调频调压调速(VVVF)电梯平层允差一般为±5mm。

平层准确度　　　　　　　　　　　　表6-3

电梯类型	额定速度(m/s)	允差值(mm)	电梯类型	额定速度(m/s)	允差值(mm)
直流高速梯	2,2.5,3	±5	交流双速梯	0.75,1,0.25,0.5	±30,±15
直流快速梯	1.5,1.75	±15			

6.2.7 检测曳引电动机三相电流值,判定平衡系数所在区间

让电机带40%和50%的额定载重量,控制电梯上下运行数次,当电梯轿厢与平衡重处于水平位置时,检测电机的三相电流值。两种载重量下的下行电流均应略大于上行电流,根据电流差值判定平衡系数所在区间。

6.2.8 平稳加载至150%

轿厢在底层,连续平稳加载直至150%的额定载重量,经10min后,曳引绳在槽内无滑移;制动器能可靠制动;各承重机件无任何损坏。

单　元　小　结

本单元从电梯的构造入手,介绍了电梯的不同控制方式和电梯的电力拖动方式,电梯的控制方式有:(1)手柄操纵控制电梯:由电梯司机操纵轿厢内的手柄开关,实行轿厢运行控制的电梯;(2)按钮控制电梯:操纵层门外侧按钮或轿厢内按钮,均可使轿厢停靠层站的控制;(3)信号控制电梯:将层门外上下召唤信号、轿厢内选层信号和其他专用信号加以综合分析判断,由电梯司机操纵控制轿厢的运行;(4)集选控制电梯:将各种信号加以综合分析,自动决定轿厢运行的无司机控制;(5)群控电梯:对集中排列的多台电梯,公用层门外按钮,按规定程序的集中调度和控制,利用微机进行集中能够管理的电梯;(6)并联控制电梯:2~3台集中排列的电梯,公用层门外召唤信号,按规定顺序自动调度,确定其运行状态的控制,电梯本身具有自选功能。电梯的电力拖动方式即用于电梯的拖动系统主要有:交流单速电动机拖动系统;交流调压调速拖动系统;交流变频调压调速拖动系统;直流发电机—电动机晶闸管励磁拖动系统;晶闸管直流电动机拖动系统等。并通过按钮控制电梯和变频调速电梯的实例,对电梯的运行原理和过程进行了分析,最后阐述了电梯的运行调试,为今后从业打下基础。

习题与能力训练

【习题部分】

1. 电梯如何分类?
2. 电梯由哪些部分组成?
3. 曳引系统主要由什么组成?曳引轮、导向轮各起什么作用?
4. 门系统主要由哪些部分组成?门锁装置的主要作用是什么?
5. 限速器与安全钳是怎样配合对电梯实现超速保护的?
6. 端站保护装置的三道防线各起到什么作用?
7. 简述换速平层装置的工作原理、安装位置。
8. 层楼指示器和机械选层器的作用和特点是什么?
9. 操纵箱、指示灯箱、召唤按钮箱、轿顶检修箱、控制柜各自的功能是什么?
10. 电梯的电力拖动有几种方式?其适用范围如何?
11. 某电梯的额定载重量为 1000kg,轿厢净重为 1200kg,若取平均系数 0.5,求对重装置的总重量 P 为多少?
12. 按钮控制电梯对开关门电路有何要求?
13. 电梯选层定向方法有几种?各安装在什么位置?怎样工作?
14. 试画出单绕组双速电动机两种速度时的绕组接法。为什么要注意相序的配合?
15. 自动门电路关门时,KA_C 得电,关好门后怎样失电的?开门时 KA_0 得电,门开好后怎样失电的?
16. 电梯用双速鼠笼式电动机的快速绕组和慢速绕组各起什么作用?串入的电阻或电感各起什么作用?
17. 电磁制动器 YB 控制回路,接入 R_{YB1} 和 R_{YB2},各起什么作用?
18. 按钮控制电梯,当电梯在一层时,同时按下 SB3 和 SB4,电梯运行到几层,为什么?
19. 电梯的平层装置安装在什么位置?是怎样工作的?
20. 按钮控制电梯,轿内检修时,如电梯在一层,按 SB4,电梯能否运行?如电梯在五层,按 SB4,电梯能否运行?
21. 按钮控制电梯,如电梯在五层,试分析电梯下行轿顶检修运行工作过程(用程序图表示)。
22. 电梯检修时,试分析慢速上升启动运行过程。
23. 图 6-19 电梯电路,厅外有人呼梯时,轿内司机不知是哪层有人呼梯,应怎样进行改进?才知道哪层呼梯?

【能力训练】

【实训项目1】 交流双速电梯读图训练（见训练图6-1）

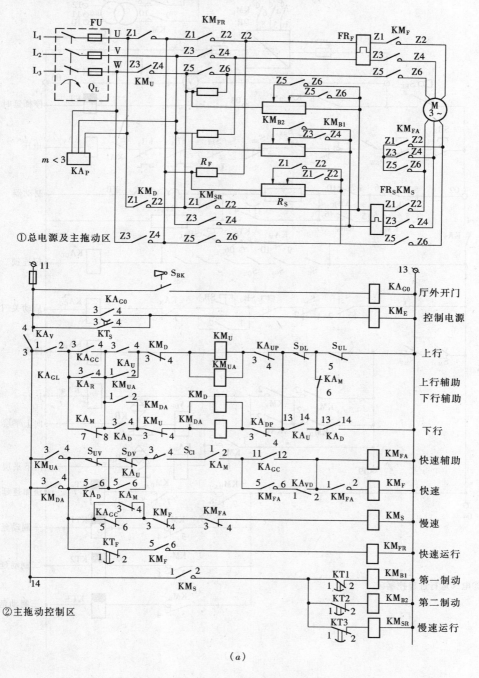

训练图6-1 交流双速、信号控制电梯电路（一）

目的：学会读图方法，具有识读各种电梯图形的能力。

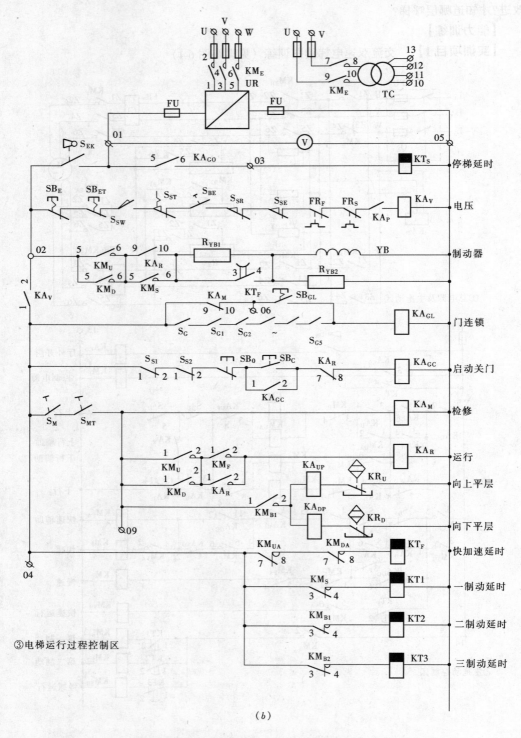

(b)

训练图 6-1 交流双速、信号控制电梯电路（二）

要求：进行环节划分，按环节分析原理并分别写出报告。（可按：电梯启动前的准备；电梯的呼梯过程；电梯的运行过程；其他环节的分析；电梯的调试）。

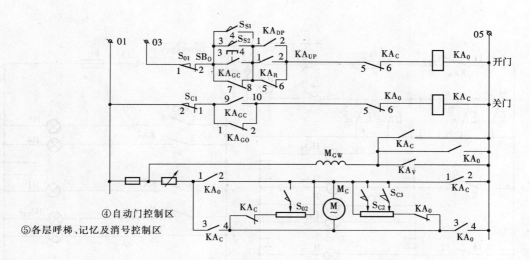

④自动门控制区

⑤各层呼梯、记忆及消号控制区

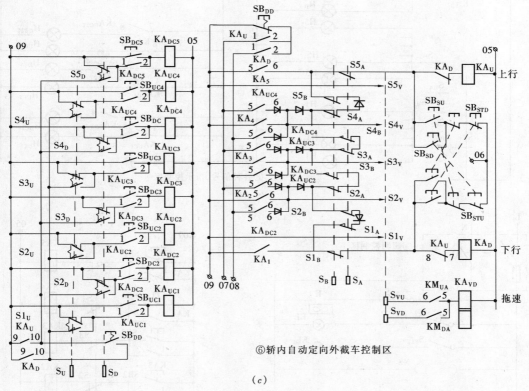

⑥轿内自动定向外截车控制区

(c)

训练图 6-1 交流双速、信号控制电梯电路（三）

【实训项目2】 交流双速电梯安装、调试运行训练

目的：能安装和调试。

要求：(1) 写出安装方案；

(2) 按步骤调试；

(3) 写出实训报告。

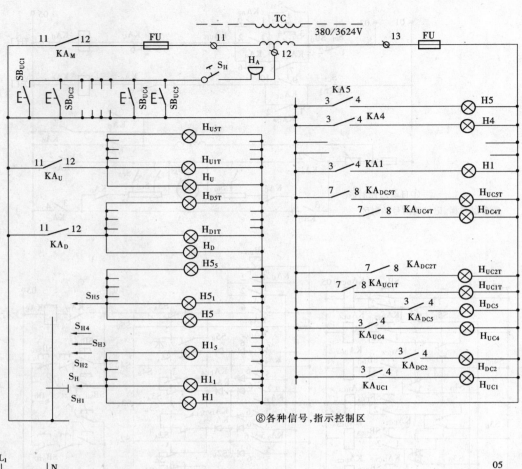
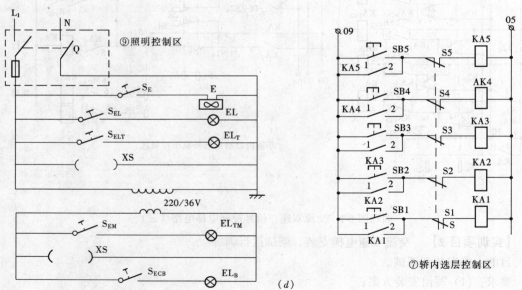

(d)

训练图 6-1　交流双速、信号控制电梯电路（四）

单元7 建筑电气控制设备的设计及安装

知识点：电气控制设备的设计原则、内容和程序；电气原理图、电气布置图、电气安装接线图的设计步骤和方法；电气控制设备的安装与调试。

教学目标：通过本单元的学习；树立正确的设计思想和工程实践的观点；掌握电气原理图、电气布置图、电气安装接线图的设计步骤和方法；具有电气控制设备的安装与调试的基本能力。为从事相关设计与安装与调试打好基础。

随着智能建筑的迅猛发展，电气控制设备越来越多，电气自动化要求也越来越高。在自动控制的领域中，控制的方式经历着一次次的革命，因此掌握自动控制的设计知识尤为重要。然而任何生产机械电气控制装置的设计，均应满足两个方面的要求：一是满足生产机械和工艺过程的不同控制要求；二是满足电气控制装置本身的制造、使用及维护的需要。因此，电气控制装置设计包括原理和工艺两方面。原理设计决定了先进性、合理性、使用效能和自动化程度；工艺设计则体现了可行性、经济性、造形美观、使用和维护方便与否，可见两者缺一不可。

生产机械种类繁多，其电气控制设备各异，但电气控制设计的原则和方法基本相同。本单元在前述知识的基础上，对电气控制系统的设计依据、原则、内容、方法和步骤进行讨论。

课题1 电气控制设备的设计原则、内容和程序

1.1 电气控制设计的原则

(1) 应尽量满足设备和工艺对电气控制所提出的各项要求，它是设计的主要依据，这些要求是：用户供电电网的种类、电压、频率及容量；有关电气传动的基本特性，如运动部件的数量和用途、负载特性、调速范围和平滑性、电动机的启动、反向和制动要求等等；有关电气控制的特性，如电气控制的基本方式、自动工作循环的组成、自动控制的动作程序、电气保护、连锁条件等；有关操作方面的要求，如操作台的布置、操作按钮的设置和作用、测量仪表的种类以及显示、报警和照明等都必须全面考虑。

(2) 妥善处理机械与电气关系。大多数设备都是机与电结合实现控制要求的，应从制造成本、结构复杂性、工艺要求、使用维护方便等方面考虑二者关系的协调。

(3) 在满足控制要求的前提下，设计方案应力求简单、经济，使用安全可靠。

(4) 正确合理地选用电气元件，使整个设计造型美观，使用维护方便。

1.2 电气控制设计的基本内容

电气设计的内容一般由原理设计与工艺设计两部分组成，具体设计内容如下：

1.2.1 原理设计内容

电气控制系统原理设计内容是：

(1) 拟订电气设计任务书；
(2) 确定电力拖动方案与控制方式；
(3) 确定电动机的类型、容量、转速，并选择具体型号；
(4) 设计电气原理框图，确定各部分之间的关系，拟定各部分技术要求；
(5) 设计并绘制电气原理图，设计主要技术参数；
(6) 选择电气元件，制定元器件材料表；
(7) 编写设计说明书。

1.2.2 工艺设计内容

(1) 在原理设计的基础上，考虑电气设备的总体配置，绘制电气控制系统的总装配图及总接线图。图中应反映出电动机、执行电器、电器箱各组件、操作台布置、电源以及检测元件的分布状况和各部分之间的接线关系与连接方式，这部分资料供总装、调试及日常维护使用。

(2) 对总原理图进行编号，绘制各组件原理电路图，列出各部分的元件目录表，根据总图编号统计出各组件的进出线号。

(3) 设计组件装配图、接线图。

(4) 绘制电器安装板和非标准的电器安装零件图纸，标明技术要求，以供机械加工和外协作加工所必须的技术资料。

(5) 设计电气控制柜（箱或盘）。确定其结构及外形尺寸，设计安装支架，标明安装尺寸、面板安装方式、各组件的连接方式、通风散热及开门方式。

(6) 汇总并列出外购部件清单，标准件清单以及主要材料消耗定额。

(7) 编写使用维护说明书。

1.3 电气控制设计程序

1.3.1 拟定设计任务书

设计任务书是整个系统设计的依据，同时又是今后设备竣工验收的依据。一般情况下，对需要设计系统的功能要求、技术指标只能描述一个粗略轮廓，涉及设备使用中应达到的各种具体的技术指标及其他各项基本要求，实际是由技术领导部门、设备使用部门及承担机电设计任务部门共同协商，最后以技术协议形式予以确定的。

任务书具体内容如下：

(1) 说明所设计设备的型号、用途、工艺过程、动作要求、传动参数、工作条件；
(2) 电源种类、电压等级、频率及容量；
(3) 对控制精度及生产效率的要求；
(4) 电力拖动特点，如运动部件数量、用途、动作顺序、启动、制动及调速要求；
(5) 保护要求及连锁条件；
(6) 控制要求达到的自动化程度；
(7) 设备布置及安装方面的要求；
(8) 应达到的稳定性能和抗干扰能力；

(9) 对经济指标要求;

(10) 验收标准及验收方式。

1.3.2 拖动及控制方案的确定

总体方案的确定是设计中的核心内容,是设计的指针,所有环节的配置和设计均应围绕总体方案进行,由此可见方案确定是否合理准确至关重要。

方案确定时,应根据设备的结构、运动部件的数量、运动形式、调速要求、负载性质、零部件加工精度和效率等综合条件,作好调研,注意借鉴成功经验,列出几种方案进行对比、研探,最后确定一种可行性方案,即确定出电动机的类型、台数、拖动方式及电动机启动、制动、转向、调速等要求,方案确定后就为电气原理图的设计及电器元件的选择提供了可靠依据。电力拖动方案的选择是以后各部分设计内容的基础和先决条件。

1.3.3 电动机的选择

(1) 根据环境条件选择电动机的结构形式

1) 在正常环境条件下,选择防护式电动机;在安全有保证的条件下,也可采用开启式电动机。

2) 在空气中存在较多粉尘的场所,宜用封闭式电动机。

3) 在潮湿场所,应尽量选用湿热带型电动机。

4) 在露天场所,宜选用户外型电动机,若有防护措施也可采用封闭式或防护式电动机。

5) 在高温场所,应根据环境温度,选用相应绝缘等级的电动机,并加强通风,改善电动机的工作条件,并提高电动机的工作容量。

6) 在有爆炸危险或有腐蚀性气体的场所,应相应地选用防爆安全型或防腐式电动机。

(2) 电动机电压、转速的选择

一般情况下电动机的额定线电压选用 380V,只有某些大容量的生产机械可考虑用高压电机。

对于不要求调速的高转速或中转速的机械,一般应选用相应转速的异步电动机或同步电动机直接与机械相连接。

对于不调速的低速运转的生产机械,一般是选用适当转速的电动机通过减速机构来传动,但电动机转速不宜过高,以免增加减速器的制造成本和维修费用。

对于需要调速的机械,电动机的最高转速应与生产机械的最高转速相适应,连接方式可以采用直接传动或者通过减速机构传动。

(3) 电动机容量的选择

根据电动机的负载和工作方式,正确选择电动机的容量;电动机的容量说明它的负载能力,主要与电动机的容许温升和过载能力有关。电动机的容量应按照负载时的温升决定,让电动机在运行过程中尽量达到容许温升。容量选大了,不能充分利用电动机的工作能力,效率低,不经济;容量选小了,会使电动机超过容许温升,缩短其工作年限,甚至烧毁电动机。因此,必须合理地选择电动机容量。

正确合理地选择电动机的容量具有重要的意义。选择电动机的容量时可以按以下四种类型进行。

1) 对于恒定负载长期工作制的电动机,其容量的选择应保证电动机的额定功率大于等于负载所需要的功率；

2) 对于变动负载长期工作制的电动机，其容量的选择应保证当负载变到最大时，电动机仍能给出所需要的功率，同时电动机的温升不超过允许值；

3) 对于短时工作制的电动机，其容量的选择应按照电动机的过载能力来选择；

4) 对于重复短时工作制的电动机，其容量的选择原则上可按照电动机在一个工作循环内的平均功耗来选择。

(4) 电动机电压的选择应根据使用地点的电源电压来决定，常用为380V、220V。

(5) 在没有特殊要求的场合，一般均采用交流电动机。

1.3.4 电气控制方案的确定

在几种电路结构及控制形式均可以达到同样的控制技术指标的情况下，到底选择哪种控制方案，往往要综合考虑各个控制方案的性能，设备投资、使用周期、维护检修、发展等因素。

选择电气控制方案的主要原则：

(1) 自动化程度与国情相适应

根据现时代科学技术的发展，电气控制方案尽可能选用最新科学技术，同时又要与企业自身的经济实力，各方面的人才素质相适应。

(2) 控制方式应与设备的通用及专用化相适应

对于工作程序固定的专用机械设备，使用中并不需要改变原有程序，可采用继电接触式控制。

1.3.5 控制方式的选择

随着电气技术的不断发展和机械结构与工艺水平的不断提高，电力拖动的控制方式越来越多，由传统的继电—接触控制向顺序控制、可编程逻辑控制、计算机联网控制等方面发展、新型的工业控制器及标准系列控制系统也不断出现。如单元3水泵电动机的控制即有采用继电—接触控制方式的，又有变频调速控制方式、可与计算机接口的控制方式等等。在确定控制方式时，应考虑在确保拖动方案实施的情况下选择最合理的一种，在几种控制方式均可满足时应根据建设单位的意愿从中选择。

1.3.6 设计电气原理图、选择元件、列材料表

这是一个较复杂、工作量最大的环节，具体情况下面详述。

1.3.7 设计安装施工所必须的各种图纸

如安装接线图、设备零部件图等，以供电气设备制造、安装及调试用。

1.3.8 编写设计说明书

课题2 控制线路的设计要求、步骤和方法

2.1 控制线路的设计要求

2.1.1 生产机械的工艺要求。

2.1.2 线路结构简单，安全可靠。

2.1.3 操作调整和检修方便。

2.1.4 有故障保护环节和机械与电气间的连锁与互锁环节，即使误操作也不会出现大事故。

2.1.5 具有技术先进性。

2.1.6 应确定相应的电流种类与电压数值，简单的线路直接用交流 380V 或 220V 电压，当电磁线圈超过 5 个时，控制电路应采用控制电源变压器，将控制电压降到 110V 或 48V、24V。这对维修与操作及电气元件工作可靠均有利。

对于直流传动的控制线路，电压常用 220V 或 110V 直流电源供电，必要时也可以用 6V、12V、24V、36V、48V 等直流电压。

2.1.7 保证线路的可靠性：

（1）电器应符合使用条件，其电气元件动作时间要短（需延时的除外），如线圈的吸引和释放时间应不影响线路的工作。

（2）电器元件要正确连接。电器的线圈或触头连接不正确，会使线路发生误动作，也可能造成严重事故。

1）线圈连接：如将两交流接触器线圈串联接于电路中，如图 7-1 所示。由于接触器线圈上的电压是依线圈阻抗大小正比分配的，即使是两个型号相同而且线圈电压各为控制电源电压的 1/2 的交流接触器也不能串联，这是因为当一个接触器先动作后，这个接触器的阻抗要比没吸合的接触器阻抗大，没吸合的接触器因电压小而不吸合，同时线路电流增大，有可能将线圈烧毁。所以应将线圈并联使用。

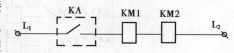

图 7-1 错误的线圈串联

2）触头的连接：如图 7-2 所示。这是两种不同的接法，（a）比（b）可靠性高，因为同一个电器的触头接到了同一极性或同一相上，避免了在电器触头上引起短路。

3）减少触头数量和连接导线：尽量减少被控制的负载或电器在接通时所经过的触头数，以避免任一电器触头发生故障时而影响其他电器，如图 7-3（a）不如图 7-3（b）合理。

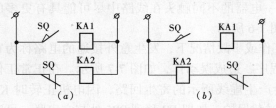

图 7-2 触头的正确连接
（a）可靠性好；（b）可靠性差

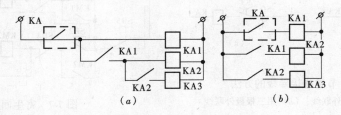

图 7-3 触头的合理布置
（a）触头故障相互影响；（b）触头互不影响

合并同类触头以减少数量，但应注意触头额定电流是否允许，如图 7-4 所示。

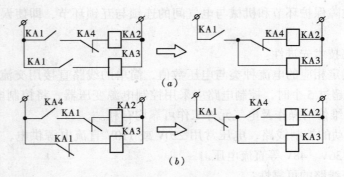

图 7-4 同类触头的合并
(a) 常开触头合并；(b) 常闭触头合并

利用转换触头，仅适用于有转换触头的中间继电器，如图 7-5 所示。

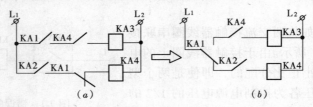

图 7-5 转换触头的应用
(a) 一般触头；(b) 转换触头

4）减少连接导线：合理布置电器或同一电器的不同触头在线路中尽可能具有更多的公共连接线，可减少导线长度或根数，如图 7-6 所示。

(3) 防止寄生回路：控制回路在正常工作或事故情况下，发生意外接通的电路称为寄生电路。如有寄生电路，将破坏电路工作程序，造成误动作，如图 7-7 所示。在正常工作状态无问题，而当电机过热 FR 动作时，会产生虚线所示的寄生回路，因电机正转时 KM 已吸引，故 KM1 不能释放，电动机得不到过载保护，如把 FR 移到 SB5 处与它串联，可防止寄生电路。

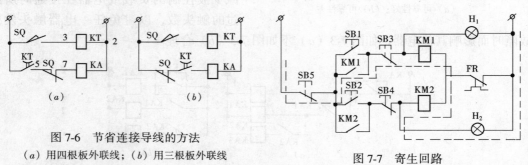

图 7-6 节省连接导线的方法
(a) 用四根板外联线；(b) 用三根板外联线

图 7-7 寄生回路

2.2 控制线路的设计步骤

(1) 根据总体方案确定的拖动方案，拟定出各环节的主要技术要求和主要技术参数。
(2) 设计各环节的具体电路，对每一环节设计时的顺序是：主电路→控制电路→辅助电路→连锁与保护→总体检查与完善电路。

（3）绘制原理总图，应按构图结构将各环节连接成一体。

（4）选择图中电器元件，填写元件明细表。

2.3 电气控制原理图的设计方法

电气控制线路的设计方法通常有两种：

一种方法是分析设计法，又叫经验设计法。它是根据生产工艺要求，利用各种典型的线路环节，直接设计控制线路。这种设计方法比较简单，但要求设计人员必须熟悉大量的控制线路，掌握多种典型线路的设计资料，同时具有丰富的设计经验。在设计过程中往往还要经过多次反复地修改、试验，才能使线路符合设计的要求。即使这样，设计出来的线路可能不是最简，所用的电器及触点不一定最少，所得出的方案不一定是最佳方案。

分析设计法由于是靠经验进行设计的，因而灵活性很大。初步设计出来的线路可能是几个，这时要加以比较分析，甚至要通过实验加以验证，才能确定比较合理的设计方案。这种设计方法没有固定模式，通常先用一些典型线路环节拼凑起来实现某些基本要求，而后根据生产工艺要求逐步完善其功能，并加以适当的连锁与保护环节。

另一种方法是逻辑设计法。它是根据生产工艺的要求，利用逻辑代数来分析、设计线路的。用这种方法设计的线路比较合理，特别适合完成较复杂的生产工艺所要求的控制线路。但是相对而言逻辑设计法难度较大，不易掌握。

2.3.1 分析设计法

分析设计法是根据生产机械对电气控制线路的要求，先设计各个独立环节的控制电路，然后根据生产机械工艺要求拟定各部分控制电路的联锁与联系，最后再考虑减少电器与触头数目，努力取得较好的技术经济效果。在具体设计过程中常有两种做法。

一种是根据生产工艺要求与工作过程，将现有的典型环节集聚起来，加以补充修改，综合成所需要的控制线路。

另一种是在找不到现成的典型环节时，则根据生产机械的工艺要求与工作过程自行设计。边分析边画图，将输入的主令信号经过适当的转换，得到执行元件所需要的工作信号。这种方法在设计过程中，要随时增加电器元件和触头，以满足所给定的工作条件。这种方法易于掌握，但不易获得最佳方案。设计出来后还要反复审核电路的动作情况，有条件者可进行模拟实验，直至电路动作准确无误，完全满足控制要求为止。这种方法设计有如下缺点：

（1）在发现试画出来的线路达不到要求时。往往用增加电器元件或触头数量的方法加以解决，所以设计的线路不一定是最简单的，最经济的。

（2）设计中可能因为考虑不周发生差错，影响线路的可靠性或工作性能。

（3）设计过程中需要反复修改草图，设计速度慢。

（4）设计程序不固定。

总之分析设计法设计的技巧是：化整为零定原形，积零为整完善线路。下面举一分析设计法设计实例。

【经验设计法举例】 设计题目：锅炉房水平上煤机和斜式上煤机连锁设计

(1) 已知条件和工艺要求：水平和斜式上煤机连锁，斜式上煤机的任务是将煤场的煤传到水平带上，再由水平带平移到锅炉本体的炉膛中。

1) 启动时，顺序为先水平后斜式，并要有一定的时间间隔，以免煤在皮带上堆积，造成后面皮带重载启动。

2) 停车时，顺序为先斜式后水平，以保证停车后传送带上不残存煤。

3) 当出故障时（无论水平还是斜式），斜式传送带必须停止，以免继续进煤而造成堆积。

4) 必要的保护。

(2) 方案确定及主电路设计

上煤机长期工作、单向旋转、无调速等特殊要求。因此，其拖动电机多采用笼型异步电动机。若考虑事故情况下，可能有重载启动，需要的启动转矩大，所以，可以由双笼型异步电动机或绕线型异步电动机拖动，也有的是二者配合使用。水平和斜式传送带由两台电动机拖动，均采用笼型异步电动机。由于电网容量相对于电动机容量来讲足够大，而且两台电动机又不同时启动，所以不会对电网产生较大的冲击，因此，采用直接启动。由于运煤机不经常启动、制动，对于制动时间和停车准确度也没有特殊要求，制动时则采用自由停车。两台电动机都用熔断器来做短路保护，用热继电器来做过载保护。由此，设计出主电路如图 7-8 所示。

(3) 控制电路的草图设计

两台电机由两只接触器控制其启、停。启动时，顺序为 M2、M1，可用 KM2 的接触器动合触点去控制 M1 的接触器线圈；停止时，顺序为 M1、M2，用 M1 的接触器动合触点与控制 M2 的接触器的动断按钮并联，其基本控制线路如图 7-9 所示。

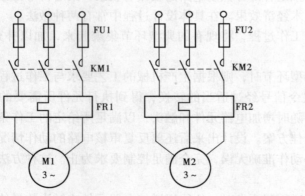

图 7-8 运煤机主电路图

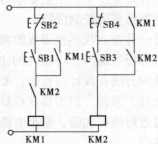

图 7-9 控制线路草图

分析知：按下 SB3，KM2 线圈通电动作，然后按下 SB1，KM1 线圈才能通电动作，这样就实现了电动机的顺序启动。同理，只有按下 SB2，KM1 断电释放，按下 SB4，KM2 线圈才能断电，实现了电动机的顺序停车。

(4) 设计控制线路的自动环节和连锁保护环节

图 7-10 所示的控制线路显然是手动控制，为了实现自动控制，运煤机的启动和停车过程可以用行程参量和时间参量加以控制。由于传送带是回转运动，检测行程比较困难，

而用时间参量比较方便。所以，我们采用以时间为变化参量，利用时间继电器作为输出器件的控制信号。以通电延时的动合触点作为启动信号，以断电延时的动合触点作为停车信号。为确保两传送带自动地按顺序工作，采用中间继电器KA，带自动环节的线路如图7-10所示。

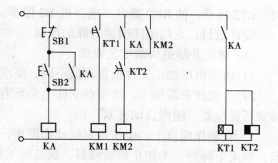

图 7-10 控制电路的连锁部分

（5）设计连锁保护环节

按下SB1发出停车指令时，KT1、KT2、KA同时断电，其动合触点瞬时断开，接触器KM2若不加自锁，则KT2的延时将不起作用，KM2线圈将瞬时断电，电动机不能按顺序停车，所以需加自锁环节。两只热继电器的保护触头均串联在KA的线圈电路中，这样，无论哪一传送带发生过载，都能按M1、M2的顺序停车。线路的失压保护由继电器KA实现。

（6）完善线路，画出完整的线路图

完整的控制线路如图7-11所示。

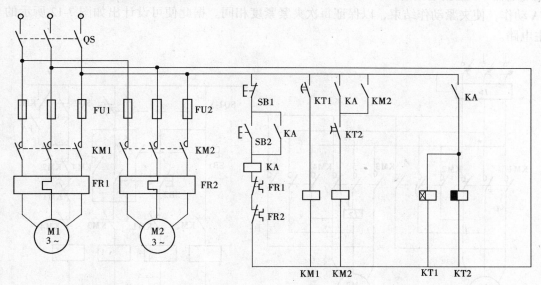

图 7-11 完整的控制线路

按下启动按钮SB2，继电器KA通电吸合并自锁，KA的一个动合触点闭合，接通时间继电器KT1、KT2，其中KT1为通电延时型时间继电器，KT2为断电延时型时间继电器，所以，KT2的动合触点立即闭合，使接触器KM2线圈通电，使电动机M2首先启动，经一段时间，达到KT1的整定时间，则时间继电器KT1的动合触点闭合，使KM1通电吸合，电动机M1启动。

按下停止按钮SB1，继电器KA断电释放，2个时间继电器同时断电，KT1的动合触点立即断开，KM1失电，电动机M1停车。由于KM2自锁，所以，只有达到KT2的整定时间,KT2 断开,使 KM2 断电,电动机 M2 停车。

设计题目:龙门刨床横梁升降的控制。

(1) 横梁升降机构的工艺要求

1) 由于机床加工工件位置高低不同,要求横梁能作上升、下降的调整运动。

2) 为保证正常加工,横梁在立柱上必须有夹紧装置在移动前首先将横梁放松,然后移到所需位置,随即自动夹紧。

3) 在动作配合上,应按规定的动作顺序,即横梁上升时,应先放松,再上升,后夹紧。横梁下降时,为防止横梁倾斜,保证加工精度,消除横梁的丝杆与螺母的间隙,横梁下降后应有回升装置,为此横梁下降顺序为:放松→下降→回升→夹紧。

4) 横梁上升与下降时应有限位保护。

(2) 设计过程

1) 拖动方案的确定:根据工艺要求应选两台电动机拖动,一台为升降电机 M1,另一台为夹紧放松电机 M2。由于不要求电气调速,故选鼠笼式异步电动机。两台电机都应双向旋转,可采用四只接触器 KM1、KM2、KM3、KM4,对其实现正反转控制。

考虑到横梁夹紧时有一定的紧度要求,故在 M2 正转即 KM3 动作时,其中一相串过电流继电器 FA 检测电流信号,当 M2 处于堵转状态,电流增长至动作值时,过电流继电器 FA 动作,使夹紧动作结束,以保证每次夹紧紧度相同。据此便可设计出如图 7-12 所示的主电路。

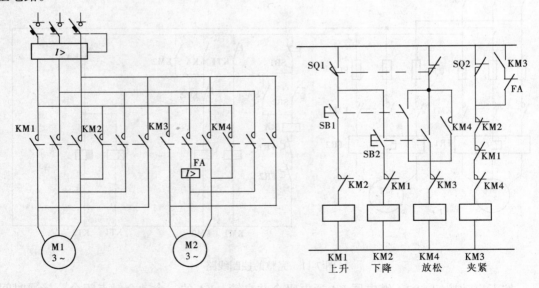

图 7-12 主电路与控制电路草图之一

2) 设计控制电路草图。如果暂不考虑横梁下降控制的短时回升,则上升与下降控制过程完全相同,当发出"上升"或"下降"指令时,首先是夹紧放松电动机 M2 反转(KM4 吸合),由于平时横梁总是处于夹紧状态,行程开关 SQ1(检测已放松信号)不受压,SQ2 处于受压状态(检测已夹紧信号),将 SQ1 常开触头串在横梁升降控制回路中,常闭触头串于放松控制回路中(SQ2 常开触头串在立车工作台转动控制回路中,用于连锁控制),

因此在发出上升或下降指令时（按 SB1 或 SB2），必然是先放松（SQ2 立即复位，夹紧解除），当放松动作完成 SQ1 受压，KM4 释放，KM1（或 KM2）自动吸合实现横梁自动上升（或下降）。上升（或下降）到位，放开 SB1（或 SB2）停止上升，由于此时 SQ1 受压，SQ2 不受压，所以 KM3 自动吸合，夹紧动作自动发出直到 SQ2 压下，再通过 FA 常闭触头与 KM3 的常开触头串联的自保回路继续夹紧至过电流继电器动作（达到一定的夹紧紧度），控制过程自动结束。按此思路设计的草图如图 7-12 所示。

3）完善设计草图。考虑下降的短时回升。下降到位的短时自动回升，是满足一定条件下的结果，此条件与上升指令是"或"的逻辑关系，因此它应与 SB1 并联，应该是下降动作结束即用 KM2 常闭触头与一个短时延时断开的时间继电器 KT 触头的串联组成，回升时间由时间继电器 KT 控制。如图 7-13 所示的设计草图之二。

4）检查并改进设计草图。检查发现

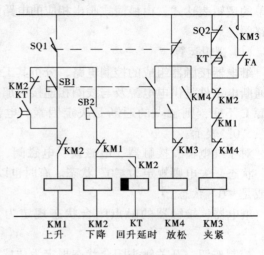

图 7-13 控制线路设计草图之二

图 7-13 中 KM2 的辅助触头已超出自身数量，同时考虑到一般情况下不采用二常开闭的复式按钮，因此可采用中间继电器 KA 来完善设计，如图 7-14 所示，其中 R—M、L—M 为工作台驱动电动机正反转连锁触头，以保证机床进入加工状态，不允许横梁移动。反之横梁放松时就不允许工作台转动，是通过行程开关 SQ2 的常开触头串联在 R—M、L—M 的控制回路中来实现。另一方面在完善控制电路设计过程中，进一步考虑横梁上下极限位置保护而采用 SQ3、SQ4 的常闭触头串接在上升与下降控制回路中。

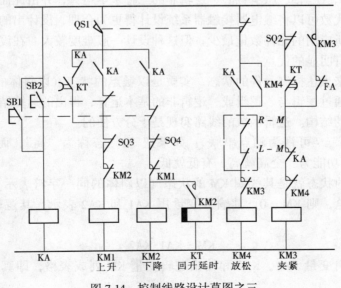

图 7-14 控制线路设计草图之三

2.3.2 逻辑设计法

逻辑设计是利用逻辑代数这一数学工具来进行电路设计。一般过程是：根据生产机械的工艺和拖动要求，将执行元件的工作信号以及主令电器的接通与断开状态看成逻辑变量，并根据控制要求将它们之间的关系用逻辑函数关系式表示，再进行化简，使之成为最简单的逻辑表达式，由最简式画出相应的电路图，最后进一步完善，便能得到合理的控制线路图。

(1) 逻辑运算

继电器接触器组成的控制电路，分析其工作状况常以线圈通电或断电来判定。构成线圈通断电条件是供电电源及与线圈相连接的那些动合、动断触点所处的状态。若认为供电电源 E 不变，则触点的通断是决定因素。电器触点只存在接通或断开两种状态分别用"1"、"0"表示。

对于继电器、接触器、电磁铁、电磁阀、电磁离合器等元件，线圈通电状态规定为"1"状态，失电则规定为"0"状态。有时也以线圈通电或失电作为该元件是处于"1"状态或是"0"状态。

继电器、接触器的触点闭合状态规定为"1"状态；触点断开状态规定为"0"状态。

控制按钮、开关触头闭合状态规定为"1"状态；触头断开状态规定为"0"状态。

做以上规定后，继电器、接触器的触点与线圈在原理图上采用同一字符命名。为了清楚地反映元件状态，元件线圈、动合触点的状态用同一字符的斜体（例如 KSA 等）来表示，而动断触点的状态以 $\overline{K}$ 表示（K 上面的一杠，表示"非"，读 K 非），若元件为"1"状态，则表示线圈"通电"，继电器吸合，其动合触点"接通"，动断触点"断开"。"通电"、"接通"都是"1"状态，而断开则为"0"状态。若元件为"0"状态，则与上述相反。

以"0"、"1"表征两个对立的物理状态，反映了自然界存在的一种客观规律——逻辑代数。它与数学中数值的四则运算相似，逻辑代数（也称开关代数或布尔代数）中存在着逻辑与（逻辑乘）、逻辑或（逻辑加）、逻辑非的三种基本运算，并由此而演变出一些运算规律。运用逻辑代数可以将继电器接触器系统设计得更为合理，设计出的线路能充分地发挥元件作用，使所应用的元件数量最少，但这种设计一般难度较大。在设计复杂的控制线路时，逻辑设计有明显的优点。

用逻辑函数来表达控制元件的状态，实质是以触点的状态（以斜体的同一字符表示）作为逻辑变量，通过逻辑与、逻辑或、逻辑非的基本运算，得出的运算结果就表明了继电接触器控制线路的结构。逻辑函数的线路实现是十分方便的。

1) 逻辑"与"（可视为触点串联）：如果把"1"态称为"高"，而把"0"态称为"低"，"与"逻辑功能为：全高就高，有低就低。

接触器 KM 的状态就是其线圈 KM 的状态（以斜体的同一字符表示），当线圈通电，KM = 1，线圈失电，则 KM = 0。其输入变量用 KA1 和 KA2 表示，其逻辑"与"表达式为

$$KM = KA1 \cdot KA2$$

若将输入逻辑变量 KA1、KA2 和输出逻辑变量 KM 列成表格，即真值表如表 7-1 所列。

逻辑"与"的真值表　　　　　　　　　　　　　表 7-1

KA1	KA2	KM = A·B	KA1	KA2	KM = KA1·KA2
0	0	0	0	1	0
1	0	0	1	1	1

根据逻辑表达式可画出逻辑与电路如图 7-15 所示。

2) 逻辑"或"电路（可视为触点并联）：其逻辑功能是：有高就高，全低则低。"或"逻辑表达式为：

$$KM = KA1 + KA2$$

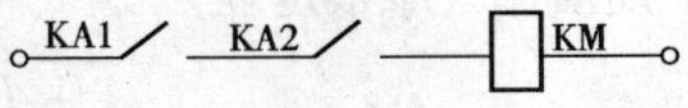

由表达式列真值表如表 7-2 所列。

图 7-15　逻辑与电路

逻辑"或"真值表　　　　　　　　　　　　　表 7-2

KA1	KA2	KM = A + B	KA1	KA2	KM = KA1 + KA2
0	0	0	0	1	1
1	0	1	1	1	1

由逻辑表达式可画出逻辑或电路如图 7-16 所示。

3) 逻辑"非"：其逻辑功能是变量求反。其逻辑表达式为

$$KM = K\overline{A}$$

列真值表如表 7-3 所列。其逻辑非电路如图7-17 所示。

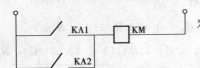

图 7-16　逻辑或电路

逻辑"非"真值表　　表 7-3

KA	KM = K$\overline{A}$
1	0
0	1

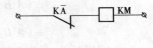

图 7-17　逻辑非电路

以上仅以两个逻辑变量 KA1、KA2 介绍了"与"、"或"、"非"的逻辑运算，对于多个逻辑变量同样适用。

4) 常用的逻辑运算定理：

交换律

$$A \cdot B = B \cdot A \qquad A + B = B + A$$

结合律

$$A \cdot (B \cdot C) = (A \cdot B) \cdot C$$

$$A + (B + C) = (A + B) + C$$

分配律

$$A \cdot (B + C) = A \cdot B + A \cdot C$$
$$A + B \cdot C = (A + B) \cdot (A + C)$$

吸收律

$$A + AB = A \qquad A \cdot (1 + B) = A$$

$$A + AB = A + B \quad A + \overline{A} \cdot B = A + B$$

重叠律

$$A \cdot A = A \quad A + A = A$$

非非律

$$\overline{\overline{A}} = A$$

反演律（摩根定理）

$$\overline{A + B} = \overline{A} \cdot \overline{B} \quad \overline{A \cdot B} = \overline{A} + \overline{B}$$

(2) 逻辑函数的化简

在实际工程设计中，常需将逻辑表达式化为最简式后再画逻辑电路，在掌握基本规律后利用公式法化简即提出因子、扩项、并项、消除多余因子、多余项等综合方法进行化简。

化简时常用到常量与变量关系如下：

$$A + 0 = A \quad A \cdot 1 = A$$
$$A + 1 = 1 \quad A \cdot 0 = 0$$
$$A + \overline{A} = 1 \quad A \cdot \overline{A} = 0$$

【例1】 $F = AC + \overline{A}B + A\overline{C} = A(C + \overline{C}) + \overline{A}B = A + \overline{A}B = A + B$

【例2】 $F = A\overline{B}C + A\overline{B}\overline{C} + \overline{B}\overline{C} + AC = AC(1 + B) + \overline{B}\overline{C}(1 + A) = AC + \overline{B}\overline{C}$

【例3】 $F = \overline{A}B + A\overline{B} + ABCD + \overline{A}\overline{B}CD = \overline{A}B + A\overline{B} + CD\overline{(AB + \overline{A}\overline{B})}$

$= (\overline{A}B + A\overline{B}) + CD\overline{\overline{AB} \cdot \overline{\overline{A}\overline{B}}} = (\overline{A}B + A\overline{B}) + CD\overline{(\overline{A} + \overline{B}) \cdot (A +}$

$= (\overline{A}B + A\overline{B}) + CD\overline{\overline{A}B + A\overline{B}} = \overline{A}B + A\overline{B} + CD$

在实际设计中应考虑两点：一是触点容量的限制，特别要检查担负关断任务的触点容量，触点的额定电流比触点电流分断能力约大十倍，因此要注意化简后触点是否有此分断能力。二是仍有多余触点，但多用些触点能使线路的逻辑功能更加明确情况下，不必强求化为最简。

综上分析知，采用逻辑设计法时，一般按以下步骤进行：

按工艺过程列出工艺循环图→列动作状态表（真值表）→决定待相区分组→设计中间记忆元件→列出中间记忆元件及输出元件的逻辑表达式并化简→画逻辑电路图→完善和校验电路。

【逻辑设计法举例】 运锅炉房运煤机设计

(1) 运煤机的工作循环示意图如图7-18所示。

图 7-18 运煤机工作示意图

根据工艺要求，当启动信号给出后，M2立即启动，经一定间隔，有控制元件—时间继电器 KT1 发出启动 M1 的信号，斜式上煤机启动。当发出停止信号时，M1 立即停止，经一定间隔，有控制元件—时间继电器 KT2 发出停止 M2 的信号，水平传送带停止。

(2) 执行元件的动作节拍表和检测元件

的状态表

确定执行元件为接触器 KM1、KM2；检测元件为时间继电器 KT1、KT2；其中 KT1 为启动用时间继电器，用于通电延时；KT2 为制动用时间继电器，用于断电延时。

主令元件为启动按钮 SB1 和停车按钮 SB2。接触器和时间继电器线圈状态见表 7-4，时间继电器及按钮触点状态表见表 7-5。表中的"1"代表线圈通电或触点闭合，"0"代表线圈断电或触点断开。

表中的 1/0 和 0/1 表示短信号。例如，按钮 SB2，当按下时，动合触点闭合，手一松开触点即断开，因此，称其产生的信号为短信号，在表中用 1/0 表示。

(3) 决定待相区分组，设置中间记忆元件

根据控制或检测元件状态表得程序特征数如下表 7-6 所示。

接触器和时间继电器线圈状态表　　　　　　　　　　　　　表 7-4

程 序	状 态	元件线圈状态			
		KM1	KM2	KT1	KT2
0	原 位	0	0	0	0
1	M2 启动	0	1	1	1
2	M1 启动	1	1	1	1
3	M1 停止	0	1	0	0
4	M2 停止	0	0	0	0

时间继电器和按钮触点状态表　　　　　　　　　　　　　表 7-5

程 序	状 态	检测或控制元件触点状态				转换主令信号
		KT1	KT2	SB1	SB2	
0	原 位	0	0	1	0	
1	M2 启动	0	1	1	1/0	
2	M1 启动	1	1	1	0	
3	M1 停止	0	1	0/1	0	
4	M2 停止	0	0	1	0	

程 序 特 征 数　　　　　　　　　　　　　表 7-6

0 程序特征数	0010	3 程序特征数	0100, 0110
1 程序特征数	0111, 0110	4 程序特征数	0010
2 程序特征数	1110		

只有"1"程序和"3"程序有相同特征数的 0110，但 SB2 为短信号，需加自锁。因此，"1"程序和"3"程序就属于可区分组了。因为没有待相区分组，所以就不需要设置中间记忆元件。

(4) 列输出元件的逻辑函数式

KM2 的工作区间是程序 1~2，程序 0、1 间转换主令信号是 SB2，由 0→1 取 $X_{开主}$ 为 SB2，程序 3、4 间转换主令信号是 KT2，由 1→0，所以，取 $X_{关主}$ 为 KT2，且 SB2 为短信号，需自锁。故：

$$KM2 = (SB2 + KM2)\overline{KT2}$$

KM1 的工作程序是程序 2，程序 1、2 间转换主令信号是 KT1，由 0→1 取 $X_{开主}$ 为 KT1，程序 2、3 间转换主令信号是 SB1，由 1→0→1，取 $X_{关主}$ 为 SB1，故：

$$KM1 = \overline{SB1} \cdot KT1$$

KT1~KT2 的工作区间是程序 1~2，程序 0、1 间转换主令信号是 SB2，由 0→1，且 SB2 是短信号，需加自锁，取 $X_{开主}$ 为 SB2。程序 2、3 间转换主令信号是 SB1，由 1→0→1，取 $X_{关主}$ 为 $\overline{SB1}$，故：

$$KT1 = (SB2 + KT1)\overline{SB1}$$
$$KT2 = (SB2 + KT2)\overline{SB1}$$

以上四个公式可以用一个公式代替，由于 KT1、KT2 线圈的通、断电信号相同，所以自锁信号用 KT1 的瞬动触点来代替，则 KT1~KT2 = (SB2 + KT1)$\overline{SB1}$。

(5) 按逻辑函数式画出电气控制线路图

按以上的逻辑函数式画出电气控制线路图如图 7-19 所示，考虑 SB1、SB2 需两动合、两动断，数量太多，对按钮来说难以满足要求，改用 KA = (SB2 + KA)$\overline{SB1}$ 和 KT1~KT2 = KA，即是利用 SB2 和 SB1 控制中间继电器 KA 的线圈，再由 KA 的动合触点控制 KT1~KT2 的线圈，由此可画出图 7-20 所示的电路。

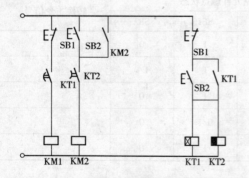

图 7-19 按逻辑函数画出的控制线路

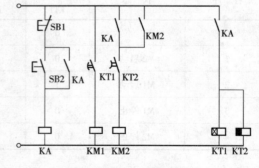

图 7-20 完整的控制线路

(6) 完善电路，增加必要的联锁和保护环节

在上述设计完成后，经过进一步分析检查，最后完善的控制电路如前图 7-11。

综上两种设计方法可知：无论哪种设计方法其基本设计思路基本相同。对于一般不太复杂的电气控制线路可按照经验设计法进行设计。而且如果设计人员具有丰富的设计经验和设计技巧，掌握较多的典型基本环节，则对所进行的设计大有益处。对于较为复杂的电气控制线路，则宜采用逻辑设计法进行设计，可以使设计的电气控制线路更加简单和合理的电气控制线路。

课题3 主要参数计算及常用元件的选择

3.1 异步电动机有关启动、制动电阻计算

3.1.1 三相绕线转子异步电动机启动电阻计算

为了减小启动电流，增加启动转矩并获得一定的调速要求，常常采用绕线转子异步电动机转子绕组串接外加电阻的方法来实现。为此要确定外加电阻的级数，以及各级电阻的大小。电阻的级数越多，启动或调速时转矩波动就越小，但控制线路也就越复杂。通常电阻级数可以根据表7-7来选取。

电阻级数及选择   表7-7

电动机容量 (kW)	启动电阻的级数			
	半负荷启动		全负荷启动	
	平衡短接法	不平衡短接法	平衡短接法	不平衡短接法
100以下	2~3	4级以上	3~4	4级以上
100~400	3~4	4级以上	4~5	5级以上
400~600	4~5	5级以上	5~6	6级以上

启动电阻级数确定以后，对于平衡短接法，转子绕组中每相串联的各级电阻值，可以用下面公式计算：

$$R_n = k^{m-n} r$$

式中 m——启动电阻级数；
n——各级启动电阻的序号，$n=1$ 表示第一级，即最先被接的电阻；
k——常数；
r——最后被短接的那一级电阻值。

k、r 值可分别由下列两个公式计算：

$$k = \sqrt[m]{\frac{1}{S}}$$

$$r = \frac{E_2(1-S)}{\sqrt{3}\,I_2} \times \frac{k-1}{k^m - 1}$$

式中 S——电动机额定转差率；
E_2——正常工作中电动机转子电压（V）；
I_2——正常工作时电动机转子电流（A）。

每相启动电阻的功率为：

$$P = (1/2 \sim 1/3) I_{2s}^2 R$$

式中 I_{2s}——转子启动电流（A），取 $I_{2s} = 1.5 I_2$；
R——每相串联电阻（Ω）。

3.1.2 笼型异步电动机反接制动电阻的计算

反接制动时，三相定子电路中各相串联的限流电阻 R 可按下面经验公式近似计算：

$$R \approx k \frac{U_\varphi}{I_s}$$

式中 U_φ——电动机定子绕组相电压（V）；

I_s——全压启动电流（A）；

k——系数，当要求最大反接制动电流 $I_m < I_s$ 时，$k = 0.13$，当要求 $I_m < 1/2 I_s$ 时，$k = 1.5$。

若在反接制动时，仅在两相定子绕相中串接电阻，选用电阻值应为上述计算值的1.5倍，而制动电阻的功率为：

$$P = (1/2 \sim 1/4) I_e^2 R$$

式中 I_e——电动机额定电流；

R——每一相串接的限流电阻值。

在实际中应根据制动频繁程度适当选取前面系数。

3.2 笼型异步电动机能耗制动参数计算

3.2.1 能耗制动电流与电压的计算

能耗制动整流装置原理图如图 7-21 所示。

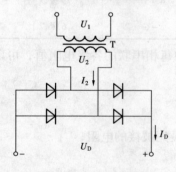

图 7-21 能耗制动整流装置原理图

(1) 制动时直流电流计算：从制动效果看，直流电流大些好，但电流过大会引起绕组发热，耗能增加，而且当磁路饱和后对制动力矩的提高也不明显，一般制动直流电流为

$$I_D = (2 \sim 4) I_0 \text{ 或 } I_D = (1 \sim 2) I_N$$

式中 I_0——电动机空载电流；

I_N——电动机额定电流。

(2) 制动时直流电压为：

$$U_D = I_D R$$

式中 R——两相串联定子绕组的冷电阻。

3.2.2 整流变压器参数计算

对上单相桥式整流电路有：

(1) 变压器二次交流电压为

$$U_2 = U_D / 0.9$$

(2) 变压器容量计算。只有在能耗制动时变压器才工作，故容量可比长期工作小些，一般经验认为可取计算容量的 1/2 ~ 1/4。

3.3 控制变压器容量计算

控制变压器容量：应根据控制线路在最大工作负载时所需要的功率考虑，并留有一定余量，即

$$S_T = K_T \Sigma S_C$$

式中 S_T——控制变压器容量（VA）；

ΣS_C——控制电路在最大负载时所有吸持电器消耗功率的总和（VA），对于交流电磁式电器，S_C 应取其吸持视在功率（VA）；

K_T——变压器容量储备系数，一般取 1.1～1.25。

常用交流电磁式电器启动与吸持功率（均为视在功率）见 7-8。

启动与吸持功率　　　　　　　　　　　　　　　　　　　表 7-8

电器型号	启动功率 S（VA）	吸持功率 S_C（VA）	电器型号	启动功率 S（VA）	吸持功率 S_C（VA）
JZ7	75	12	CJ0-40	280	33
CJ10-5	35	6	MQ1-5101	≈450	50
CJ10-10	65	11	MQ1-5111	≈1000	80
CJ10-20	140	22	MQ1-5121	≈1700	95
CJ10-40	230	32	MQ1-5131	≈2200	130
CJ0-10	77	14	MQ1-5141	≈100000	480
CJ0-20	156	33			

3.4　常用电器元件的选择

3.4.1　按钮、刀开关、组合开关、限位开关及自动开关的选择

（1）按钮

选用依据主要是根据需要的触点对数、动作要求、是否需要带指示灯、使用场合以及颜色等要求。目前，按钮产品有多种结构型式、多种触头组合以及多种颜色，供不同使用条件选用。例如紧急操作一般选用蘑菇形，停止按钮通常选用红色等。其额定电压有交流 500V、直流 440V，额定电流为 5A。常选用的按钮有 LA2、LA10、LA19 及 LA20 等系列。

（2）刀开关

刀开关又称为闸刀，主要用于接通和切断长期工作设备的电源及不经常启动及制动、容量小于 7.5kW 的异步电动机。刀开关选用时，主要是根据电源种类、电压等级、断流容量及需要极数。当用刀开关来控制电动机时，其额定电流要大于电动机额定电流的 3 倍。

（3）组合开关

选用依据是电源种类、电压等级、触头数量以及断流容量。当采用组合开关来控制 5kW 以下小容量异步电动机时，其额定电流一般为（1.5～2.5）I_N，接通次数小于（15～20）次/h，常用的组合开关为 HZ10 系列。

（4）限位开关

限位开关种类很多，常用的有 LX2、LX19、JLXK1 型限位开关以及 LXW-11、JLXW-11 型微动开关。选用时，主要根据机械位置对开关型式的要求和控制线路对触头数量的要求，以及电流、电压等级来确定其型号。

（5）自动开关的选择

1）根据电气装置的要求确定自动开关的类型，如框架式、塑料外壳式、限流式等。

2）自动开关的额定电压和额定电流应不小于电路的正常工作电压和工作电流。

3）热脱扣器的整定电流应与所控制的电动机的额定电流或负载额定电流一致。

4）电磁脱扣器的瞬时脱扣整定电流应大于负载电路正常工作时的峰值电流。对于电动机来说，DZ 型自动开关电磁脱扣器的瞬时脱扣整定电流值 I_Z 可按下式计算：

$$I_Z \geqslant KI_q$$

式中　K 为安全系数，可取 1.7；I_q 为电动机的启动电流。

5）自动开关价格较高，如非必要，仍宜采用闸刀开关和熔断器组合，以利节约。

6）初步选定自动开关的类型和各项技术参数后，还要和其上、下级开关作保护特性的协调配合，从总体上满足系统对选择性保护的要求。

3.4.2 接触器的选择

在通常情况下，交流接触器的选用主要依据是接触器主触头的额定电压、电流要求，辅助触头的种类数量及其额定电流，控制线圈电源种类、频率与额定电压，操作频繁程度，负载类型等因素。具体选用方法是：

(1) 主触头额定电流 I_e 的选择。主触头的额定电流应大于、等于负载电流，对于电动机负载可按下面经验公式计算主触头电流 I_e：

$$I_e = \frac{P_e \times 10^3}{kU_e}$$

式中，P_e 为被控制电动机额定功率（kW）；U_e 为电动机额定线电压（V）；k 为经验系数，取 1～1.4。

选用接触器额定电流应大于计算值，也可以参照表 7-9，按被控制电动机的容量进行选取。

对于频繁启动，制动与频繁正反转工作情况，为了防止主触头的烧蚀和过早损坏，应将接触器的额定电流降低一个等级使用，或将表 7-9 中的控制容量减半选用。

接触器额定电流的选取　　　　表 7-9

型　号	额定电流（A）	被控制的笼型异步电动机的最大容量（kW）		
		220V	380V	500V
CJ10-5	5	1.2	2.2	2.2
CJ10-10	10	2.2	4.0	4.0
CJ10-20	20	5.5	10.0	10.0
CJ10-40	40	11	20.0	20.0
CJ10-60	60	17	30.0	30.0
CJ10-100	100	30	50	50
CJ10-150	150	43	75	75

(2) 主触头额定电压 U_N 应大于控制线路的额定电压。

(3) 接触器控制线圈的电压种类与电压等级应根据控制线路要求选用。简单控制线路可直接选用交流 380V，220V。线路复杂，使用电器较多时，应选用 127V、110V 或更低的控制电压。

(4) 接触器触点数量、种类应满足控制需要，当辅助触点的对数不能满足要求时；可用增设中间继电器方法来解决。

直流接触器的选择方法与交流接触器相似。

3.4.3 继电器的选择

(1) 电磁式继电器的选用

中间继电器、电流继电器、电压继电器等都属于这一类型。选用的依据主要是：被控制或被保护对象的特性，触头的种类、数量，控制电路的电压、电流、负载性质等因素。线圈电压、电流应满足控制线路的要求，如果控制电流超过继电器触头额定电流，可将触头并联使用，也可以采用触头串联使用方法来提高触头的分断能力。

(2) 时间继电器的选用

选用时应考虑延时方式（通电延时或断电延时）、延时范围、延时精度要求、外形尺寸、安装方式、价格等因素。

常用的时间继电器有气囊式、电动式及晶体管式等，在延时精度要求不高，电源电压波动大的场合，宜选用价格较低的电磁式或气囊式时间继电器。当延时范围大，延时准确度较高时，可选用电动式或晶体管式时间继电器。

(3) 热继电器的选用

对于工作时间较短，停歇时间长的电动机（如机床的刀架或工作台）以及虽长期工作但过载可能性很小的电动机（如排风扇等）可以不设过载保护，除此以外一般电动机都应考虑过载保护。

热继电器有两相式、三相式及三相带断相保护等形式。对于星形接法的电动机及电源对称性较好的情况可采用两相结构的热继电器；对于三角形接法的电动机或电源对称性不够好的情况则应选用三相结构或带断相保护的三相结构热继电器；而在重要场合或容量较大的电动机，可选用半导体温度继电器来进行过载保护。

对于热继电器发热元件额定电流，原则上按被控制电动机的额定电流选取，并依此去选择发热元件编号和一定的调节范围。

3.4.4 熔断器选择

熔断器选择的主要内容是其类型、额定电压、熔断器额定电流等级与熔体额定电流。根据负载保护特性、短路电流大小、各类熔断器的适用范围来选用熔断器的类型。额定电压是根据被保护电路的电压来选择的。

熔体额定电流是选择熔断器的关键，它与负载大小、负载性质密切相关。对于负载平稳、无冲击电流，如照明、信号、电热电路可直接按负载额定电流选取。而对于像电动机一类有冲击电流负载，熔体额定电流可按下式计算值选取：

单台电动机长期工作 $I_R = (1.5 \sim 2.5) I_e$

多台电动机长期共用一个熔断器保护

$$I_R \geqslant (1.5 \sim 2.5) I_{emax} + \Sigma I_e$$

式中，I_{emax} 为容量最大的电动机的额定电流；ΣI_e 是除容量最大的电动机之外，其余电动机额定电流之和。

轻载及启动时间短时，系数取 1.5，启动负载较重及启动时间长，启动次数又较多的情况，则取 2.5。

熔体额定电流的选择还要照顾到上下级保护的配合，以满足选择性保护要求，使下一级熔断器的分断时间较上一级熔断器熔体的分断时间要小，否则将会发生越级动作，扩大停电范围。

课题4 控制设备的工艺设计

4.1 电气设备总体配置设计

各种电动机及各类电器元件根据各自的作用,都有一定的装配位置,例如拖动电动机与各种执行元件(电磁铁、电磁阀、电磁离合器、电磁吸盘等)以及各种检测元件(限位开关、传感器、温度、压力、速度继电器等)必须安装在生产机械的相应部位。各种控制电器(各种接触器、继电器、电阻、断路器、控制变压器、放大器等)、保护电器(熔断器、电流、电压保护继电器等)可以安放在单独的电器箱内,而各种控制按钮、控制开关、各种指示灯、指示仪表、需经常调节的电位器等则必须安放在控制台面板上。由于各种电器元件安装位置不同,在构成一个完整的自动控制系统时,必须划分组件,同时要解决组件之间、电气箱之间以及电气箱与被控制装置之间的连线问题。

4.1.1 划分组件的原则

(1) 功能类似的元件组合在一起。例如用于操作的各类按钮、开关、键盘、指示检测、调节等元件集中为控制面板组件;各种继电器、接触器、熔断器、照明变压器等控制电器集中为电气板组件;各类控制电源、整流、滤波元件集中为电源组件等等。

(2) 力求整齐美观,外形尺寸、重量相近的电器组合在一起;

(3) 便于检查与调试,需经常调节、维护和易损元件组合在一起;

(4) 尽可能减少组件之间的连线数量,接线关系密切的控制电器置于同一组件中,以利于加工、安装和配线;

(5) 强弱电控制器分离,以减少干扰。

4.1.2 电气控制设备的各部分及组件之间的接线方式

(1) 电器板、控制板、机床电器的进出线一般采用接线端子(按电流大小及进出线数选用不同规格的接线端子)。

(2) 被控制设备与电气箱之间采用多孔接插件,便于拆装、搬运。

(3) 印制电路板及弱电控制组件之间宜采用各种类型标准接插件。

总体配置设计是以电气系统的总装配图与总接线图形式来表达的,图中应以示意形式反映出各部分主要组件的位置及各部分接线关系、走线方式及使用管线要求等。

总装配图、接线图(根据需要可以分开,也可以并在一起画)是进行分部设计和协调各部分组成一个完整系统的依据。总体设计要使整个系统集中、紧凑,同时在场地允许条件下,对发热厉害,噪声振动大的电气部件,如电动机组、启动电阻箱等尽量放在离操作者较远的地方或隔离起来,对于多工位加工的大型设备,应考虑两地操作的可能。总电源紧急停止控制应安放在方便而明显的位置。总体配置设计合理与否将影响到电气控制系统工作的可靠性,并关系到电气系统的制造、装配质量、调试、操作及维护是否方便。

4.2 元件布置图的设计与绘制

电气元件布置图是某些电器元件按一定原则的组合。例如:电气控制箱中的电器板、控制面板、放大器等。电器元件布置图的设计依据是部件原理图(总原理图的一部分)。

同组件中电器元件的布置应注意：
（1）体积大和较重的电器元件应安装在电器板的下面，而发热元件应安装在电器板的上面。
（2）电器元件的布置应考虑整齐、美观、对称。外形尺寸与结构类似的电器安放在一起，以利加工、安装和配线。
（3）电器元件布置不宜过密，要留有一定的间距，若采用板前走线槽配线方式，应适当加大各排电器间距，以利布线和维护。
（4）强电弱电分开并注意屏蔽，防止外界干扰。
（5）需要经常维护、检修、调整的电器元件安装位置不宜过高或过低。

各电器元件的位置确定以后，便可绘制电器布置图。布置图是根据电器元件的外形绘制，并标出各元件间距尺寸。每个电器元件的安装尺寸及其公差范围，应严格按产品手册标准标注，作为底板加工依据，以保证各电器的顺利安装。

在电器布置图设计中，还要根据本部件进出线的数量（由部件原理图统计出来）和采用导线规格，选择进出线方式，并选用适当接线端子板或接插件，按一定顺序标上进出线的接线号。

【电器布置图设计举例】　以 C620-1 型车床电气原理图为例，设计它的电器布置图。
（1）根据各电器的安装位置不同进行划分。
将按钮 SB1、SB2、照明灯 EL 及电动机 M1、M2 等安装在电气箱外，其余各电器均安装在电气箱内。
（2）根据各电器的实际外型尺寸进行电器布置。如果采用线槽布线，还应画出线槽的位置。
（3）选择进出线方式，标出接线端子。

按上述步骤设计出电器布置图如图 7-22 所示。

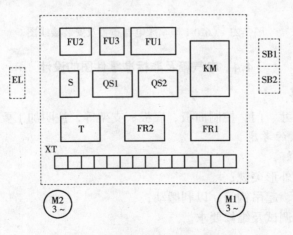

图 7-22　C620-1 型车床电器布置图

4.3　电器部件接线图的绘制

电气部件接线图是根据部件电气原理及电器元件布置图绘制的。它表示成套装置的连接关系。按照电器元件布置最合理、连接导线最经济等原则来安排。为安装电气设备、电器元件间的配线及电气故障的检修等提供依据。

【电气安装接线图举例】

以C620-1型车床为例，根据电器布置图和安装接线图的绘图规则，绘制出电气安装接线图，如图7-23所示。

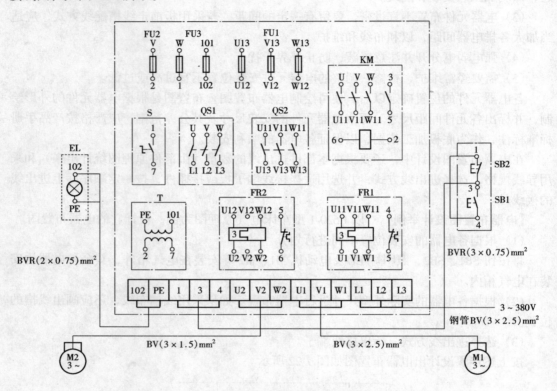

图7-23　C620-1型车床电器布置及安装接线图

4.4　电气箱及非标准零件图的设计

4.4.1　外形设计

控制箱形状、尺寸、门、控制面板、底板、支架等，注明加工要求。

4.4.2　其他因素的考虑

（1）通风散热良好；

（2）结构紧凑，外形美观；

（3）应设起吊孔、起吊钩等，以利搬动；

（4）满足安装、调试及维修要求。

4.5　材料清单汇总

在电气控制系统原理设计及工艺设计结束后，应根据各种图纸，对本设备需要的各种零件及材料进行综合统计，列出外购成件清单表、标准件清单表、主要材料消耗定额表及辅助材料消耗定额表，以便采购人员、生产管理部门按设备制造需要备料，做好生产准备工作。

4.6 编写设计说明书及使用说明书

设计及使用说明书应包含以下主要内容。
(1) 拖动方案选择依据及本设计的主要特点。
(2) 主要参数的计算过程。
(3) 设计任务书中要求各项技术指标的核算与评价。
(4) 设备调试要求与调试方法。
(5) 使用、维护要求及注意事项。

课题5 电气控制系统的安装与调试

5.1 安装与调试的基本要求

设备对电气线路的基本要求
(1) 必须满足生产机械的生产工艺要求。
(2) 动作顺序应准确，安装位置要合理

要求其电器元件的动作准确，当个别电器元件或导线损坏时，不应破坏整个电气线路的工作顺序。安装时，安装位置既要紧凑又要留有余地。
(3) 必要的连锁和各种保护措施

电气控制线路各环节之间应具有必要的连锁和各种保护措施。以防止电气控制线路发生故障时，对设备和人身造成伤害。
(4) 布线要经济合理

在保证电气控制线路工作安全、可靠的前提下，应尽量使控制线路简单，选用的电器元件要合理，容量要适当，尽可能减少电气元件的数量和型号，采用标准的电器元件，导线的截面积选择要合理，截面不宜过大等，以确保布线要经济合理性。
(5) 维护和检修方便。

5.2 电气控制系统的安装步骤及要求

根据生产机械的结构特点、操作要求和电气线路的复杂程度决定生产机械电气线路的安装方式和方法。对控制线路简单的生产机械，可把生产机械的床身作为电气控制柜（箱或板），对控制线路复杂的生产机械，常将控制线路安装在独立的电气控制柜内。

5.2.1 安装的准备工作

(1) 充分了解以下情况
1) 生产机械的主要结构和运动形式；
2) 电气原理图由几部分构成，各部分又有哪几个控制环节，各部分之间的相互关系如何；
3) 各种电器元件之间的控制及连接关系；
4) 电气控制线路的动作顺序；
5) 电器元件的种类和数量、规格。

(2) 电器元件的检查

1) 根据电器元件明细表，检查各电器元件和电气设备是否短缺，规格是否符合设计要求。

2) 检查有延时作用的电器元件的功能能否保证，如时间继电器的延时动作、延时范围及整定机构等。

3) 检查各电器元件的外观是否损坏，各接线端子及紧固件有无短缺、生锈等。尤其是电器元件中触点的质量，如触点是否光滑，接触面是否良好等。

4) 用兆欧表检查电器元件及电气设备的绝缘电阻是否符合要求，用万用表或电桥检查一些电器或电气没备（接触器、继电器、电动机）线圈的通断情况，以及各操作机构和复位机构是否灵活。

(3) 导线的选择根据电动机的额定功率、控制电路的电流容量、控制回路的子回路数及配线方式选择导线。包含导线的类型、导线的绝缘、导线的截面积和导线的颜色。

(4) 绘制电气安装接线图。根据电气原理图，对电器元件在电气控制柜或配电板或其他安装底板上进行布局，其布局总的原则是：连接导线最短，导线交叉最少。为便于接线和维修，控制柜所有的进出线要经过接线端子板连接。接线端子板安装在柜内的最下面或侧面。接线端子的节数和规格应根据进出线的根数及流过的电流进行选配组装，且根据连接导线的线号进行编号。

(5) 准备好安装工具和检查仪表。如十字旋具、一字旋具、剥线钳、电工刀、万用表等。

5.2.2 电气控制柜（箱或板）的安装

(1) 安装电器元件

按产品说明书和电气接线图进行电器元件的安装，做到安全可靠，排列整齐。电器元件可按下列步骤进行安装：

1) 底板选料。一般可选择（2.5~5）mm 厚的钢板或 5mm 的层压板等。

2) 底板剪裁。按电器元件的数量和大小，位置和安装接线图确定板面的尺寸。

3) 电器元件的定位。按电器产品说明书的安装尺寸，在底板上确定元件安装孔的位置并确定钻孔中心。

4) 钻孔。选择合适的钻头对准钻孔中心进行冲眼。此过程中，钻孔中心应保持不变。

5) 电器元件的固定。用螺栓加以适当的垫圈，将电器元件按各自的位置在底板上进行固定。

(2) 电器元件之间的导线连接，接线时应按照电气安装接线图的要求，并结合电气原理图中的导线编号及配线要求进行。

1) 接线方法。所有导线的连接必须牢固，不得松动，在任何情况下，连接器件必须与连接的导线截面和材料性质相适应，导线与端子的接线，一般一个端子只连接一根导线。有些端子不适合连接软导线时，可在导线端头上采用针形、叉形等冷压接线头。如果采用专门设计的端子，可以连接两根或多根导线，但导线的连接方式必须是工艺上成熟的各种方式。如夹紧、压接、焊接、绕接等。导线的接头除必须采用焊接方法外，所有的导线应当采用冷压接线头。若电气设备在运行时承受的振动很大，则不许采用焊接的方式。

2) 导线的标志

A．导线的颜色标志：保护导线采用黄绿双色；动力电路的中性线和中间线采用浅蓝色；交、直流动力线路采用黑色；交流控制电路采用红色；直流控制电路采用蓝色等等。

B．导线的线号标志：导线的线号标志必须与电气原理图和电气安装接线图相符合，且在每一根连接导线的接近端子处需套有标明该导线线号的套管。

3）控制柜的内部配线方法。控制柜的内部配线方法有板前配线、板后配线和线槽配线等。板前配线和线槽配线综合的方法较广泛采用。如板前线槽配线等。较少采用板后配线。采用线槽配线时，线槽装线不要超过线槽容积的 70％，以便安装和维修。线槽外部的配线，对装在可拆卸门上的电器接线必须采用互连端子板或连接器，它们必须牢固固定在框架、控制箱或门上。从外部控制电路、信号电路进入控制箱内的导线超过 10 根时，必须接到端子板或连接器件过渡，但动力电路和测量电路的导线可以直接接到电器的端子上。

4）控制箱外部配线方法由于控制箱一般处于工业环境中，为防止铁屑、灰尘和液体的进入，除必要的保护电缆外，控制箱所有的外部配线一律装入导线通道内。且导线通道应留有余地，供备用导线和今后增加导线之用。通道采用钢管，壁厚应不小于1mm，如用其他材料，壁厚必须有等效于壁厚为 1mm 钢管的强度。如用金属软管时，必须有适当的保护。当用设备底座做导线通道时，无须再加预防措施，但必须能防止液体、铁屑和灰尘的侵入。移动部件或可调整部件上的导线必须用软线；移动的导线必须支撑牢固，使得在接线上不致产生机械拉力，又不出现急剧的弯曲。不同电路的导线可以穿在同一管内，或处于同一电缆之中，如果它们的工作电压不同，则所用导线的绝缘等级必须满足其中最高一级电压的要求。

5）导线连接的步骤：A．了解电器元件之间导线连接的走向和路径；B．根据导线连接的走向和路径及连接点之间的长度，选择合适的导线长度，并将导线的转弯处弯成 90°角；C．用电工工具剥除导线端子处的绝缘层，套上导线的标志套管，将剥除绝缘层的导线弯成羊角圈，按电气安装接线图套入接线端子上的压紧螺钉并拧紧；D．所有导线连接完毕之后进行整理。做到横平竖直，导线之间没有交叉、重叠且相互平行。

5.2.3 电气控制柜的安装配线

电气控制柜的配线有柜内和柜外两种。柜内配线有明配线和暗配线及线槽配线等。柜外配线有线管配线等。

(1) 柜内配线

1) 明配线：又称板前配线。适用于电器元件较少，电气线路比较简单的设备。这种配线方式导线的走向较清晰，对于安全维修及故障的检查较方便。采用这种配线要注意以下几个方面：

A．连接导线一般选用 BV 型的单股塑料硬线。

B．线路应整齐美观，横平竖直，导线之间不交叉，不重叠，转弯处应为直角，成束的导线用线束固定；导线的敷设不影响电器元件的拆卸。

C．导线和接线端子应保证可靠的电气连接，线端应弯成羊角圈。对不同截面的导线在同一接线端子连接时，大截面在上，且每个接线端子原则上不超过两根导线。

2) 暗配线：又称板后配线。这种配线方式的板面整齐美观。且配线速度快。采用这种配线方式应注意以下几个方面：

A. 电器元件的安装孔、导线的穿线孔其位置应准确，孔的大小应合适。

B. 板前与电器元件的连接线应接触可靠，穿板的导线应与板面垂直。

C. 配电盘固定时，应使安装电器元件的一面朝向控制柜的门，便于检查和维修。板与安装面要留有一定的余地。

3）线槽配线

这种配线方式综合了明配线和暗配线的优点。适用于电气线路较复杂、电器元件较多的设备。不仅安装、检查维修方便，且整个板面整齐美观，是目前使用较广的一种接线方式。

线槽一般由槽底和盖板组成，其两侧留有导线的进出口，槽中容纳导线（多采用多股软导线做连接导线），视线槽的长短用螺钉固定在底板上。

4）配线的基本要求

A. 配线之前首先要认真阅读电气原理图、电器布置图和电气安装接线图，做到心中有数。

B. 根据负荷的大小及配线方式、回路的不同选择导线的规格、型号，并考虑导线的走向。

C. 首先对主电路进行配线，然后对控制电路配线。

D. 具体配线时应满足以上三种配线方式的具体要求及注意事项。如横平竖直、减少交叉、转角成直角、成束导线用线束固定、导线端部加有套管、与接线端子相连的导线头弯成羊角圈、整齐美观等。

E. 导线的敷设不应妨碍电器元件的拆卸。

F. 配线完成之后应根据各种图纸再次检查是否正确无误，没有错误，将各种紧压件压紧。

（2）线管配线

线管配线属于柜外配线方式。耐潮、耐腐蚀、不易遭受机械损伤。适用于有一定的机械压力的地方。

1）铁管配线

A. 根据使用的场合、导线截面积和导线根数选择铁管类型和管径，且管内应留有40%的余地。

B. 尽量取最短距离敷设线管，管路尽量少弯曲，不得不弯曲时，弯曲半径不应太小，弯曲半径一般不小于管径的4~6倍。弯曲后不应有裂缝，如管路引出地面，离地面应有一定的高度，一般不小于0.2m。

C. 对同一电压等级或同一回路的导线允许穿在同一线管内，管内的导线不准有接头，也不准有绝缘破损之后修补的导线。

D. 线管在穿线时可以采用直径1.2mm的钢丝做引线。敷设时，首先要清除管内的杂物和水分；明面敷设的线管应做到横平竖直，必要时可采用管卡支持。

E. 铁管应可靠地保护接地和接零。

2）金属软管配线

对生产机械本身所属的各种电器或各种设备之间的连接常采用这种连接方式。根据穿管导线的总截面选择软管的规格，软管的两头应有接头以保证连接。在敷设时，中间的部分应用适当数量的管卡加以固定。有所损坏或有缺陷的软管不能使用。

5.3 电气控制柜的调试

5.3.1 调试前的准备工作

(1) 调试前必须了解各种电气设备和整个电气系统的功能。掌握调试的方法和步骤。

(2) 作好调试前的检查工作。包含：

1) 根据电气原理图和电气安装接线图、电器布置图检查各电器元件的位置是否正确，并检查其外观有无损坏，触点接触是否良好；配线导线的选择是否符合要求；柜内和柜外的接线是否正确、可靠及接线的各种具体要求是否达到；电动机有无卡壳现象；各种操作、复位机构是否灵活；保护电器的整定值是否达到要求；各种指示和信号装置是否按要求发出指定信号等。

2) 对电动机和连接导线进行绝缘电阻检查。用兆欧表检查，应分别符合各自的绝缘电阻要求，如连接导线的绝缘电阻不小于 $7M\Omega$，电动机的绝缘电阻不小于 $0.5M\Omega$ 等。

3) 与操作人员和技术人员一起，检查各电器元件动作是否符合电气原理图的要求及生产工艺要求。

4) 检查各开关按钮、行程开关等电器元件应处于原始位置；调速装置的手柄应处于最低速位置。

5.3.2 电气控制柜的试车

(1) 空操作试车

断开主电路，接通电源开关，使控制电路空操作，检查控制电路的工作情况。如按钮对继电器、接触器的控制作用，自锁、连锁的功能；急停器件的动作；行程开关的控制作用；时间继电器的延时时间等。如有异常，立刻切断电源开关检查原因。

(2) 空载试车

在第一步的基础之上，接通主电路即可进行。首先点动检查各电动机的转向及转速是否符合要求；然后调整好保护电器的整定值，检查指示信号和照明灯的完好性等。

(3) 带负荷试车

在第 1 步和第 2 步通过以后，即可进行带负荷试车。此时，在正常的工作条件下，验证电气设备所有部分运行的正确性，特别是验证在电源中断和恢复时对人身和设备的伤害、损坏程度。此时进一步观察机械动作和电器元件的动作是否符合原始工艺要求；进一步调整行程开关的位置及挡块的位置；对各种电器元件的整定数值进一步调整。

(4) 试车的注意事项

1) 调试人员在调试前必须熟悉生产机械的结构、操作规程和电气系统的工作要求。

2) 通电时，先接通主电源，断电时，顺序相反。

3) 通电后，注意观察各种现象，随时作好停车准备，以防止意外事故发生。如有异常，应立即停车，待查明原因之后再继续进行。未查明原因不得强行送电。

为了课程设计及实训设计选择方便给出常用器件的技术数据。B 型交流接触器主要技术数据如表 7-10 所列，DZ10 系列装置式自动开关如表 7-11 所列，DW10 系列万能式自动开关 如表 7-12 所列；按钮技术数据如表 7-13 所列。

另外还给出电机放大机机组的技术数据如表 7-14 ~ 表 7-16 所列。

表 7-10 B 型交流接触器主要技术数据

序号	交流操作 带叠片式铁芯的直流操作 带整块式铁芯的直流操作	B9	B12	B16	B25	B30	B37 BE37 BC37	B45 BE45 BC45	B65 BE65	B85 BE85	B105 BE105	B170 BE170	B250 BE250	B370 BE370	B460	K40-31-22 KC40-31-22
1	主极数			3 或 4①						3						4
2	额定绝缘电压 (V)	-660	-660	-660	-660	-660	-660	-660	-660	-660	-660	-660	-660	-660	-660	-660
3	最高工作电压 (V)	-660	-660	-660	-660	-660	-660	-660	-660	-660	-660	-660	-660	-660	-660	-660
4	额定发热电流 (A)	16	20	25	40	45	45	60	80	100	140	230	300	410	600	10
5	380V 时 AC3、AC4 额定工作电流 (A)	8.5	11.5	15.5	22	30	37	44	65	85	105	170	245	370	475	AC116
6	660V 时 AC3、AC4 额定工作电流 (A)	3.5	4.9	6.7	13	17.5	21	25	45	55	82	118	170	268	337	—
7	380V AC3 (600次/h) AC4 (300次/h) 条件下	控制功率 (kW)	4	5.5	7.5	11	15	18.5	22	33	45	55	90	132	200	250	—
		AC3 电寿命 (百万次)	1	1	1	1	1	1	1	1	1	1	1	1	1	1	AC11 1.2A 5
		AC4 电寿命 (百万次)	0.04	0.04	0.04	0.04	0.04	0.04	0.04	0.04	0.03	0.02	0.02	0.02	0.02	0.01	—
8	660V AC3 (600次/h) AC4 (300次/h) 条件下	控制功率 (kW)	3	5	5.5	11	15	18.5	22	40	50	75	110	160	250	315	—
		AC3 电寿命 (百万次)															
		AC4 电寿命 (百万次)															
9	380V 额定闭合能力 (A)	105	140	190	270	340	445	540	780	1020	1260	2040	3000	4450	5700	
10	380V 额定分断能力 (A)	85	115	155	220	300	370	450	650	850	1050	1700	2500	3700	4750	

续表

序号		操作	B9	B12	B16	B25	B30	B37 BE37 BC37	B45 BE45 BC45	B65 BE65 BE65	B85 BE85	B105 BE105	B170 BE170	B250 BE250	B370 BE370	B460	K40-31-22 KC40-31-22
11	各种工作制下的额定操作频率(次/h)	交流操作 带叠片式铁芯的直流操作 带整块式铁芯的直流操作 AC1工作制					600					600		400			—
		AC2 AC3					600					600		400		300	—
		AC2工作制 AC4					300					150		100		150	—
		DC1~5工作制					300					150		100			—
		AC11					—										3000
12	机械寿命(百万次)(1800次/h)	B	10	10	10	10	10	10	10	10	10	10	10	6	6	—	K:30
		BE						5	5	5	5	3	3	3	3	—	
		BC						30	30	—	—	—	—	—	—	—	KC:30
13	线圈额定吸持功率	B (V·A/W)	9/2.2	9/2.2	9/2.2	10/3	10/3	22/5	22/5	30/8	30/8	32/9	60/15	66/16	100/27	—	9/2.2
		BE (W)						12	12	17	17	6	9	12	14	—	
		BC (W)						19	19	—	—	—	—	—	—	—	
14	重量(kg)	B	0.31	0.31	0.31	0.46	0.56	1.06	1.08	2.1	2.1	2.3	3.2	6.5	10.6	26.5	7.6
		BE						1.18	1.2	1.96	1.96	2.26	3.26	6.46	10.56	—	0.27
		BC						1.92	1.94	—	—	—	—	—	—	—	0.48
15	最多辅助触头数		5	5	5	5	4	8	8	8	8	8	8	8	8	8	8

① 当需要主极为4时则需在订货时指明，此时将减少一个辅助触头。

表 7-11

DZ10 系列装置式自动开关

型号	额定电流 (A)	分断能力(A) 直流 220V ($T=0.01s$)	分断能力(A) 交流 380V ($\cos\phi=0.5$)	电寿命(次) 直流 220V ($T=0.008s$)	电寿命(次) 交流 380V ($\cos\phi=0.8$)	复式脱扣器 额定电流(A)	复式脱扣器 瞬时动作整定电流(A)	复式脱扣器 瞬时动作整定电流(A)	电磁脱扣器 额定电流(A)	电磁脱扣器 瞬时动作整定电流(A)	电磁脱扣器 瞬时动作整定电流(A)	失压脱扣器 额定电压(V)	失压脱扣器 动作电压(V)	分励脱扣器 额定电压(V)	分励脱扣器 动作电压(V)	电动操作机构 额定电压(V)	电动操作机构 动作电压(V)
DZ10-100	100	5000	7500 (峰值)	10000	10000	15	150	$10I_{ed}$	15	150	$10I_{ed}$	交流 110 220 380 直流 110 220	30%~65%	交流 110 220 380 直流 48 110 220	85%~105%	交流 220 直流 220	85%~105%
						20	200		20	200							
						25	250		25	250							
						30	300		30	300							
						40	400		40	400							
						50	500		50	500							
						60	600	$6\sim10 I_{ed}$		600	$6\sim10 I_{ed}$						
						80	800			800							
						100	1000		100	1000							
DZ10-250	250	20000	30000 (峰值)	4000	4000	100	300~1000	$(3\sim10)I_{ed}$	100	300~1000	$3\sim10 I_{ed}$	交流 110 220 380 直流 110 220	30%~65%	交流 110 220 380 直流 48 110 220	85%~105%		
						120	360~1200			500~1500	$2\sim6 I_{ed}$						
						140	420~1400										
						170	510~1700			625~2000	$25\sim8 I_{ed}$						
						200	600~2000		250								
						225	675~2250										
						250	750~2500			750~2500	$3\sim10 I_{ed}$						
DZ10-600	600	25000	50000 (峰值)	2000	2000	200	600~2000	$(3\sim10)I_{ed}$		800~2800	$2\sim7 I_{ed}$	交流 110 220 380 直流 110 220	30%~65%	交流 110 220 380 直流 48 110 220	85%~105%		
						250	750~2500		400								
						300	900~3000			1000~3200	$25\sim8 I_{ed}$						
						350	1050~3500			1200~4000	$3\sim10 I_{ed}$						
						400	1200~4000			1200~4200	$2\sim7 I_{ed}$						
						500	1500~5000		600	1500~4800	$25\sim8 I_{ed}$						
						600	1800~6000			1800~6000	$3\sim10 I_{ed}$						

表 7-12

DW10 系列万能式自动开关

型号	额定电流(A)	极数	分断能力 (kA) 直流440V $T\leq0.01s$	分断能力 (kA) 交流380V $\cos\phi \geq 0.4$ 周期分量有效值	过电流脱扣器 额定电流 (A)	过电流脱扣器 个数	分励脱扣器 交流	分励脱扣器 直流	失压脱扣器 交流	失压脱扣器 直流	操作方式
DW10-200/2	200	2	10	10	100, 150, 200	2	36, 127, 220, 380V	24, 48, 110, 220, 440V	127, 220, 380V	110, 220, 440V	手柄, 杠杆, 电磁铁（直流110, 220V, 交流50Hz127, 220, 380V)
DW10-200/3	200	3	10	10	100, 150, 200	2 或 3	36, 127, 220, 380V	24, 48, 110, 220, 440V	127, 220, 380V	110, 220, 440V	手柄, 杠杆, 电磁铁（直流110, 220V, 交流50Hz127, 220, 380V)
DW10-400/2	400	2	15	15	100, 150, 200, 250, 300, 350, 400	2	36, 127, 220, 380V	24, 48, 110, 220, 440V	127, 220, 380V	110, 220, 440V	手柄, 杠杆, 电磁铁（直流110, 220V, 交流50Hz127, 220, 380V)
DW10-400/3	400	3	15	15	100, 150, 200, 250, 300, 350, 400	2 或 3	36, 127, 220, 380V	24, 48, 110, 220, 440V	127, 220, 380V	110, 220, 440V	手柄, 杠杆, 电磁铁（直流110, 220V, 交流50Hz127, 220, 380V)
DW10-600/2	600	2	15	15	400, 500, 600	2	36, 127, 220, 380V	24, 48, 110, 220, 440V	127, 220, 380V	110, 220, 440V	手柄, 杠杆, 电磁铁（直流110, 220V, 交流50Hz127, 220, 380V)
DW10-600/3	600	3	15	15	400, 500, 600	2 或 3	36, 127, 220, 380V	24, 48, 110, 220, 440V	127, 220, 380V	110, 220, 440V	手柄, 杠杆, 电磁铁（直流110, 220V, 交流50Hz127, 220, 380V)
DW10-1000/2	1000	2	20	20	400, 500, 600, 800, 1000	2	36, 127, 220, 380V	24, 48, 110, 220, 440V	127, 220, 380V	110, 220, 440V	手柄, 杠杆, 电动（直流110, 220V, 交流50Hz220 或 380V)
DW10-1000/3	1000	3	20	20	400, 500, 600, 800, 1000	2 或 3	36, 127, 220, 380V	24, 48, 110, 220, 440V	127, 220, 380V	110, 220, 440V	手柄, 杠杆, 电动（直流110, 220V, 交流50Hz220 或 380V)
DW10-1500/2	1500	2	20	20	1000, 1500	2	36, 127, 220, 380V	24, 48, 110, 220, 440V	127, 220, 380V	110, 220, 440V	手柄, 杠杆, 电动（直流110, 220V, 交流50Hz220 或 380V)
DW10-1500/3	1500	3	20	20	1000, 1500	2 或 3	36, 127, 220, 380V	24, 48, 110, 220, 440V	127, 220, 380V	110, 220, 440V	手柄, 杠杆, 电动（直流110, 220V, 交流50Hz220 或 380V)
DW10-2500/2	2500	2	30	30	1000, 1500, 2000	2	36, 127, 220, 380V	24, 48, 110, 220, 440V	127, 220, 380V	110, 220, 440V	手柄, 杠杆, 电动（直流110, 220V, 交流50Hz220 或 380V)
DW10-2500/3	2500	3	30	30	1000, 1500, 2000, 2500	2 或 3	36, 127, 220, 380V	24, 48, 110, 220, 440V	127, 220, 380V	110, 220, 440V	手柄, 杠杆, 电动（直流110, 220V, 交流50Hz220 或 380V)
DW10-4000/2	4000	2	40	40	2000, 2500, 3000, 4000	2	36, 127, 220, 380V	24, 48, 110, 220, 440V	127, 220, 380V	110, 220, 440V	电动传动（直流110V, 220V, 交流50Hz220V 或 380V)
DW10-4000/3	4000	3	40	40	2000, 2500, 3000, 4000	2 或 3	36, 127, 220, 380V	24, 48, 110, 220, 440V	127, 220, 380V	110, 220, 440V	电动传动（直流110V, 220V, 交流50Hz220V 或 380V)

AL控制按钮技术数据　　　　表7-13

型号	规格	结构型式	触点对数 常开	触点对数 常闭	钮数	按钮 颜色	按钮 标志
LA2	500V 5A	元件	1	1	1	黑或绿或红	
LA9	380V 2A	元件	1		1	黑 绿	
LA10-1		元件	1	1	1	黑或绿或红	
LA10-1K		开启式	1	1	1	黑或绿或红	启动或停止
LA10-2K		开启式	2	2	2	黑红或绿红	启动-停止
LA10-3K		开启式	3	3	3	黑、绿、红	向前-向后-停止
LA10-1H		保护式	1	1	1	黑或绿或红	启动或停止
LA10-2H		保护式	2	2	2	黑红或绿红	启动-停止
LA10-3H		保护式	3	3	3	黑、绿、红	向前-向后-停止
LA10-1S	500V 5A	防水式	1	1	1	黑或绿或红	启动或停止
LA10-2S		防水式	2	2	2	黑红或绿红	启动-停止
LA10-3S		防水式	3	3	3	黑、绿、红	向前-向后-停止
LA10-2F		防腐式	2	2	2	黑红或绿红	启动-停止
LA12-11		元件	1	1	1	黑或绿或红	
LA12-11J		元件（紧急式）	1	1	1	红	
LA12-22		元件	2	2	1	黑或绿或红	
LA12-22J		元件（紧急式）	2	2	1	红	
LA14-1	220V 1A	元件（带指示灯）	2	2	1	乳 白	
LA15		元件（带指示灯）	1	1	1	红或绿或黄或白	
LA18-22		元件	2	2	1	红或绿或黑或白	
LA18-44		元件	4	4	1	红或绿或黑或白	
LA18-66		元件	6	6	1	红或绿或黑或白	
LA18-22J		元件（紧急式）	2	2	1	红	
LA18-44J		元件（紧急式）	4	4	1	红	
LA18-66J		元件（紧急式）	6	6	1	红	
LA18-22Y		元件（钥匙式）	2	2	1	黑	
LA18-44Y	500V 5A	元件（钥匙式）	4	4	1	黑	
LA18-22X		元件（旋钮式）	2	2	1	黑	
LA18-44X		元件（旋钮式）	4	4	1	黑	
LA18-66X		元件（旋钮式）	6	6	1	黑	
LA19-11		元件	1	1	1	红或绿或黄或蓝或白	
LA19-11J		元件（紧急式）	1	1	1	红	
LA19-11D		元件（带指示灯）	1	1	1	红或绿或黄或蓝或白	
LA19-11DJ		元件（紧急式带指示灯）	1	1	1	红	
LA20-11D		元件（带指示灯）	1	1	1	红或绿或黄或蓝或白	
LA20-22D		元件（带指示灯）	2	2	1	红或绿或黄或蓝或白	

表 7-14 ZKK3 至 ZKK12 系列电机放大机机组技术数据

序号	电机型号	放大机额定数据 电压(V)	功率(kW)	电流(A)	转速(r/min)	交轴短路电流(A)	内装拖动电动机额定数据 电流种类	电压(V)	接法	输入功率(kW)	电流(A)	功率因数	启动电流/额定电流	机组效率(%)	控制绕组编号
1	ZKK3Z	115/60	0.3	2.6/5	5500		直流	110/220		0.71	6.45/3.24			42.0	3-2-1 和 3-2-2
2		115/60	0.15	1.3/25	5000		直流	110/220		0.4	3.61/1.85			37.5	
3	ZKK5Z	115/60	0.7	6.1/11.7	5000		直流	110/220		1.29	11.3/5.85			54.5	5-2-1～5-2-3
4		115/60	0.35	3.40	2850		直流	110/220		0.7	3.4/3.2			50.0	
5	ZKK12Z	60	1.0	16.7	2850	6.7	直流	110/220		1.7	15.5/7.7			58.5	12-2-1～12-2-3
6		115	1.0	8.7	2850	4.0		110							
7		115	1.2	10.4	2850	4.2	直流	110		2.05	18.6			58.5	12-3-4～12-3-8
8		115	1.5	13.0	4000	5.2				2.4	21.8			62.5	
9	ZKK3J	60	0.2	3.33	2850		三相交流	127/220 220/380	△/Y	0.47	2.75/1.55 1.55/0.92	0.80	6.5	42.5	3-2-1 和 3-2-2
10		115	0.2	1.74	2850										
11	ZKK5J	60	0.5	8.3	2850		三相交流	127/220 220/380	△/Y	0.93	5.3/3.05 3.05/1.75	0.81	6.5	54.0	5-2-1～5-2-3
12		115	0.5	4.35	2850					0.74	4.2/2.24	0.80	6.5	50.0	
13		85①	0.37	4.35	2850						2.42/1.40				
14	ZKK12J	60	1.0	16.7	2900		三相交流	127/220 220/380	△/Y	1.65	9.1/5.3 5.3/3.05	0.82	6.5	60.0	12-3-1～12-3-3
15		115	1.2	10.4	2900					1.9	10.5/6.0 6/3.5	0.83	6.5	63.0	12-3-4～12-3-8

① 为具有交流专磁绕组

表 7-15

ZKK25 至 ZKK110 系列电机放大机机组技术数据

序号	电机型号	额定数据					控制绕组编号	拖动异步电动机（推荐）	
		电压 (V)	功率 (kW)	电流 (A)	转速 (r/min)	交轴短路电流 (A)	效率 (%)		型号	功率 (kW)

序号	电机型号	电压 (V)	功率 (kW)	电流 (A)	转速 (r/min)	交轴短路电流 (A)	效率 (%)	控制绕组编号	型号	功率 (kW)
1	ZKK25	115	1.2	10.4	1420	3.2	68	25-2-1～25-2-4	JO2-31-4	2.2
2	ZKK25	230	1.2	5.2	1420	1.6	68	25-3-5	JO2-31-4	2.2
3	ZKK25	115	2.5	21.7	2900	6.5	74	25-4-6～25-4-13	JO2-41-2	5.5
4	ZKK25	230	2.5	10.9	2900	3.3	74		JO2-41-2	5.5
5	ZKK50	115	2.2	19.1	1420	5.7	77	50-2-1～50-2-3	JO2-32-4	3.0
6	ZKK50	230	2.2	9.6	1420	2.9	77	50-4-4～50-4-12	JO2-41-4	4.0
7	ZKK50	230	4.5	19.6	2920	5.9	80		JO2-42-2	7.5
8	ZKK70	115	3.5	30.4	1440	7.6	78	70-2-1～70-2-2	JO2-52-4	10.0
9	ZKK70	230	3.5	15.2	1440	3.8	78	70-4-3	JO2-52-4	10.0
10	ZKK70	230	7.0	30.4	2920	7.6	80		JO2-52-2	13.0
11	ZKK100	115	5.0	43.5	1440	10.9	81	100-2-1	JO2-52-4	7.5
12	ZKK100	230	5.0	21.7	1440	5.4	81	100-4-2～100-4-4	JO2-52-4	10.0
13	ZKK100	230	10.0	43.5	2920	10.9	84		JO2-61-2	13.0
14	ZKK110	230	11.0	47.8	1450	9.6	82	110-4-1～110-4-3	JO2-62-4	17.0

表 7-16

ZKK 系列电机放大机控制绕组数据

型号	控制绕组编号	控制绕组个数	0Ⅰ 绕组匝数	0Ⅰ 20℃时电阻(Ω)	0Ⅰ 匝阻比(Ω⁻¹)	0Ⅰ 额定电流(mA)	0Ⅰ 长期允许电流(mA)	0Ⅱ 绕组匝数	0Ⅱ 20℃时电阻(Ω)	0Ⅱ 匝阻比(Ω⁻¹)	0Ⅱ 额定电流(mA)	0Ⅱ 长期允许电流(mA)	0Ⅲ 绕组匝数	0Ⅲ 20℃时电阻(Ω)	0Ⅲ 匝阻比(Ω⁻¹)	0Ⅲ 额定电流(mA)	0Ⅲ 长期允许电流(mA)	0Ⅳ 绕组匝数	0Ⅳ 20℃时电阻(Ω)	0Ⅳ 匝阻比(Ω⁻¹)	0Ⅳ 额定电流(mA)	0Ⅳ 长期允许电流(mA)
ZKK3J 及 ZKK3Z	3-2-1	2	2900	1000	2.9	20	110	2900	1000	2.9	20	110										
	3-2-2	2	5200	3500	1.48	11	50	5200	3500	1.48	11	50										
ZKK5J 及 ZKK5Z	5-2-1	2	3250	950	3.42	18.5	110	3250	950	3.42	18.5	110										
	5-2-2	2	5300	3000	1.77	11.5	70	5300	3000	1.77	11.5	70										
	5-2-3	2	3400	3000	1.13	10	60	3400	3000	1.13	10	60										
ZKK12J 及 ZKK12Z	12-2-1	2	2900	1030	2.82	22	190	2900	1030	2.82	22	190										
	12-2-2	2	4600	2200	2.09	14	130	4600	2200	20.9	14	130										
	12-2-3	2	4800	2600	1.84	13	117	4800	2600	1.84	13	117										
	12-3-4	3	3000	1550	1.93	21	145	3000	1550	1.93	21	145	3000	1345	2.23	21	145					
	12-3-5	3	2350	1340	1.75	27	135	2350	1340	1.75	27	135	460	34.2	13.4	140	820					
	12-3-6	3	500	161	3.10	130	200	370	84	4.4	170	280	740	72	10.3	85	600					
	12-3-7	3	900	155	5.8	70	350	900	155	5.8	70	350	1350	367	3.68	47	240					
	12-4-8	4	675	184	3.67	94	240	675	155	5.8	70	350	675	184	3.67	94	240	900	155	5.8	70	350
ZKK25	25-2-1	2	3400	985	3.45	22	200	3400	985	3.45	22	200										
	25-2-2	2	4360	1500	2.90	17	155	4360	1500	2.90	17	155										
	25-2-3	2	6600	3310	1.99	11.5	105	6600	3310	1.99	11.5	105										
	25-2-4	2	8000	5000	1.60	9.5	85	8000	5000	1.60	9.5	85										
	25-3-5	3	2600	1065	2.44	28.5	150	2600	1065	2.44	28.5	150	2600	950	2.74	28.5	200					
	25-4-6	4	500	37.2	13.4	145	720	330	18.5	17.8	220	1100	330	15.6	21.2	220	1100	330	18.5	17.8	220	1100
	25-4-7	4	1300	340	3.82	56	225	330	18.5	17.8	220	1100	1300	340	3.82	56	225	1300	402	3.23	56	225
	25-4-8	4	3200	1820	1.76	23	115	330	18.5	17.8	220	1100	3200	1820	1.76	23	115	1200	792	1.52	61	120
	25-4-9	4	400	21.7	18.4	180	950	2800	1500	1.87	26	120	400	21.7	18.4	180	950	2800	1500	1.87	26	120
	25-4-10	4	5000	2920	1.71	14.5	85	500	131	3.82	145	300	5000	2920	1.71	14.5	85	1500	1000	1.50	49	115
	25-4-11	4	1300	340	3.82	56	225	330	18.5	17.8	220	1100	330	15.6	21.2	220	1100	330	18.5	17.8	220	1100
	25-4-12	4	3600	1835	1.96	20	100	3600	2165	1.66	20	100	3600	1835	1.96	20	100	3600	2165	1.66	20	100
	25-4-13	4	18	0.04	450	4000	20000	500	44.1	11.3	145	720	18	0.04	450	4000	20000	500	44.1	11.3	145	720

单元小结

对于各种电气控制设备的设计要求和方法大同小异。设计原则是在最大限度地满足生产机械和工艺要求的基础上，力求安全、可靠、简单、经济，并尽量确保技术先进。先进与经济这一矛盾应视实际需求而定。

电气设计的主要任务是：选择拖动方案及控制方式，在此基础上，进行原理图和工艺图的设计。电气原理图的设计任务是保证生产机械的拖动（控制）要求和系统主要技术指标的实现。

电气原理图设计方法有两种，即分析设计法和逻辑设计法。前者是以熟练掌握电气控制线路基本环节和一定经验为基础，后者是依据逻辑代数。分析设计法是电气设计中最常用的方法，而逻辑设计可以作为它的补充，用以进一步优化设计。原理设计步骤是根据拖动要求先设计主电路，然后根据控制要求，去设计各控制环节，最后从保证系统安全、可靠工作角度出发，设置必要的连锁、保护环节和照明、指示、报警等辅助电路。电气原理图设计完成后的一项重要工作是正确、合理地选择电器元件，它是电气线路安全可靠工作的保证，并直接影响到电气设备性能和经济效益。

工艺设计是在完成原理设计后进行的另一个重要设计内容，只有充分了解电气设备的制造过程，才能正确理解各种设计图纸、资料的用途、要求和必要性，电气设备的制造工艺性、造型美观、使用维护方便与否、制造成本等在很大程度上决定了工艺设计水平。

电力拖动方案应根据生产机械的传动要求和调速性能指标确定，由此去选择相应的拖动电动机类型、容量和数量，确定控制要求。一般情况下，尽可能选用三相笼型异步电动机，只有在调整性能要求较高时，才考虑选用直流电动机，或采用其他更先进的调速系统。

控制方式选择的根据是生产机械对自动化程度的要求。随着电气技术、计算机应用技术的迅速发展，可供选择的控制方式越来越多，应根据设计要求，并充分考虑制造部门和使用部门的具体情况，去选择简单、经济、安全、可靠的控制方式。

电气设计是一个实践性较强的教学内容，仅有理论是远远不够的，必须经过对工程实践的不断研究、摸索、总结，才能不断提高设计水平。

习题与能力训练

【习题部分】
1. 电气控制设计中应遵循哪些原则？电气控制设计的内容是什么？
2. 电气控制设计的程序有哪些？
3. 控制线路设计应满足哪些要求？控制线路的设计步骤是什么？
4. 在电力拖动中拖动电动机的选用包括哪些内容？选用依据是什么？
5. 电气原理图的设计方法有几种？各有何特点？
6. 逻辑设计的步骤是什么？
7. 逻辑"与"、"或"、"非"各有何特点？

【能力训练】
【实训项目1】 位置开关应用训练
1．实训目的：训练设计能力
2．实训内容
　　某建筑机械的移动部件采用电动机拖动，要求每往返一次发出一个信号，以改变电动机的转向，采用分析设计法设计满足要求的线路。
3．实训要求
　　(1) 设计线路（原理图）；
　　(2) 画出安装接线图；
　　(3) 选出设备。

【实训项目2】 专用机床的电气自动控制线路设计
1．实训目的：训练设计能力
2．实训内容
　　设计一台专用机床的电气自动控制线路，画出电气原理图，并制订电器元件明细表。
　　本专用机床是采用的钻孔倒角组合刀具，其加工工艺是：快进→工进→停留光刀（3s）→快退→停车。专用机床采用三台电动机，其中 M1 为主运动电动机采用 Y1I2M-4，容量 4kW；M2 为工进电动机，采用 Y90L-4，容置 1.5kW，M3 为快速移动电动机，采用 Y801.2，容量 0.75kW。
　　设计要求：
　　(1) 工作台工进至终点或返回原位，均有限位开关使其自动停止，并有限位保护。为保证工进定位准确，要求采用制动措施。
　　(2) 快速电动机要求有点动调整，但在加工时不起作用。
　　(3) 设紧急停止按钮。
　　(4) 应有短路、过载保护。
　　其他要求可根据加工工艺需要自行考虑。
3．实训要求
　　(1) 设计线路（原理图）；
　　(2) 画出安装接线图；
　　(3) 选出设备。

【实训项目3】 能耗制动的应用训练
1．实训目的：训练设计能力
2．实训内容
　　某电气设备采用两台三相笼型异步电动机 M1、M2 拖动，其控制要求是：
　　(1) M2 30kW，要求降压启动，停止时采用能耗制动；
　　(2) M2 启动后经 10s，M1（5.5kW）启动；
　　(3) M1 停止后才允许 M2 停止；
　　(4) M1 和 M2 均要求两地控制，并有信号显示，试设计线路并选择元件，列出元件明细表。
3．实训要求
　　(1) 设计线路（原理图）；

(2) 画出安装接线图；
(3) 选出设备。

【实训项目 4】 逻辑设计方法训练

1. 实训目的：训练设计能力
2. 实训内容

设计一个符合下列条件的室内照明控制线路。房间入口处装有开关 A，室内两张床头分别有开关 B、C，晚上进入房间时，扳动 A，灯亮，上床后拉动 B 或 C，灯灭，以后再扳动 A、B、C 中的任何一个灯亮。

用三个触头 a、b、c 控制一个电器 L，逻辑关系如下表所示，试设计该控制线路。

逻 辑 关 系 表　　　　　　　　　　　　　　　表 7-17

a	b	c	L	a	b	c	L
0	0	0	1	1	0	0	1
0	0	1	0	1	0	1	0
0	1	0	0	1	1	0	1
0	1	1	0	1	1	1	0

3. 实训要求

(1) 设计线路（原理图）；
(2) 画出安装接线图；
(3) 选出设备。

【实训项目 5】 某小型锅炉房动力设备的电气控制设计

1. 实训目的

(1) 培养综合运用专业及基础知识，解决实际工程技术问题的能力。
(2) 培养查阅图书资料、产品手册和各种工具书的能力。
(3) 培养工程绘图以及书写技术报告和编写技术资料的能力。

2. 实训条件

某地区用于建筑物的采暖及热水供应的小型锅炉，其动力设备部分的控制电路应包括：鼓风机、引风机联锁且两地控制及显示；水平上煤机、斜式上煤机联锁且两地控制及显示。根据设计参数进行工艺设计；绘制小型锅炉动力设备控制的主电路、控制电路以及声光报警电路部分；编写设计说明书。

3. 实训设备概况

锅炉由八台电动机拖动，即

鼓风电动机 M1 为 7.5kW，960r/min；
引风电动机 M2 为 30kW，1440r/min；
水平上煤机电动机 M3 为 1.1 kW，2860r/min；
斜式上煤机电动机 M4 为 0.125 kW，2900r/min；
炉排电机 M5 为 5.5kW，1400r/min；
加药泵电动机 M6 为 1.1kW；
盐液泵电动机 M7 为 0.5kW；
除渣机电动机 M8 为 1.1kW。

4．实训任务及步骤

（1）设计并绘制电气原理图，选择电器元件，编制元件目录清单。

（2）设计并绘制工艺图，包括电器板布置图、电器板接线图、底板加工图；控制面板布置图、接线图及面板加工图；电器箱图及总装接线图。

（3）编制设计、使用说明书，列出参考资料目录。

参 考 文 献

1. 孙景芝主编.楼宇电气控制.北京:中国建筑工业出版社,2002
2. 孙景芝主编.建筑电气控制系统.北京:中国建筑工业出版社,1999
3. 齐占伟编.电气控制及维修.北京:机械工业出版社,2001
4. 倪远平主编.现代低压电器及其控制技术.重庆:重庆大学出版社,2003
5. 付家才主编.电气控制实验与实践.北京:高等教育出版社,2004
6. 张运波主编.工厂电气控制技术.北京:高等教育出版社,2004
7. 孙见君主编.制冷与空调装置自动控制技术.北京:机械工业出版社,2004
8. 单翠霞主编.制冷与空调自动控制.北京:中国商业出版社,2003
9. 李树林主编.制冷技术.北京:机械工业出版社,2003
10. 孟燕华编著.工业锅炉安全运行与管理.北京:中国电力出版社,2004
11. 王俭,龙莉莉.建筑电气控制技术.北京:中国建筑工业出版社,1998
12. 吴建强,姜三勇.可编程控制器原理及应用.哈尔滨:哈尔滨工业大学出版社,1999
13. 方承远主编.工厂电气控制技术.北京:机械工业出版社,2000
14. 史信芳主编.电梯原理与维修管理技术.北京:电子工业出版社,1988
15. 张亮明主编.工业锅炉自动控制.北京:中国建筑工业出版社,1987
16. 张子慧主编.空气调节自动化.北京:科学出版社,1982
17. 陕西省第一设备安装工程公司编.空调试调,北京:中国建筑工业出版社,1977
18. 刘式雍主编.建筑电气.上海:上海科学技术文献出版社,1989
19. 赵连玺主编.建筑机械常用电气设备.北京:中国建筑工业出版社,1985
20. 周励志编著.电工识图与典型电路分析.沈阳:辽宁科学技术出版社,1988
21. 赵明主编.工厂电气控制设备.北京:机械工业出版社,1985
22. 朱庆元,商文怡编.建筑电气设计的基本知识.北京:中国建筑工业出版社,1990
23. 鞠传贤,姜泓,夏志良,陈达昭,刘思敏,王子其编.工厂常用设备电气控制.重庆:四川人民出版社,1982
24. 北京工业学院,华东工学院,西安工业学院,太原机械学院合编.电气控制技术.北京:北京工业学院出版社,1989
25. 吴疆,周鹏,李嫌编著.看图学修空调器.北京:人民邮电出版社,2002
26. 冯梅主编.空调机电路解说与检修.北京:人民邮电出版社,2000
27. 吴炳仁,童启明,杨纯久编著.断续控制系统,北京:电子工业出版社,1999
28. 李仁主编,电器控制.北京:机械工业出版社,2001
29. 陈家盛编,电梯结构原理及安装维修.北京:机械工业出版社,2001
30. 庞传贵,李陆峰编著.建筑工程各类水泵电气控制图集.北京:中国水利电力出版社,2000